九寨沟湖泊生态环境保护与旅游可持续发展研究

高丽楠 著

JIUZHAIGOU HUPO SHENGTAI HUANJING BAOHU YU LÜYOU KECHIXU FAZHAN YANJIU

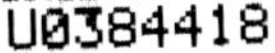

四川大学出版社

项目策划：王　锋
责任编辑：王　锋
责任校对：周维彬
封面设计：墨创文化
责任印制：王　炜

图书在版编目（CIP）数据

九寨沟湖泊生态环境保护与旅游可持续发展研究 / 高丽楠著. — 成都 : 四川大学出版社, 2021.1
ISBN 978-7-5690-3815-6

Ⅰ. ①九… Ⅱ. ①高… Ⅲ. ①九寨沟—湖泊—生态环境保护—研究②九寨沟—旅游业发展—可持续性发展—研究 Ⅳ. ①X321.2 ②F592.771.4

中国版本图书馆 CIP 数据核字 (2020) 第 134410 号

书名　九寨沟湖泊生态环境保护与旅游可持续发展研究
JIUZHAIGOU HUPO SHENGTAI HUANJING BAOHU YU LÜYOU KECHIXU FAZHAN YANJIU

著　　者　高丽楠
出　　版　四川大学出版社
地　　址　成都市一环路南一段 24 号（610065）
发　　行　四川大学出版社
书　　号　ISBN 978-7-5690-3815-6
印前制作　四川胜翔数码印务设计有限公司
印　　刷　郫县犀浦印刷厂
成品尺寸　148mm×210mm
插　　页　1
印　　张　9
字　　数　247 千字
版　　次　2021 年 1 月第 1 版
印　　次　2021 年 1 月第 1 次印刷
定　　价　36.00 元

◆ 读者邮购本书，请与本社发行科联系。
电话：(028)85408408/(028)85401670/
(028)86408023　邮政编码：610065
◆ 本社图书如有印装质量问题，请寄回出版社调换。
◆ 网址：http://press.scu.edu.cn

四川大学出版社
微信公众号

目　录

1 引 言

1.1 研究背景和意义

湖泊沼泽化是指经过长期的泥沙淤积和生物沉积，湖水变浅，在光照、温度等条件适宜的情况下，开始生长沉水植物和挺水植物。由于死亡植物不断堆积湖底，在缺氧条件下，分解很慢，植物残体逐年沉积在湖底。随着湖泊沉积物的增厚，湖水进一步变浅，湖面缩小，最后沉积物堆满湖盆，水面消失，整个湖泊水草丛生，演化为沼泽。可见水生植物在湖泊沼泽化过程中具有非常重要的作用。

沉水植物能够抑制风浪和湖流，固持底泥，保护湖底免受风浪侵蚀，促进湖水中悬浮物的沉降，减少营养元素的溶解释放，增加水体透明度，进而有利于水生植被发育。同时水生植物体内的营养含量低，但巨大的生物量可以使水生植物群落成为仅次于底泥的营养库；在生长发育和随后的衰老、死亡过程中，水生植物所积累的有机物和营养盐又会分解释放出来，在分解过程中，植物体内一部分营养盐以溶解状态释放到水体中。底泥营养盐通过水生植物为媒介进入上覆水，所以水生植物被认为是能够从底泥向上覆水传输营养的“泵”。营养盐的释放提高了水体营养浓度，造成对湖泊的“二次污染”。另外，由于大型水生植物的凋落物分解较慢或不能完全分解，这些分解残渣就会沉积在湖底，从而又将其吸收的一部分营养盐以分解残渣的形式归还给底泥，实现生物地球循环；但同时分解残渣沉积到表层沉积物又会使湖泊产生“生物淤积效应”，增加了底泥的厚度，这会对湖泊淤浅、沼泽化和湖泊衰亡产生重要影响。

青藏高原分布着地球上海拔最高（大于 4000 m）、数量最多、面积最大的高原湖泊群，约占中国湖泊总面积的 1/2①。其中，湖泊面积大于 1 km^2的就有 1128 个，有青海湖、纳木错湖、色林错湖等著名大湖②。青藏高原作为独特的自然地域单元，其自然环境和生态系统在全球占有特殊地位，并且与全球气候和环境变化息息相关，区域响应十分明显。近几十年来，由于气候干暖化和人类经济活动的影响，青藏高原大多数湖泊都有不同程度的变化。对于内陆湖泊尤其是高原腹地内陆区湖泊而言，由于地处封闭或半封闭的内陆湖盆中，入湖水系少而短，补给湖泊的水量不多。在干燥气候的影响下，许多湖泊水位下降、湖泊面积缩小、湖水含盐量增加，有的则逐步干涸、消亡③。据水量平衡计算④，在内陆盆地和高原地区，大多数湖泊处于负平衡状态，其水量入不敷出，湖泊向萎缩方向发展。另外，在青藏高原东部，由于高原面保持相对完整，西南季风影响较大，形成寒冷半湿润的环境，有利于沼泽发育，因此区域内沼泽分布较普遍，而且面

①王苏民，窦鸿身．中国湖泊志［M］．北京：科学出版社，1998：398－399.

②孟庆伟．青藏高原特大型湖泊遥感分析及其环境意义［D］．成都：中国地质科学院硕士学位论文，2007.

③汤懋苍，程国栋，林振耀．青藏高原近代气候变化及对环境的影响［M］．广州：广东科技出版社，1998.

④施雅风．中国气候与海面变化及其趋势和影响（4）．气候变化对西北华北水资源的影响［M］．济南：山东科学技术出版社，1995：124－148.

积大，如有著名的若尔盖沼泽[①]。青藏高原独特的地理位置及其对全球气候环境变化产生的影响和不可替代的科学意义，吸引了国内外众多科学组织和学者，对其进行了多学科全面研究。目前对青藏高原湖泊的研究较少，并且主要集中在高原湖泊水化学特征[②③④]、古湖沼学[⑤⑥]和湖泊沉积物[⑦⑧⑨]等几个方面，并未开展湖泊沼泽化的相关研究。

九寨沟自然保护区位于青藏高原东缘岷山山脉北端，属于对全球气候变化敏感的区域。九寨沟是联合国世界自然遗产、联合国世界生物保护区、国家级自然保护区、国家级重点风景名胜区，通过了绿色环球 21 标准认证，是中国最具吸引力的自然风景旅游目的地。九寨沟区内地质构造复杂，褶皱和断裂发育，碳酸盐岩分布广、厚度大，侵蚀作用强烈，特别是钙华地貌发育，形成了钙华湖泊和瀑布、植物岛和滩流等奇观，成为高寒地区独具特色的喀斯特地貌景观。九寨沟的旅游活动呈现空前的繁荣，

①王东. 青藏高原水生植物地理研究［D］. 武汉：武汉大学博士学位论文，2003.

②郑绵平，刘喜方. 青藏高原盐湖水化学及其矿物组合特征［J］. 地质学报，2010，84（11）：1585—1600.

③郑绵平，刘喜方，赵文. 西藏高原盐湖的构造地球化学和生物学研究［J］. 地质学报，2007，81（12）：1698—1708.

④王海雷，郑绵平. 青藏高原湖泊水化学与盐度的相关性初步研究［J］. 地质学报，2010，84（10）：1517—1522.

⑤乔程，骆剑承，盛永伟，等. 青藏高原湖泊古今变化的遥感分析——以达则错为例［J］. 湖泊科学，2010，22（1）：98—102.

⑥李万春，李世杰，尹宇，等. 青藏高原腹地半混合型湖泊的发现及其意义［J］. 中国科学（D）辑，2001，30：269—272.

⑦李明慧，康世昌. 青藏高原湖泊沉积物对古气候环境变化的响应［J］. 盐湖研究，2007，15（1）：63—72.

⑧田庆春，杨太保，张述鑫，等. 青藏高原腹地湖泊沉积物磁化率及其环境意义［J］. 沉积学报，2011，29（1）：143—150.

⑨蒲阳，张虎才，雷国良，等. 青藏高原东北部柴达木盆地古湖泊沉积物正构烷烃记录的 MIS3 晚期气候变化［J］. 地球科学，2010，40（5）：624—631.

但是在带来巨额经济收入的同时，巨大的游客人数、大量的旅游活动以及修建旅游基础设施（包括栈道、公路、厕所、停车场、餐厅、游客活动中心等）给景区的植被、水体和土壤等造成了一定的负面影响，削弱了湖岸生态系统的水源涵养和水土保持功能，对景区旅游资源的可持续利用带来巨大的挑战。近年来，九寨沟一些湖泊出现了泥沙淤积、沼泽化问题。伴随着湖泊泥沙淤积以及大量营养盐物质的输入，水生植物大量生长，对湖泊和景区产生不利影响，也将直接影响到景区景观资源的保护和可持续利用。因此，有必要对九寨沟水生植物生长状况、湖泊水质以及水生植物生长状况与水质环境的关系进行研究，为九寨沟湖泊泥沙治理、生态与环境保护提供科学依据和基础资料；同时为了保护和恢复生态环境，探索旅游可持续发展模式，以期为九寨沟自然保护区生态环境以及社会和经济全面、协调、可持续发展提供依据。

1.2 研究目标

本书以世界自然遗产九寨沟为例，利用叶绿素荧光动力学技术，采取野外实验与室内分析相结合的手段，以九寨沟优势水生植物杉叶藻和水苦荬为实验材料，研究水生植物的光合作用特性及其与水环境的关系，为九寨沟湖泊泥沙治理、生态与环境保护提供科学依据和基础资料。同时对其旅游可持续发展能力进行综合评价，并依据评价结果分析九寨沟在遗产旅游发展中存在的问题，进而提出相应解决对策，对九寨沟风景名胜区实现可持续发展具有一定的参考价值。

1.3 国内外文献综述

1.3.1 九寨沟水生植物研究现状

1.3.1.1 九寨沟水生植物区系特征分析

九寨沟水生植物种类丰富，生活型多样。九寨沟水生植物约有30科56属147余种（包括变种和变型），均为水生草本植物。其中伞形科的少花水芹（*Oenanthe benghalensis*）和谷精草科的谷精草（*Eriocaulon buergerianum*）属于易危种类型，占中国水生高等植物易危种总数（31种）的6.5%，说明保护区内水生植物具有一定的保护价值。在生活型上，水生植物可划分为挺水植物、浮叶植物和沉水植物三种类型。其中，挺水植物数量最多，共计26科51属133种。挺水水生植物主要有芦苇（*Phragmites australis*）、宽叶香蒲（*Typha latifolia*）、问荆（*Equisetum arvense*）、犬问荆（*Equisetum palustre*）、千屈菜（*Lythrum salicaria*）、少花水芹、北水苦荬（*Veronica anagallis*）、糙野青茅（*Deyeuxia scabrescens*）、帕米尔苔草（*Carex pamirensis*）、刚毛荸荠（*Heleocharis valleculosa*）、小花灯芯草（*Juncus articulatus*）、杉叶藻（*Hippuris vulgaris*）等；沉水水生植物有6科13种，分别是金鱼藻科（*Ceratophyllaceae*）（1种）、毛茛科（*Ranunculaceae*）（2种）、小二仙草科（*Haloragidaceae*）（2种）、杉叶藻（*Hippuris vulgaris*）、眼子菜科（*Potamogetonaceae*）（6种）和水麦冬科（*Juncaginaceae*）（1种）；浮叶水生植物以葡茎剪股颖（*Agrostis stolonifera*）为代表，仅1种。

另外，各类水生植物生活型之间会随水环境的变化而发生转变，部分挺水水生植物在水体较深处表现为沉水植物类型，而部分沉水水生植物在水体较浅处表现为浮叶、挺水植物类型①。

植物区系的分布区类型具有鲜明特征。九寨沟水生植物地理成分比较复杂，种类分布地域性特征明显，中国特有种类丰富，水生植物区系的温带性质主要体现在属种水平上，属的间断分布类型比较丰富，单型属（单种属）和少型属丰富，形态上原始的物种类型较多。

1.3.1.2 九寨沟水生植物群落间的物种多样性（α）

九寨沟水生植物群落物种多样性野外调查，参照 TWINSPAN 数量分类结果，选择有较大面积分布的优势植物群落类型作为研究对象，样地主要分布于芦苇海（芦苇群落）、犀牛海（宽叶香蒲群落）、镜海［问荆＋穿叶眼子菜（*Potamogeton perfoliatus*）群落］、珍珠滩［糙野青茅＋水蓼（*Polygonum hydropiper*）群落］、五花海［杉叶藻＋菵草（*Beckmannia syzigachne*）＋卵穗荸荠（*Heleocharis soloniensis*）群落］、箭竹海［杉叶藻＋龙须眼子菜（*Potamogeton pectinatus*）＋犬问荆群落］、天鹅海［穗花狐尾藻（*Myriophyllum spicatum*）＋北水苦荬＋杉叶藻群落］和芳草海（匍茎剪股颖＋犬问荆＋帕米尔苔草群落）。

物种多样性研究表明，海拔高度和人为干扰因素是影响水生植物群落物种多样性的两个重要方面。随海拔升高，物种多样性呈现下降趋势，而人为干扰结果可以导致物种多样性升高。另外，群落中建群种高的郁闭度也可造成样地中物种多样性的

①齐代华．九寨沟水生植物物种多样性及其环境关系研究［D］．重庆：西南大学博士学位论文，2007.

降低[1]。

比较物种多样性测度的各个指数，Pielou 指数和 Alatalo 指数在群落物种均匀度测度中，基本保持一致，但在物种总数较低的样地中，使用 Pielou 指数要强于 Alatalo 指数。Simpson 多样性指数与 Shannon—Wiener 信息指数的测度结果一致性较好，只是 Shannon—Wiener 信息指数测度物种多样性更加灵敏，而 Simpson 多样性指数因受到物种均匀度的制约而相对稳定。

1.3.1.3 九寨沟水生植物群落间的物种多样性（β）

β多样性的二元属性数据指标测度结果显示，各样地间种类组成随海拔梯度及其他生境的变化差异比较明显。以个体数、相对盖度和重要值为指标计算的数量数据测度了各样地间的种类组成相似性，其中以重要值为基础的 Bray—Curtis 指数测度具有较强的综合性和稳定性。

对 Bray—Curtis 多样性指数结合海拔梯度数据进行空间聚类分析的结果表明，所有β多样性数量数据可以划分成Ⅰ、Ⅱ、Ⅲ、Ⅳ四种类型。其中，Ⅰ、Ⅱ和Ⅳ型均属于群落间种类组成相似性对随海拔梯度增大而减小反应敏感的类型，并显示了海拔梯度对β多样性变化具有的主导作用，Ⅲ型属于非海拔梯度因子作用的结果，说明流域特征和群落类型会对多样性的变化产生一定影响①。

1.3.2 水生植物光合作用的影响因子

沉水植物在生理上极端依赖水环境，对水质的变化十分敏

①齐代华，王力，钟章成．九寨沟水生植物群落β多样性特征研究［J］．水生生物学，2006，30（4）：446—452．

感，其生长和分布受多项环境因子的调控。水体中光照、温度，无机碳是影响其生长的重要环境因子，这些环境因子对沉水植物的光合生理、生长和分布有着重要的影响。目前，国内外的研究主要集中在海洋水生植物的光合生理特征，而对淡水湖泊水生植物的研究较少。

1.3.2.1 光照

光照是沉水植物生长的限制性因子，而且决定了沉水植物在水下分布的最大深度①②③④。在不同的水体以及同一水体的不同深度，光照条件都存在差异。因为水体中溶解物、悬浮颗粒以及水深的影响，太阳光能迅速衰减，在空气与水交界处发生损失，随着水深度的增加水体光照条件减弱。从生理上看，所有的沉水植物都是阴生植物⑤⑥，其叶片的光合作用在全日照的很小一部分时即达到饱和，沉水植物的光饱和点（净光合作用最大时的光强）及光补偿点（净光合作用为零时的光强）比陆生阳生植物低

①Küster A，Schaible R，Schubert H. Light acclimation of photosynthesis in three charophyte specie [J]. Aquatic Botany，2004，79：111－124.

②Barko JW，Smart RM. Comparative influences of light and temperature on the growth and metabolism of selected submersed freshwater macrophytes [J]. Ecological Monographs，1981，51：219－235.

③Best EPH，Buzzelli CP，Bartell SM，et al. Modeling submersed macrophyte growth in relation to underwater light climate：modeling approaches and application potential [J]. Hydrobiologia，2001，444：43－70.

④Imamoto H，Horiya K，Yamasaki M，et al. An experimental system to study ecophysiological responses of submerged macrophytes to temperature and light [J]. Ecological Research，2007，22：172－176.

⑤Van TK，Haller WT，Bowes G. Comparison of the photosynthetic characteristics of three submersed aquatic plants [J]. Plant Physiology，1976，58：761－768.

⑥Bowes G，Salvucci ME. Plasticity in the photosynthetic carbon metabolism of submersed aquatic macrophytes [J]. Aquatic Botany，1989，34：233－266.

很多①。研究表明，大量海草的光补偿点范围约为全日照的2%～37%②③④⑤⑥。例如，丹麦海湾的海草 *Zostera marina* 光补偿点约为全日照的11%，而荷兰的同一种海草 *Zostera marina* 光补偿点约为全日照的29.4%[11]，这是由于不同地区的同一种植物对当地不同光强的长期适应。较低的光补偿点对沉水植物实现碳的净获得具有十分重要的意义，因为入射光强必须在光补偿点以上，植物才能生长。日出后光强呈指数上升，但在最初的1或2小时内，一些沉水植物所处环境中的光强低于其光补偿点。随着水体深度减小、光照增强，沉水植物光饱和点、利用高光强的效率、将剩余光能转化的方式以及光抑制下的保护修复能力的大小，这些决定了各个种在水体上层的竞争优势。另外有研究指出，沉水植物要保持对藻类的竞争优势，必须在水表形成一定的丰度⑦。在高光强、低 CO_2 水平时，沉水植物光呼吸作用可以发生，光呼吸可以防止高光强对光合组织的破坏⑧。

长期处在弱光下的水生植物光合作用能力下降，地上和地下

---

①Bowes G. Pathways of CO_2 fixation by aquatic organisms [A]. In：Lucas WJ，Berry JA eds，Inorganic Carbon Uptake by Aquatic Photosynthetic Organisms [C]. Rockville，Maryland：American Society of Plant Physiologists，1985：187－210.

②Duarte CM. Seagrass depth limits [J]. Aquatic Botany，1991，40：363－377.

③Dennison WC，Orth RJ，Moore KA，et al. Assessing water quality with submersed aquatic vegetation [J]. Bioscience，1993，43：86－94.

④Markager S，Sand Jensen K. Light requirements and depth zonation of marine macroalgae [J]. Marine Ecology Progress Series，1992，88：83－92.

⑤Strickland JDH. Solar radiation penetrating the ocean：A review of requirements，data and methods of measurement，with particular reference to photosynthetic productivity [J]. Journal of the Fisheries Research Board of Canada，1958，15：453－493.

⑥Sand Jensen K. Minimum light requirements for growth in *Ulva lactuca* [J]. Marine Ecology Progress Series，1988，50：187－193.

⑦刘建康. 高级水生生物学 [M]. 北京：科技出版社，1999，137：225－240.

⑧Heber U，Bligny R，Streb P，et al. Photo-repiration is essential for the protection of thephotosynthetic apparatus of C_3 plants against photoinactivatio0n under sunlight [J]. Acta Batanica，1996，109：307－315.

生物量都减少[①②]。由于光合作用释放的氧较少，运输到地下（包括根和根状茎）的氧减少，导致植物地下部分组织缺氧而积累较多的有害性物质，如硫化物[③④⑤⑥⑦]。研究表明，硫化物含量高导致海草（*Thalassia testudinum*）生长状况的恶化[⑧]，也影响植物根部的有氧和无氧呼吸，降低三磷酸腺苷（ATP）生成[⑨]。孔隙水中较高浓度的硫化物可以降低大叶藻（*Zostera marina*）的最大光合速率[⑩]。硫化物可以降低水生植物的生产

---

①Hemminga MA. The root/rhizome of seagrasses: an asset and a burden [J]. Journal of SeaResource, 1998, 39: 183—196.

②Boedeltje G, Smolders AJP, Roelofs JGM. Combined effects of water column nitrate enrichment, sediment type and irradiance on growth and foliar nutrient concentrations of *Potamogeton alpinus* [J]. Freshwater Biology, 2005, 50: 1537—1547.

③Terrados J, Duarte CM, Kamp Nielsen L, et al. Are seagrass growth and survival constrained by the reducing conditions of the sediment? [J]. Aquatic Botany, 1999, 5: 175—197.

④Erskine JM, Koch MS. Sulfide effects on *Thalassia testudinum* carbon balance andadenylate energy charge [J]. Aquatic Botany, 2000, 67: 275—285.

⑤Koch MS, Erskine JM. Sulfide as a phytotoxin to the tropical seagrass *Thalassia testudinum*: interactions with light, salinity and temperature [J]. Journal of Experimental Marine Biology and Ecology, 2001, 266: 81—95.

⑥Holmer M, Laursen L. Effect of shading of *Zostera marina* (eelgrass) on sulfur cycling in sediments with contrasting organic matter and sulfide pools [J]. Journal of Experimental Marine Biology and Ecology, 2002, 272: 25—37.

⑦Morgane L, Kenneth HD. Effects of drift macroalgae and light attenuation on chlorophyll fluorescence and sediment sulfides in the seagrass *Thalassia testudinum* [J]. Journal of Experimental Marine Biology and Ecology. 2006, 334: 174—186.

⑧Carlson Jr PR, Yarbro LA, Barber TR. Relationship of sediment sulfide to mortality of *Thalassia testudinum* in Florida Bay [J]. Bulletin of Marine Science, 1994, 54: 733—746.

⑨Goodman JL, Moore KA, Dennison WC. Photosynthetic responses of eelgrass *Zostera marina* L. to light and sediment sulfide in a shallow barrier island lagoon [J]. Aquatic Botany, 1995, 50: 37—47.

⑩Koch MS, Mendelssohn IA, McKee KL. Mechanism for the hydrogen sulfide-induced growth limitation in wetland macrophytes [J]. Limnology and Oceanography, 1990, 35: 399—408.

力，这主要表现在降低植物的综合增长率，以及通过限制叶片的伸长来影响植物的形态[26]。持续的弱光培养又导致地下部分进行无氧呼吸，消耗地下部分贮存的有机物，使植物的存活力下降①。

光照对沉水植物光合作用的影响非常显著②。许多学者利用叶绿素荧光技术来研究光照对沉水植物光合作用的影响，具有测量快速、简便、准确和无损伤等特点，为植物光合生理研究提供了方便③④。光系统的响应变化主要表现在相对电子传递速率和光化学反应效率对光强响应的变化上。研究发现，海草（*Zostera capricorni*）随着水体光照强度的减弱，其最大电子传递速率（ETR_{max}）和半饱和光强（E_k）降低，但光能利用效率（α）升高⑤。生长在水面表层的水生植物，接受的光照强度比生长在较深水域的水生植物强，其反映光合作用的指标（ETR_{max}、α、E_k）的日变化幅度较大，而生长在较深水域的水生植物接受的

---

①Kurtz JC，Yates DF，Macauley JM，et al. Effects of light reduction on growth of the submerged macrophyte *Vallisneria americana* and the community of root-associated heterotrophic bacteria [J]. Journal of Experimental Marine Biology and Ecology，2003，291：199－218.

②Demmig B，Bjorkman O. Comparison of the effect of excessive light on chlorophyll fluorescence（77K）and photon yield of O_2 evolution in leaves of higher plants [J]. Planta，1987，171：171－184.

③Ralph PJ. Light-induced photoinhibitory stress responses of laboratory cultured *Halophila ovalis* [J]. Botanica Marina，1999，42：11－22.

④Beer S，BjÖrk M. Measuring rates of photosynthesis of two tropical seagrasses by pulse amplitude modulated（PAM）fluorometry [J]. Aquatic Botany，2000，66：69－76.

⑤Bité JS，Campbell SJ，McKenzie LJ，et al. Chlorophyll fluorescence measures of seagrasses *Halophila ovalis* and *Zostera capricorni* reveal differences in response to experimental shading [J]. Marine Biology，2007，152：405－414.

光照较弱，所以光合作用指标日变化幅度较小①。此外，研究发现较高的光能利用效率（α）和较低的半饱和光强（E_k）意味着典型低光适应的植物②。在一定范围内，随着光强的增大，相对电子传递速率（ETR）增大，光能传递速度越快，光化反应效率越高，表明植物对光的利用能力越强，其光合作用也越强。但是超过一定范围后，植物不能完全利用光能，会调节本身机制减少对光的吸收，表现为ETR减小，最大荧光产量（F_m）降低和最大量子效率（F_v/F_m）降低，植物受到胁迫，光合速率降低。同时剩余的光能还会对光合机构产生破坏作用，植物消除这种破坏作用主要通过叶黄素循环的热耗散作用，是非光化学荧光淬灭（qN）的主要部分③④。研究显示，水生植物光化学淬灭（qP）和qN具有相反的变化趋势，随着光照强度的增加，光化学淬灭降低，而非光化学淬灭增加[28]。*Zostera tasmanica* 和 *Zostera capricorni* 两种海草在光照强度较高的地方，qP相对较高；而在光照强度较低的地方，qP较低，从而降低了光合有效性⑤。另外还有研究指出，低光环境下的 *Zostera marina* 具有较低的非光化学耗散（NPQ），而高光环境下具有较高的NPQ[34]。

叶绿素和类胡萝卜素是植物进行光合作用的基础。色素组成

---

①Edwards MS，Kwang YK. Diurnal variation in relative photosynthetic performance in giant kelp *Macrocystis pyrifera* (Phaeophyceae，Laminariales) at different depths as estimated using PAM fluorometry [J]. Aquatic Botany，2010，92：119－128.

②Beer S，Vilenkin B，Weil A，et al. Measuring photosynthetic rates in seagrasses by pulse amplitude modulated (PAM) fluorometry. marine ecology-progress series [J]. 1998，174：293－300.

③Ralph PJ，Gademann R. Rapid light curves：A powerful tool to assess photosynthetic activity [J]. Aquatic Botany，2005，82：222－237.

④Müller P，Li XP，Niyogi KK. Non-photochemical quenching：A response to excess light energy [J]. Plant Physiology，2001，125：1558－1566.

⑤Campbell S，Miller C，Steven A，et al. Photosynthetic responses of two temperate seagrasses across a water quality gradient using chlorophyll fluorescence [J]. Journal of Experimental Marine Biology and Ecology，2003，291：57－78.

变化引起的光合效率的变化可能是水生植物光适应最主要的机理[①②③④]。沉水植物不同色素成分含量的差异，与不同水层、不同光强的分布有一定相关性，这也是沉水植物对水体中光强变化的一种适应。由于 Chlb 是捕光色素系统的主要构成，因此 Chla/Chlb 值的相对大小反映了捕光色素系统的相对大小。Chlb 含量越大和 Chla/Chlb 值越小[⑤⑥]，表明在低光下的光捕获能力越强，该沉水植物的光补偿点越低，越能适应低光条件下生长。例如太湖的苦草（*Vallisneria natans*）[⑦] 和伊乐藻（*Elodea nuttallii*）[⑧] 的 Chlb 含量随光强减弱均呈现升高趋势，Chla/Chlb 则呈现降低趋势，表明随着光强的逐渐降低，植物通过调节色素含量来增加对光能的捕获，从而提高叶片对光能的吸收以适应外界的逆境生长环境。类胡萝卜素（Carotenoid，Car）具有防御

①Henley WJ. Measurement and interpretation of photosynthetic light-response curves in algae in the context of photoinhibition and diel changes [J]. Journal of Phycology，1993，29：729—739.

②Marquandt J，Rehm A M J. *Porphyridium purpureum*（Rhodophyta）from red and green light-characterization of photosystem Ⅰ and determination of in situ fluorescence spectra of the Photosystems [J]. Photochemistry and Photobiology，1995，30：49—56.

③Young AJ，Philip D，Ruban AV，et al. The xanthophyll cycle and carotenoid-mediated dissipation of excess excitation in photosynthesis [J]. Pure and Applied Chemistry，1997，69：2125—2130.

④Schagerl M，Pichler C. Pigment composition of freshwater charophyceae [J]. Aquatic Botany，2000，67：117—129.

⑤Chazdon RL. Photosynthetic plasticity of two rainforest shrubs across natural gap transects [J]. Oecologia，1992，92：586—595.

⑥Chow WS，Adamson HY，Anderson JM. Photosynthetic acclimation of *Tradescantia albiflora* to growth irradiance：Lack of adjustment of light-harvesting components and its consequences [J]. Plant Physiology，1991，81：175—182.

⑦肖月娥，陈开宁，戴新宾，等. 太湖中 2 种大型沉水被子植物适应低光能力的比较 [J]. 植物生理学通讯，2006，42（3）：421—425.

⑧周晓红，王国祥，冯冰冰. 光照对伊乐藻（*Elodea nuttallii*）幼苗生长及部分光能转化特性的影响 [J]. 生态与农村环境学报，2008，24（4）：46—52.

植物光合器官遭强光破坏的功能①，类胡萝卜素在防御机制中起主要作用的组分是叶黄素（Xanthophyll），它主要由玉米黄质、单环氧的玉米黄质和双环氧的紫黄质3种成分组成②。此外，有研究表明叶黄素中的玉米黄质可以参与非光化学耗散过程，叶片中玉米黄质的产生与非光化学耗散之间呈现一定的正线性关系③④。所以沉水植物的Car含量越大，而Chla/Car比值越小，NPQ就越大，光保护能力越强，植物越能够适应高光照条件，生活在水体的中上层。

1.3.2.2 温度

1.3.2.2.1 温度对植物光合作用的影响

光合碳代谢过程是一系列酶促反应，温度是一个重要条件。温度主要影响酶的活性，进而影响光合作用的暗反应。核酮糖－1，5－二磷酸羧化/加氧酶（Rubisco）是控制植物光合碳代谢与光呼吸的关键酶。碳酸酐酶主要是催化CO_2和HCO_3^-之间的相互转化，在光合作用的CO_2固定过程中具有重要作用。

水生植物的最大光合速率、半饱和光强和呼吸速率都随着温

①Siefermann Harms D. Carotenoids in photosynthesis Ⅰ. Location in photosynthetic membranes and light-harvesting function [J]. Biochimica et Biophysica Acta，1985，811：325－355.

②Thayer SS，Bjorkman O. Carotenoid distribution and deepoxidation in thylakoid pigment-protein complexes from cotton leaves and bundle-sheath cells of maize [J]. Photosynthesis research，1992，33：213－225.

③Demming B，Winter K，Czyger FC，et al. Photoinhibition and zeaxanthin formation in intact leaves：A possible role of the xanthophyll cycle in the dissipation of excess light energy [J]. Plant Physiology，1987，84：218－224.

④Sagert S，Schubert H. Acclimation of *Palmaria palmata* (Rhodophyta) to irradiance：Comparison between artificial and natural light fields [J]. Journal of Phycology，2000，36：1119－1128.

度的升高而增大[①②③④]，但通常呼吸速率增大的程度要高于光合速率增大的程度，因此植物的净光合速率降低[⑤⑥⑦]。热带和亚热带植物的光合最适温度比温带植物高[⑧⑨⑩⑪⑫]。这主要因为温度对光合机构的影响涉及叶绿体膜的稳定性，而叶绿体膜的稳定性

---

①Bulthuis DA. Effects of temperature on the photosynthesis-irradiance curve of the Australian seagrass, *Heterozostera tasmanica* [J]. Marine Biology Letters, 1983, 4: 47-57.

②Marsh Jr JA, Dennison WC, Alberte RS. Effects of temperature on photosynthesis and respiration in eelgrass (*Zostera marina* L.) [J]. Journal of Experimental Marine Biology and Ecology, 1986, 101: 257-267.

③Masini RJ, Manning CR. The photosynthetic responses to irradiance and temperature of four meadow-forming seagrasses [J]. Aquatic Botany, 1997, 58: 21-36.

④Moore KA, Wetzel RL, Orth RJ. Seasonal pulses of turbidity and their relations to eelgrass (*Zostera marina* L.) survival in an estuary [J]. Journal of Experimental Marine Biology and Ecology, 1997, 215: 115-134.

⑤Dennison WC. Effects of light on seagrass photosynthesis, growth and depth distribution [J]. Aquatic Botany, 1987, 27: 15-26.

⑥Pérez M, Romero J. Photosynthetic response to light and temperature of the seagrass *Cymodocea nodosa* and the prediction of its seasonality [J]. Aquatic Botany, 1992, 43: 51-62.

⑦Herzka SZ, Dunton KH. Seasonal photosynthetic patterns of the seagrass *Thalassia testudinum* in the western Gulf of Mexico [J]. Marine Ecology Progress Series, 1997, 152: 103-117.

⑧Cabello Pasini A, Lara Turrent C, Zimmerman RC. Effect of storms on photosynthesis, carbohydrate content and survival of eelgrass populations from a coastal lagoon and the adjacent open ocean [J]. Aquatic Botany, 2002, 74: 149-164.

⑨Agawin NSR, Duarte CM, Fortes MD, et al. Temporal changes in the abundance, leaf growth and photosynthesis of three co-occurring Philippine seagrasses [J]. Journal of Experimental Marine Biology and Ecology, 2001, 260: 217-239.

⑩Dunton, K H. Photosynthetic production and biomass of the subtropical seagrass *Halodule wrightii* along an estuarine gradient [J]. Estuaries, 1996, 19: 436-447.

⑪Dunton KH, Tomasko DA. In situ photosynthesis in the seagrass *Halodule wrightii* in a hypersaline subtropical lagoon [J]. Marine Ecology Progress Series, 1994, 107: 281-293.

⑫Torquemada YF, Durako MJ, Lizaso JLS. Effects of salinity and possible interactions with temperature and pH on growth and photosynthesis of *Halophila johnsonii* Eiseman [J]. Marine Biology, 2005, 148: 251-260.

与膜脂脂肪酸组成有关，膜脂不饱和脂肪酸的比例随植物生长温度的提高而降低。热带植物比温带植物的热稳定性高，因此其光合最适温度均较高①。

光合最适温度也随着水下光强的变化而变化②。例如 *Heterozostera tasmanica* 所处环境的光强从 955 μmol $m^{-2}s^{-1}$降低为 37 μmol $m^{-2}s^{-1}$时，其光合最适温度从 30℃降为 5℃[62]。这说明高光强下的海草与低光强下的海草相比，具有较高的光合最适温度，同时高光强下的海草需要更多的光照来维持碳平衡，因此高温环境下生长的植物更易受到光强降低的不利影响。可见，夏季时水下光强降低的不利影响要比冬季大③。

潜水域和潮间带的水生植物都易遭受极端环境的影响，如高光强和温度变化幅度大。当温度高于海草最适温度时，其光合速率降低④⑤。研究表明，当环境温度为极端温度（40℃或者10℃）时，喜盐草（*Halophila ovalis*）的最大光化学效率（F_v/F_m）降低。极端温度下，F_v/F_m的明显降低是光合作用长期受到抑制的结果，说明极端温度对光合组织造成了不可逆的破坏[64]。也有研究表明，极端高温（40℃～45℃）对丝粉藻（*Cymodocea rotundata*）、*Cymodocea serrulata*、*Halodule*

---

①丁国华．植物生理学（上）[M]．哈尔滨：黑龙江教育出版社，2006.

②Bulthuis DA. Effects of temperature on photosynthesis and growth of seagrasses [J]. Aquatic Botany，1987，27：27－40.

③Hillman K，Walker DI，Larkum AWD，et al. Productivity and nutrient limitation [A]. In：Larkum AWD，McComb AJ，Shepherd SA.（Eds.），Biology of Seagrasses：A Treatise on the Biology of Seagrasses with Special Reference to the Australian Region [C]. Amsterdam：Elsevier，1989：635－685.

④Ralph PJ. Photosynthetic response of laboratory-cultured *Halophila ovalis* to thermal stress [J]. Marine Ecology Progress Series，1998，171：123－130.

⑤Seddon S，Cheshire AC. Photosynthetic response of *Amphibolis antarctica* and *Posidonia australis* to temperature and desiccation using chlorophyll fluorescence [J]. Marine Ecology Progress Series，2001，220：119－130.

uninervis、针叶藻（*Syringodium isoetifolium*）、*Thalassia hemprichii*、*Zostera capricorni* 的光合组织会造成不可逆的破坏，其叶片吸入的光能不能用于光合作用，过剩的光能以热形式耗散掉，光化学耗散（qP）降低，非光化学耗散（qN）升高①。低温抑制光合作用的主要原因在于：低温导致膜脂凝固，叶绿体超微结构破坏以及酶的钝化和气孔的关闭。高温抑制光合作用的主要原因在于：高温能够引起植物呼吸速率急剧上升，使光呼吸和暗呼吸加强，膜脂、酶蛋白和细胞质热变性，光合机构受损[61]。

低温加剧植物的光抑制作用②③，降低光合系统Ⅱ中 D－1 蛋白的修复速率[67]，以及抑制参与非光化学耗散过程中叶黄素的组成成分玉米黄质④⑤⑥。研究表明，当水温≤7℃时，菹草（*Potamogeton crispus*）在较高光照条件下易受到光抑制，产生光破坏，导致 PSⅡ的结构受损。随低温天数的增加，这种破坏日益显著，导致瞬时荧光（F_t）和光适应下的最大荧光（F_m'）

①Campbell SJ，McKenzie LJ，Kerville SP. Photosynthetic responses of seven tropical seagrasses to elevated seawater temperature [J]. Journal of Experimental Marine Biology and Ecology，2006，330：455－468.

②Greer DH，Berry JA，Björkman O. Photoinhibition of photosynthesis in intact bean leaves：Role of temperature，and requirement for chlotoplast-protein synthesis during recovery [J]. Planta，1986，168：253－260.

③Greer DH，Ottander C，Öquist G. Photoinhibition and recovery of photosynthesis in intact barley leaves at 5 and 20℃ [J]. Plant Physiology，1991，81：203－210.

④Bilger W，Björkman O. Temperature dependence of violaxanthin de-epoxidation and non-photochenical fluorescence quenching in intact leaved of *Gossypium hirsutum* L. and *Malva parviflora* L [J]. Planta，1991，184：226－234.

⑤Demmig Adams B. Carotenoids and photoprotection in plants：A role for the xanthophyll zeaxanthin. Biochim. Biophys [J]. American Council of Trustees and Alumni，1990，1020：1－24.

⑥Demmig Adams B，Adams WW. Photoprotection and other responses of plants to high light stress [J]. Annual Review of Plant Physiology and Plant Molecular Biology，1992，43：599－626.

显著降低①。

1.3.2.2.2　温度对植物生长的影响

光合作用是海草生长的决定性因素，海草的光合作用和生长的最适温度大不相同[62]。温度对海草生长的影响要比温度对光合作用的影响更为复杂。温度对海草的影响主要表现在营养物质的吸收和利用、叶片的衰老、呼吸作用等方面②。

海草的生长表现出明显的季节性，春季和夏季时植物生长受到促进作用，冬季和秋季时植物生长受到抵制作用③④⑤⑥。光强、温度或者两者的共同作用对海草季节性的生长都有影响⑦⑧，然而水下光强并没有明显的季节性变化⑨，所以许多学者认为温

①李强，王国祥. 秋冬季光照水温对范草萌发和幼苗生长发育的影响［J］. 重庆文理学院学报（自然科学版），2009，28（1）：9－15.

②Lee KS，Dunton KH. Inorganic nitrogen acquisition in the seagrass *Thalassia testudinum*：Development of a whole-plant nitrogen budget［J］. Limnology and Oceanography，1999，44：1204－1215.

③Orth RJ，Moore KA. Seasonal and year-to-year variations in the growth of *Zostera marina* L.（eelgrass）in the lower Chesapeake Bay［J］. Aquatic Botany，1986，24：335－341.

④Vermaat JE，Hootsmans MJM，Nienhuis PH. Seasonal dynamics and leaf growth of *Zostera noltii* Hornem：A perennial intertidal seagrass［J］. Aquatic Botany，1987，28：287－299.

⑤Macauley JM，Clark JR，Price WA. Seasonal changes in the standing crop and chlorophyll content of *Thalassia testudinum* Banks ex König and its epiphytes in the northern Gulf of Mexico［J］. Aquatic Botany，1988，31：277－287.

⑥Duarte CM. Seagrass nutrient content. Marine Ecology Progress Series 1990，67：201－207.

⑦Wetzel RL，Penhale PA. Production ecology of seagrass communities in the lower Chesapeake Bay［J］. Marine Technology Society Journal，1983，17：22－31.

⑧Dunton KH. Seasonal growth and biomass of the subtropical seagrass *Halodule wrightii* in relation to continuous measurements of underwater irradiance［J］. Marine Biology，1994，120：479－489.

⑨Zimmerman RC，Cabello Pasini A，Alberte RS. Modeling daily production of aquatic macrophytes from irradiance measurements：A comparative analysis［J］. Marine Ecology Progress Series，1994，114：185－196.

度是季节性生长的决定性因素①②③。

春季和秋季的水温上升提高了海草 *Syringodium filiforme* 和 *Thalassia testudinum* 的生物量，但是夏季的高温降低了海草的生物量④。这说明，春季和秋季的水温低于生长的最适温度，海草的生产力与水温之间存在极显著的正相关性。由于夏季水温相对较高，生产力与水温之间存在负相关性。然而，全年叶片的生物量与水温之间不存在相关性⑤。

在韩国，秋季时 *Zostera marina* 的生物量最大，夏季时的生物量反而降低[85]。韩国鳗草（eelgrass）生长的最适温度范围为 15℃～20℃，环境温度高于 20℃时，生长遭受抑制作用。高温能够引起植物呼吸速率急剧上升，这也就降低了光合作用/呼吸作用的比率[50]。因此，夏季时的高水温使一些海草的生长遭受抑制作用。低海拔地区如 Beaufort、North Carolina 和 Korean Peninsula，由于夏季的水温高于生长的最适温度（15℃～20℃），春、秋两季的水温正处于生长最适温度，所以 *Zostera marina* 的全年生长表现为双峰曲线。然而，有研究表明高海拔地区如 Akkeshi 湾，日本宽叶大叶藻（*Zostera asiatica*）年生长表现为

①Setchell WA. Morphological and phenological notes on *Zostera marina* L [J]. University of California Publications in Botany，1929，14：389－452.

②Tutin TG. Zostera [J]. Journal of Ecology，1942，30：217－266.

③Phillips RC，McMillan C，Bridges KW. Phenology of eelgrass，*Zostera marina* L.，along l atitudinal gradients in North America [J]. Aquatic Botany，1983，15：145－156.

④Barber BJ，Behrens PJ. Effects of elevated temperature on seasonal in situ leaf productivity of *Thalassia testudinum* Banks ex König and *Syringodium filiforme* Kützing [J]. Aquatic Botany，1985，22：61－69.

⑤Lee KS，Park SR，Kim JB. Production dynamics of the eelgrass，*Zostera marina* in two bay systems on the south coast of the Korean peninsula [J]. Marine Biology，2005，147：1091－1108.

单峰曲线，夏季时生物量最大①。

海草的耐热性决定了其分布的地理位置和季节性生长的动态变化②。与热带和亚热带海草相比，温带海草生长环境的水温较低，其生长更适宜低水温环境，并对高温的耐受性有限。因此，温带海草的生长最适温度低于热带和亚热带海草，温带海草的生长最适温度范围为 11.5℃～26℃，而热带和亚热带海草为23℃～32℃③④⑤⑥⑦⑧。

1.3.2.3 无机碳

1.3.2.3.1 水体中无机碳的特点

在空气中和水体环境下，光合作用所需的无机碳（Dissolved

---

①Watanabe M，Nakaoka M，Mukai H. Seasonal variation in vegetative growth and production of the endemic Japanese seagrass *Zostera asiatica*：A comparison with sympatric *Zostera marina* [J]. Botanica Marina，2005，48：266－273.

②McPherson BF，Miller RL. The vertical attenuation of light in Charlotte Harbor，a shallow，subtropical estuary，south-western Florida [J]. Estuarine，Coastal and Shelf Science，1987，25：721－737.

③Boström C，Roos C，Rönnberg O. Shoot morphometry and production dynamics of eelgrass in the northern Baltic Sea [J]. Aquatic Botany，2004，79：145－161.

④Van Tussenbroek BI. *Thalassia testudinum* leaf dynamics in a Mexican Caribbean coral reef lagoon [J]. Marine Biology，1995，122：33－40.

⑤Tomasko DA，Hall MO. Productivity and biomass of the seagrass *Thalassia testudinum* along a gradient of freshwater influence in Charlotte Harbor，Florida [J]. Estuaries，1999，22：592－602.

⑥Kaldy JE. Production ecology of the non-indigenous seagrass，dwarf eelgrass (*Zostera japonica* Ascher，& Graeb.)，in a Pacific Northwest Estuary，USA [J]. Hydrobiologia，2006，553：201－217.

⑦Kaldy JE，Dunton KH. Above-and below-ground production，biomass and reproductive ecology of *Thalassia testudinum* (turtle grass) in a subtropical coastal lagoon [J]. Marine Ecology Progress Series，2000，193：271－283.

⑧Masini RJ，Anderson PK，McComb AJ. A *Halodule* dominated community in a subtropical embayment：Physical environment，productivity，biomass，and impact of dugong grazing [J]. Aquatic Botany，2001，71：179－197.

Inorganic Carbon，DIC）有很大差异。CO_2是陆生植物及水生植物光合作用中最容易利用的无机碳形式，水生植物与陆生植物最大的区别是在进行光合作用时具有利用重碳酸盐（HCO_3^-）的能力。水体中的无机碳以3种形态存在，即自由CO_2（溶解于水中的分子形式的CO_2和H_2CO_3）、离子态的重碳酸盐（HCO_3^-）和碳酸盐（CO_3^{2-}）。无机碳的3种形态由pH值决定，大多数淡水pH值高于7，溶解的无机碳形态主要以HCO_3^-为主①。淡水湖泊的pH值范围为7.0～8.5时，HCO_3^-/CO_2从4倍增大到140倍②；海水的pH值接近8.2时，HCO_3^-/CO_2的比率为150③。水体中无机碳的含量非常低，可能是因为它被大、小型沉水植物快速消耗，也有可能是水的黏度远大于空气，所以CO_2在叶片周围形成界面，在此界面中CO_2扩散速度仅为空气中扩散速度的万分之一，碳固定受阻的90%均由该界面引起④。

1.3.2.3.2　沉水植物对水体低无机碳条件的适应性

在低浓度CO_2条件下，沉水植物会激发体内一些形态、生理以及生化机制来降低这种低碳限制⑤。例如，形态上可能长出异形或者水面漂浮的叶片，这样更有利于吸收空气中的CO_2；利用根部从沉积物的孔隙水中吸取CO_2；改变代谢途径，使用更有效

①Madsen TV. Growth and photosynthetic acclimation by *Ranunculus aqutuatilis* L. in response to inorgnic carbon availability [J]. New Phytology，1983，125：707－715.

②Sand Jensen K. Photosynthetic carbon sources of stream macrophytes [J]. Journal of Experimental Botany，1983：55－63.

③Stumm W，Morgan JJ. Aquatic Chemistry [M]. Wiley：New York，1970.

④Denny MW. Air and Water：The Biology and Physics of Life's Media [M]. New Jersey：Princeton University Press，1993.

⑤Madsen TV，Sand Jensen K. The interactive effects of light and inorganic carbon on aquatic plant growth [J]. Plant Cell and Environment，1994，17：955－962.

的景天酸（CAM）和 C_4 代谢途径①；利用 HCO_3^- 作为无机碳源②。这些途径都是沉水植物体内的无机碳浓缩机制（CCM）。

在白天，沉水植物光合作用消耗 CO_2 释放出 O_2，使水体中的 pH 升高，作为溶解无机碳源可利用的 CO_2 更少，因此会诱导光呼吸产生③。另外，在许多水体中特别是高生产力的湖泊中，沉水植物快速进行光合作用使水体表面的 CO_2 浓度接近于零④。因此，为了确保无机碳的供应使光合作用顺利进行，促进 CO_2 朝着 Rubisco 活性部位方向进行，抑制光呼吸作用对沉水植物是至关重要的。适应水体中低浓度 CO_2 环境并且保持较高的光合作用，利用 HCO_3^- 作为无机碳是沉水植物在进化过程中对生境的重要适应机制。大约有 50%的水生被子植物除了利用 CO_2，还使用 HCO_3^- 作为无机碳源⑤。

水生植物利用 HCO_3^- 的能力并不是普遍存在的，能够利用 HCO_3^- 的物种与仅利用 CO_2 的物种明显不同⑥。例如线叶水马齿（*Callitriche hermaphroditica*）是沉水植物，它除了利用 CO_2，

---

①Casati P，Lara MV，Andreo CS. Induction of a C_4-like mechanism of CO_2 fixation in *Egeria densa*，a submersed aquatic species [J]. Plant Physiology，2000，123：1611—1621.

②Madsen TV，Maberly SC. Diurnal variation in light and carbon limitation of photosynthesis by two species of submerged freshwater macrophyte with a differential ability to use bicarbonate [J]. Freshwater Biology，1991，26：175—187.

③Jahnke LS，Eighmy TT，Fagerberg WR. Studies of Elodea nuttalli grown under photorespiratory conditions. Ⅰ Photosynthetic characteristics [J]. Plant Cell and Environment，1991，14：147—156.

④Maberly SC. Diel，episodic and seasonal changes in pH and concentrations of inorganic carbon in a productive lake [J]. Freshwater Biology，1996，35：579—598.

⑤Prins HBA，Elzenga JTM. Bicarbonate utilization：Function and mechanism [J]. Aquatic Botany，1989，34：59—83.

⑥Sand Jensen K，Pedersen MF，Laurentius S. Photosynthetic use of inorganic carbon among primary and secondary water plants in streams [J]. Freshwater Biology，1992，27：283—293.

还具有利用外部无机碳 HCO_3^- 的能力①，但两栖性物种水马齿（*Callitriche stagnalis*）②、*Callitriche cophocarpa*③、*Callitriche hamulata*④ 和 *Callitriche longipedunculata*⑤ 仅利用 CO_2。另外，两栖性的同属水生植物利用 HCO_3^- 的能力也不相同，如眼子菜属（*Potamogeton*）的竹叶眼子菜（*Potamogeton malaianus*）能够利用 HCO_3^-，而 *Potamogeton fryerii* 不能利用 HCO_3^-⑥；狐尾藻属（*Mgriophyllum*）的穗花狐尾藻（*Mgriophyllum spicatum*）具有利用 HCO_3^- 的能力，而轮叶狐尾藻（*Mgriophyllum verticillatum*）则不具有⑦。与仅利用 CO_2 的水生植物相比，利用 HCO_3^- 的水生植物更适应 pH 值高和溶解性 CO_2 含量低的水体，且这类水生植物最大增长率较低⑧。沉水植物对 DIC 利用能力的差异影响其在大型水生植物群落中的分布和种群竞争优势⑨，如 *Elodea canadensis* 和 *Utricularia*

---

①Maberly SC，Madsen TV. Use of bicarbonate ions as a source of carbon in photosynthesis by *Callitriche hermaphroditica* [J]. Aquatic Botany，2002，73：1−7.

②Sand Jensen K. Photosynthetic carbon sources of stream macrophytes [J]. Journal of Experimental Botany，1983，34：198−210.

③Madsen TV，Maberly SC，Bowes G. Photosynthetic acclimation of submerged angiosperms to CO_2 and HCO_3^- [J]. Aquatic Botany，1996，53：15−30.

④Adamec L. Relations between K^+ uptake and photosynthetic uptake of inorganic carbon by aquatic plants [J]. Biologia Plantarum，1997，39：599−606.

⑤Keeley JE. Photosynthetic pathway diversity in a seasonal pool [J]. Functional Ecology，1999，13：106−118.

⑥Kadono Y. Photosynthetic carbon sources in some Potamogeton species [J]. Botanical Magazine of Tokyo，1980，93：185−194.

⑦Maberly SC，Madsen TV. Affinity for CO_2 in relation to the ability of freshwater macrophytes to use HCO_3^- [J]. Functional Ecology，1998，12：99−106.

⑧Maberly SC，Spence DHN. Photosynthetic inorganic carbon use by freshwater plants [J]. Journal of Ecology，1983，71：705−724.

⑨Pierini SA，Thomaz SM. Effects of inorganic carbon source on photosynthetic rates of *Egeria najas* Planchon *Egeria densa* Planchon（Hydrochriataceae） [J]. Aquatic Botany，2004，78：135−146.

vulgaris 受水体中可利用性 DIC 的限制，但是 DIC 不会影响 *Eriocaulon aquaticum* 的生长。当水体中 DIC 浓度较低时，*Elodea aquaticum* 趋于获得竞争优势①。一般海洋大型水生植物对 HCO_3^- 的亲和性比淡水大型水生植物高，海洋和淡水大型沉水植物对 HCO_3^- 亲和性的差别可能与 HCO_3^- 利用机制的不同有关②。尽管 HCO_3^- 可以作为一种无机碳源，但是植物更偏向于利用 CO_2 作为主要的无机碳源③。沉水植物是否利用 CO_2 作为主要的无机碳源，主要依赖于水体中 CO_2 和 HCO_3^- 的相对浓度，以及与 CO_2 亲和力大小成反比的 $K_{1/2}(CO_2)$ 值[113]。

有效利用 HCO_3^- 可以降低无机碳对光合作用的限制，HCO_3^- 利用率越高，最大光合速率越高。研究发现，随着 DIC 的增大，*Fontinalis antipyretica*④ 和黑藻（*Hydrilla verticillata*）⑤ 的最大光合速率增大；而当水体中可利用的 DIC 含量较低（<1.3mM DIC）时，*Hydrilla verticillata* 发生光抑制现象[118]。但也有研究发现，随着 DIC 的增大，*Elodea canadensis* 的最大光合速率减小[107]。

---

①Pagano AM，Titus JE. Submersed macrophyte growth at low pH：Contrasting responses of three species to dissolved inorganic carbon enrichment and sediment type [J]. Aquatic Botany，2004，79：65－74.

②Sand Jensen K，Gordon DM. Differential ability of marine and freshwater macrophytes to utilize HCO_3^- and CO_2 [J]. Marine Biology，1984，80：247－253.

③Lampert W，Sommer U. Limnoecology：The Ecology of Lakes and Streams [M]. New York：Oxford University Press，1997：382.

④Maberly SC. Photosynthesis by *Fontinalis antipyretica*. Part Ⅰ. Interaction between photon irradiance，concentration of carbon dioxide and temperature [J]. New Phytologist，1985，100：127－140.

⑤White A，Reiskind JB，Bowes G. Dissolved inorganic carbon influences the photosynthetic responses of Hydrilla to photoinhibitory conditions [J]. Aquatic Botany，1996，53：3－13.

1.3.3 水生植物的生长与水环境关系研究

1.3.3.1 富营养化对水生植物生长的影响

富营养化是指湖泊等水体接纳过多氮、磷等营养性物质，使藻类过量繁殖，水体透明度下降，溶解氧降低，造成湖泊水质恶化，导致水体生态系统和功能受到损害和破坏①。富营养化影响水生植物的生长和发育，并可导致水生植物特别是沉水植物的衰退和消失②③④⑤⑥。低光强⑦、较高浓度的营养盐⑧⑨、沉积物的低

①刘建康. 东湖生态学研究［M］. 北京：科学出版社，1990.

②Phillips GL，Eminson D，Moss B. A mechanism to account for macrophyte decline in progressively eutrophicated freshwaters［J］. Aquatic Botany，1978，4：103－126.

③Spence DN. The zonation of plants in freshwater lakes［J］. Advance in EcologicalR-esearch，1981，12：37－125.

④Sand Jensen K. Phytoplankton and epiphyte development and their shading effect on submerged macrophytes in lakes of different nutrition status［J］. International Review of Hydrobiology，1981，66：529－552.

⑤RØrslett B. Principal determinants of aquatic macorphyte richness in northern European lakes［J］. Aquatic Botany，1991，39：173－193.

⑥Duarte CM. Submerged aquatic vegetation in relation to different nutrient regimes［J］. Ophelia，1995，41：87－112.

⑦Jupp BP，Spence DHN. Limitations on macrophytes in a eutrophic lake，Loch Leven 1. Effects of phytoplankton［J］. Journal of Ecology，1977，65：175－186.

⑧Ni LY. Stress of fertile sediment on the growth of submersed macrophytes in eutrophic waters［J］. Acta Hydrobiologica Sinica，2001，25：399－405.

⑨Cao T，Xie P，Ni LY，et al. The role of NH_4^+ toxicity in the decline of the submersed macrophyte *Vallisneria natans* in lakes of the Yangtze River basin，China［J］. Marine Freshwater Research，2007，58：581－587.

氧化还原性①②[126]、有毒物质③④⑤和藻类的增多⑥，这些都是导致沉水植物衰退的主要影响因素。在这些因素中，低光强和较高浓度的营养盐是富营养化湖泊最基本的特性，直接影响沉水植物的生长和分布⑦⑧。

目前普遍认为，富营养化水体中高浓度营养盐并不直接导致沉水植物的衰退，而是由于它减少了沉水植物可利用的光能和碳源[98]。水下光强的降低会导致沉水植物的生理胁迫，如降低其生长速率，增加沉水植物光合组织氮含量，降低糖类和酚类化合

①Ni LY. Effects of water column nutrient enrichment on the growth of *Potamogeton maackianus* A Been [J]. Journal of Aquatic Plant Management，2001，39：83－87.

②Ni LY. Growth of Potamageton maackianus under low-light stress in eutrophic water [J]. Journal of Freshwater Ecology，2001，16：249－256.

③Schuurkes JAAR，Kok CJ，Hartog CD. Ammonium and nitrate uptake by aquatic plants from poorly buffered and acidified waters [J]. Aquatic Botany，1986，24：131－146.

④Brouwer E，Bobbink R，Meeuwsen F，et al. Recovery from acidification in aquatic mesocosms after reducing ammonium and sulphate deposition [J]. Aquatic Botany，1997，56：119－130.

⑤Cao T，Ni LY，Xie P. Acute biochemical responses of a submersed macrophyte，*Potamogeton crispus* L.，to high ammonium in an aquarium experiment [J]. Journal of Freshwater Ecology，2004，19：279－284.

⑥Jones RC，Walti K，Adams MS. Phytoplankton as a factor in decline of the submersed macrophyte *Myriophyllum spicatum* L. in Lake Wingra，Wisconsin [J]. Hydrobiologia，1983，107：213－219.

⑦Wetzel R. Limnology [M]. 2nd ed. Philadelphia：Saunders College Publishing，1983：255－297.

⑧Kirk JTO. Light and Photosynthesis in Aquatic Ecosystems [M]. 2nd ed. New York：Cambridge University Press，1996.

物，限制根部碳的固定①②③④。同时，低光强降低了沉水植物抗胁迫的能力⑤，特别是导致浅水域湖泊沉水植物的衰退⑥。

较高浓度的营养盐会导致沉水植物的衰退[126,127]。大量研究表明，较高浓度的营养盐会限制水生植物的生长⑦⑧。由于较高浓度的无机氮，水生植物的氧化作用会受到胁迫[130]⑨。微齿眼子菜（*Potamogeton maackianus*）生长受到水体中较高浓度营养盐的限制[128,129]。低光强始终抑制淡水湖泊植物的生长，而某一范围的营养盐浓度促进植物的生长，低光强和高浓度营养盐共同促进植物叶片氮含量的增大[139]。FAA 的含量可以作为水生植物

①Larsson S，Wiren A，Lundgren L，et al. Effects of light and nutrient stress on leaf phenolic chemistry in *Salix dasyclados* and susceptibility to *Galerucella lineola* (Coleoptera) [J]. Oikos，1986，47：205－210.

②Gechev T，Willekens H，Van Montagu M，et al. Different responses of tobacco antioxidant enzymes to light and chilling stress [J]. Journal of Plant Physiology，2003，160：509－515.

③Orians CM，Jones CG. Plants as resource mosaics：A functional model for predicting patterns of within-plant resource heterogeneity to consumers based on vascular architecture and local environmental variability [J]. Oikos，2001，94：493－504.

④Cronin G，Lodge DM. Effects of light and nutrient availability on the growth，allocation，carbon/nitrogen balance，phenolic chemistry，and resistance to herbivory of two freshwater macrophytes [J]. Oecologia，2003，137：32－41.

⑤Goss RM，Baird JH，Kelm SL，et al. Trinexapac-ethyl and nitrogen effects on creeping bentgrass grown under reduced light conditions [J]. Crop Science，2002，42：472－479.

⑥Riis T，Sand Jensen K，Vestergaard O. Plant communities in lowland Danish streams：Species composition and environmental factors [J]. Aquatic Botany，2000，66：255－272.

⑦Best EPH. Effects of nitrogen on the growth and nitrogenous compounds of *Ceratophyllum demersum* [J]. Aquatic Botany，1980，8：197－206.

⑧Smolders AJP，denHartog C，vanGestel CBL，et al. The effects of ammonium on growth，accumulation of free amino acids and nutritional status of young phosphorus deficient Stratiotes aloides plants [J]. Aquatic Botany，1996，53：85－96.

⑨Nimptsch J，Pflugmacher S. Ammonia triggers the promotion of oxidative stresss in the aquatic macrophyte Myriophyllum mattogrossense [J]. Chemosphere，2007，66：708－714.

遭受环境胁迫的生理指标，例如铵的毒害作用①、富营养化②、长期水淹③和盐胁迫作用④。水体的铵浓度较高，会导致植物组织FAA的积累[127,132,145]。

富营养化湖泊含有大量的浮游藻类，导致水体光衰减系数增大，影响沉水植物对光的吸收和利用⑤⑥⑦。藻类的季节性爆发，使水体pH升高，导致水体容纳总无机碳能力下降，从而减少水生植物可利用的无机碳量⑧⑨。水生植物的减少和消失，在某种程度上是由于富营养化下大量繁殖的藻类竞争无机碳的结果[112]。沉水植物可利用CO_2量受水体中浮游藻类生物量的显著影响。而且，富营养化下水生植物表面有大量的附生生物（主要

---

①Saarinen T，Haansuu P. Shoot density of *Carex rostrata* Stokes in relation tointernal carbon：Nitrogen balance [J]. Oecologia，2000，122：29—35.

②Kohl JG，Woitke P，Kuhl H，et al. Seasonal changes in dissolved amino acids and sugars in basal culm internodes as physiological indicators of the C/N-balance of Phragmites australis at littoral sites of different trophic status [J]. Aquatic Botany，1998，60：221—240.

③Bedford JJ. The soluble amino acid pool in Siphonaria zelandica：Its composition and the influence of salinity changes. Comparative Biochemistry and Physiology，1969，29：1005—1014.

④Hartzendorf T，Rolletschek H. Effects of NaCl-salinity on amino acid andcarbohydrate contents of Phragmites australis. Aquatic Botany，2001，69：195—208.

⑤Sand Jensen K. Effect of epiphytes on eelgrass photosynthesis [J]. Aquatic Botany，1977，3：55—63.

⑥Van Duin EHS，Blom G，Lijklema L，et al. Aspects of modeling sediment transport and light conditions in Lake Marken [J]. Hydrobiologia，1992，235/236：167—176.

⑦Blom CWPM，Voesenek LACJ，Banga M，et al. Physiological ecology of riverside species：Adaptive responses of plants to submergence [J]. Annals of Botany，1994，74：252—263.

⑧Ozimek T，Kowalczewski A. Long-term changes of the submerged macrophytes ineutrophic lake Mikolajskie（North Poland）[J]. Aquatic Botany，1984，19：1—11.

⑨Nlaberly S C. Diel，episodic and seasonal changes in pH and concentrations ofinorganic carbon in a productive lake [J]. Freshwater Biology，1996，35：579—598.

是附生藻类)，增加了水生植物叶片的胞外扩散层厚度，影响了水生植物对无机碳的吸收[149]。光和无机碳是水生植物进行光合作用的必需条件，这两方面的不足直接影响着水生植物的光合作用[152]。

1.3.3.2 泥沙型水体对水生植物生长的影响

关于泥沙等无机颗粒物对沉水植物的影响研究很少。水体中光量衰减主要与水的吸收特性和悬浮物质的吸收、反射、散射特性有关①。在悬浮泥沙含量较高的水体中，一方面悬浮颗粒阻碍光在水体中的入射，水体透明度低，水下光照弱；另一方面悬浮物附着在叶片表面上后，削减了光合有效辐射强度，并可能导致植株与水体间气体交换和营养物质交换的改变，不利于沉水植被的光合作用，进一步影响植株的生长②。Vervuren 等分析了莱茵河洪水的光传递，显示 50 cm 深的洪水光衰减了 90%，而水深超过 1.5 m 时光强低于全光强的 1%③。在浊度为 60NTU 和 90NTU 的水体中，苦草（*Vallisneria asiatica*）所处水位的光强低于全光强的 3%，悬浮泥沙对叶片 PSⅡ荧光特性和光合作用的影响显著，植株不易存活④。另外研究表明，在高浊度（>60NTU）的悬浮泥沙水体中，随水体浊度增加，光照强度降低，

①Holmes MG, Klein WH. The light and temperature environments [A]. In: Crawford RMM. Plant life in aquatic and amphibious habitats [C]. Oxford, UK: Blackwell Scientific Publications, 1987: 3-22.

②Korschgen CE, Green WL, Kenow KP. Effects of irradiance on growth and winter bud production by *Vallisneria Americana* and consequences to its abundance and distribution [J]. Aquatic Botany, 1997, 58: 1-9.

③Vervuren PJA, Blom CWPM, de Kroon H. Extreme flooding events on the chine and the survival and distribution of riparian plant species [J]. Journal of Ecology, 2003, 91: 135-146.

④王文林，王国祥，李强，等. 悬浮泥沙对亚洲苦草幼苗生长发育的影响 [J]. 水生生物学报，2007，31 (4)：460-466.

穗花狐尾藻（*Myriophyllum spicatum*）的光合作用显著降低，但其抗光抑制能力无显著的变化，所以穗花狐尾藻是一种较为耐受悬浮泥沙水体的沉水植物①。

在泥沙型浑浊水体中，除了光量发生衰减外，光质也发生了显著的变化，水下光质不同于水表面的光质②。当光穿过水体时，光谱组成发生了变化，水体吸收长波长的光，如远红光（FR），从而导致红光/远红光（R/FR）比值的增大[180]。在浑浊水体（如泥沙水体）中，光被散射，短波光（紫外光和蓝光）也被吸收，因此，在浑浊水体中，绿光能穿透更远的距离[180]。另外，光质可以影响植物的生长，例如某些种类的种子萌发③④对光质敏感；低光强的蓝光和低的 R/FR 比值诱导植物器官的伸长，如叶柄[160,161]和茎⑤。

1.4 研究区自然概况

九寨沟地处青藏高原东缘岷山山脉南段尕尔纳峰北麓，行政区划属于四川省阿坝州，位于九寨沟县境内。地理坐标为东经

---

①李强，王国祥，王文林，等. 悬浮泥沙水体对穗花狐尾藻（*Myriophyllum spicatum*）光合荧光特性的影响［J］. 湖泊科学，2007，19（2）：197—203.

②Smith H. Sensing the light environment：The functions of the phytochrome family［A］. In：Kendrick RE，Kronenberg GHM. Photomorphogensis［C］. The Hague：Kluwer Academic Publishers，1994：374—416.

③Pierik R，Millenaar FF，Peelers AJM，et al. New perspectives in flooding research：The use of shade avoidance and Arabidopsis thaliana［J］. Ann Bot，2005，96：533—540.

④Pierik R，Whitelam GC，Voesenek LACJ，et al. Canopy studies on ethylene-insensitive tobacco identify ethylene as a novel element in blue light and plant-plant signaling［J］. Plant Journal，2004，38：310—319.

⑤储钟稀，童哲，冯丽洁，等. 不同光质对黄瓜叶片光合特性的影响［J］. 植物学报，1999，41（8）：867—870.

103° 46′～104° 05′，北纬 32° 53′～33° 20′（图 1—1），南北长 38 km，东西宽 23 km，面积 728.3 km²。进入九寨沟最主要的交通线是九寨沟环形公路线，由成都出发可经都江堰、汶川、茂县、松潘至九寨沟，里程 438 km；也可经广汉、绵阳、江油、平武、九寨沟县至九寨沟，里程 472 km。另外，由 213 国道上的文县、宝成铁路上的广元或江油均可转道进入九寨沟。

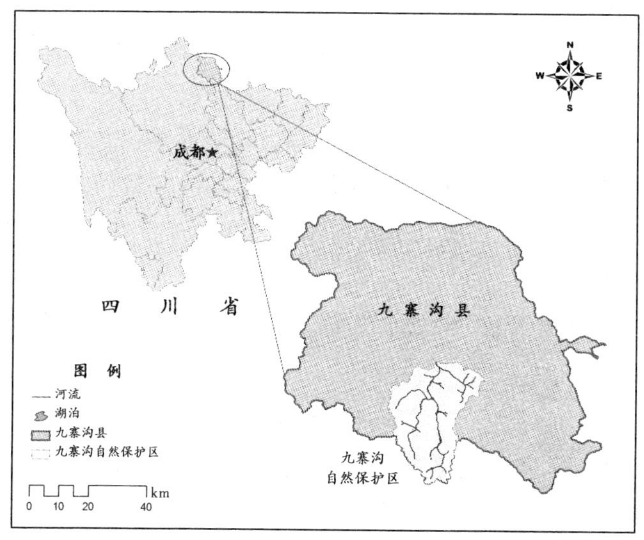

图 1—1 九寨沟自然保护区地理位置示意图

1.4.1 地质和地貌

九寨沟地处松潘—甘孜造山带丹巴—汶川构造岩片与西秦岭造山带摩天岭地块的结合部位。其地质历史演化经历了海洋环境—造山运动—断陷盆地—第四纪冰川作用—景观形成期 3.95

亿年造化而形成①。

九寨沟地貌切割破碎，起伏大，最大相对高差达 3728 m，平均相对高差大于 2000 m，沟谷纵横，发育树枝状水系，河网密度大于 0.65 km/km^2，谷地狭窄，其宽度一般小于 200 m，最大深宽之比可达 37∶1②。

九寨沟景区位于青藏高原和四川盆地两大地貌单元的过渡地带，是我国第一大地形台阶的坎前转折部位，属白水江流域，在四川地貌图上属于盆地外围山地区。景区地势南高北低，起伏大，呈现侵蚀地貌景观。九寨沟沟口海拔仅为 1996 m，而南侧则查梁子一带海拔最高 4789 m，最大相对高差达 2700 m。区内沟谷纵横，河网密度大，河谷狭窄，由树正、日则和则查洼三沟构成“Y”字地形。属高山峡谷地貌，并呈现垂直差异性的山地地貌景观。

全区地貌分为三种基本类型：高山山地地貌、坡地地貌和谷地地貌。各地貌类型组成如下。

高山山地地貌：①岭脊地区海拔在 4000 m 以上的现代季节性冰雪作用和寒冻风化地貌；②海拔 3800 m 的森林线以上高山灌丛草甸带的冰缘地貌；③海拔 2900 m 以上的第四纪冰川作用的残留地貌。

坡地地貌：①山坡断层陡崖；②崩塌及岩崩倒石锥；③滑坡；④泥石流。

谷地地貌：①流水作用钙华堆积谷地；②喀斯特干谷；③钙华堤埂及灌丛钙华滩；④谷坡及谷底混杂堆积；⑤古黄土、古河湖相和现代河流相沉积；⑥喀斯特漏斗、落水洞；⑥多种成因的

①张瑞英. 3S技术支持下的九寨沟核心景区生态地质环境评价及演化趋势研究[D]. 成都：成都理工大学博士学位论文，2007.

②四川省地质矿产勘查开发局. 九寨—黄龙核心景区景观形成的地质环境和水循环系统模式测定、监测系统建立及景观保育技术应用研究报告[R]，2006.

洼地和堰塞湖；⑧流域喀斯特地下管道系统；⑨干谷中的混杂堆积。

景区内各大支沟海拔 3000～3100 m，均保留完好的 U 形谷，宽 80～400 m，平均 200 m；长者可达 15 km，短者仅数千米。在溶洞沟见有三次冰川形成的 U 形谷相互套叠，形成谷中谷，其谷底高程分别在 4100 m、4000 m、3950 m，相差约 100 m、50 m；宽度则在 1200 m、750 m、250 m。在两条冰川交汇处形成典型的冰蚀湖，如碧么公盖海、图俄依海、藏马龙里海等海子。主 U 形谷两侧，常见有长 1～2 km 的冰川悬谷，二者高差 100～200 m。U 形谷末端多与冰斗相连，经测量计算，冰斗平坦指数为 2.50～3.44，平均 2.77，属典型冰川冰斗。冰斗在区内高山上多处可见，分布在 3800～3900 m 的古冰斗，其形态多不完整，破坏严重，显示老冰期遗留的产物，而分布在 4100 m 和 4200～4300 m 的二期冰斗，基岩壁较新鲜，形态完好。

1.4.2 气候条件

九寨沟地处我国北亚热带秦巴湿润区与青藏高原波密—川西湿润区的过渡地带。其东南受龙门山的阻挡，使来自太平洋的暖湿气流多在龙门山东坡停留，而九寨沟地处龙门山西坡，故降雨偏少。此外，九寨沟北部有高大的秦岭山脉屏护，大大削弱了冬季从蒙古高原来的冷高压寒流对本区域的影响。这样就使九寨沟在气候上表现出冷凉干燥的季风气候特征，气候垂直差异大。

九寨沟风景区月平均气温的变化规律是：一年中 1 月份为最低，平均温度为－3.3℃，7 月份为最高，平均温度为 17.9℃；2～7 月气温为上升阶段，3～5 月上升最大，可达 11℃以上；6～7 月上升缓慢，7 月达全年平均温度的最高值，也是最热的时期（见图 1－2）；以后开始下降，10～11 月降幅最大，可达 6℃以上，然后进入冬季。月平均气温在 0℃以下的月份为 12 月、1 月、2 月①。

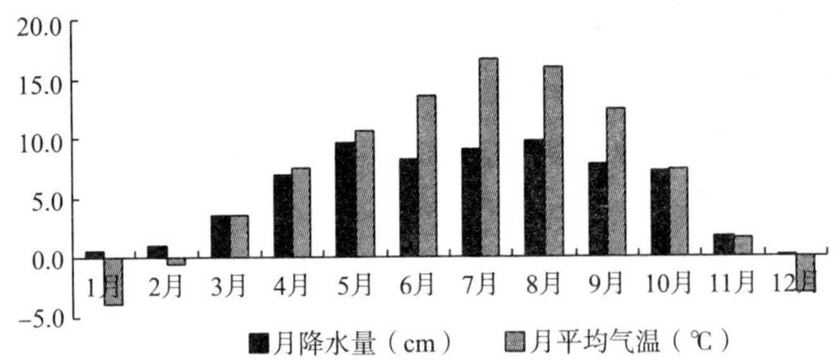

图 1—2 九寨沟多年月降水量和月平均气温

由于九寨沟风景区各景点海拔高度差异较大，降雪开始时期有所不同，沟口降雪开始时期一般在 12 月上旬，扎如降雪开始期一般在 11 月下旬，长海降雪开始期一般在 11 月上、中旬，原始森林降雪开始期一般在 10 月下旬。降雪发生较多的月份出现在 3～4 月，积雪深度一般在 10～15 cm，全年无霜期 100 天左右。年日照时数为 1600 小时，且夏季太阳辐射多于冬季（图 1—3）；日平均气温大于 10℃的累积温度为 3000℃～3500℃，相对湿度为 60％～70％。

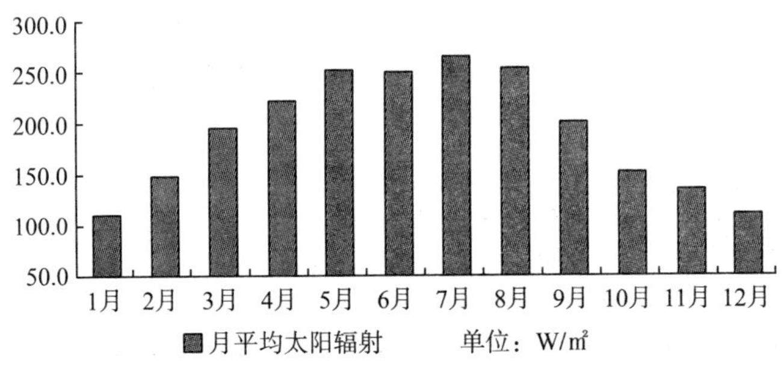

图 1—3 九寨沟月平均太阳辐射

①九寨沟黄龙核心景区环境容量研究报告［R］. 西南交通大学，2006.

沟内平均风速较大值出现在 2、3、4 月份，平均风速 1.42 m/s，平均风速较小值出现在 7、9、11 月份，平均风速 1.05 m/s；平均风速的极大值出现在 2002 年 4 月，平均风速为 1.9 m/s；平均风速的极小值出现在 2000 年 6、7 月份，平均风速为 0.8 m/s。则查洼全年主要以西北风为主，在 1、2、3 月份风向的日变化不大。其他月份分别有东南、东东南等风向，主要发生在 8 时和 20 时，14 时常年均为西北风[165]。

由于尚无九寨沟内的长期气象资料，而九寨沟距县城不足 40 km，且无高山阻隔，其气候变化与县城应趋于一致。县城多年平均年降雨量为 555.6 mm，1959 年至 1998 年间，最高年降雨量（1990 年）为 750.2 mm，是最低年（1996 年）的 2.09 倍（359.2 mm）；年降雨量少于 500 mm 的占 17.5%，年降雨量大于 600 mm 的占 25%，多数接近平均值。根据南坪气象站在城关后山的梯度观测资料，降雨量、蒸发量、气温等要素均存在明显的高度效应。随地形每升高 100 m，气温降低约 0.55℃，年蒸发量降低约 25.2 mm，而年降雨量增加 24.4 mm 左右。将九寨沟海拔 2389 m 的诺日朗气象观测站资料（1996 年 6 月—2000 年 4 月）与南坪气象站资料对比，其大致与此结论相符合。因此，九寨沟降雨动态特征可参考南坪城关降雨动态特征①。九寨沟降雨月季变化差异明显，降雨多集中在 5～10 月，占全年降水总量的 75%，常以暴雨的形式出现。降雨的年内分配必然引起径流发生相应的变化。

①四川省林业科学研究院. 四川九寨沟国家级自然保护区，综合科学考察报告[R]，2004.

1.4.3 水文特性

九寨沟地处长江水系嘉陵江上游，白水江流域的西部。白水江发源于弓嘎岭斗鸡台，在黑河桥与黑河汇合，全长 57 km，水流湍急，河床平均比降为 20‰。水能蕴藏量理论上达 10.2 万千瓦。水系切割纵深，河网密度大，约 0.8 km/km^2。流域内地势总体上南高北低，地表水自南向北径流。

九寨沟为白水江的一条大支沟，于羊峒处汇入白水江，其流域面积 651.35 km^2。由扎如沟、荷叶沟、黑果沟、丹祖沟、日则沟和则查哇沟共 6 条主要沟谷组成。其中最大的一条为东支的则查哇沟，长约 31 km，流域面积 219.69 km^2；其次是西支的日则沟，长约 30 km，流域面积 166.00 km^2；两支沟与沟口羊峒至诺日朗的长约 14 km 的主沟段在平面上呈“Y”字形展布。

九寨沟流域主要沟道内分布着大量的、呈串珠状排列的高山湖泊（海子），海子的总面积约 2.85 km^2。其中以则查哇沟上游的长海为最，水域面积约 0.928 km^2，库容约 4673.57 m^3。流域内地表水总体上自南向北径流，主沟平均纵比降为 38.7‰，则查哇沟为 47.7‰，日则沟为 54.5‰，平均纵比降最大的是黑果沟，为 225.2‰。随河床平均纵比降的减小，流域面积增大。

九寨沟河水补给来自大气降水和地下水。按河流流量大小的分配，大体上可以划分为枯水期（或低水位期）：11～3 月；平水期：4～5 月和 10～11 月；丰水期：6～9 月。洪、枯期流量变幅小，最大月平均流量为最小月平均流量的 4.2 倍（嘉陵江水系其他河流一般在 10～25 倍之间），白水江年变差系数值为 1.2（嘉陵江水系其他河流一般在 2～6 之间）。九寨沟流域内植被发育，地下水补给充分，地表径流比较稳定。河水水化学类型为 HCO_3—Ca 和 HCO_3—Ca、Mg 型水。受地下水补给的影响，河水矿化度为 133～392.5 mg/L；其主要阴离子为 HCO_3^-，含量为 134.2～280.7 mg/L，其次为 SO_4^{2-}，含量为 3.5～36.1 mg/L；主要阳离子为 Ca^{2+}，含量为 36.07～87.2 mg/L，其次为 Mg^{2+}，含量为 4.9～20.67 mg/L；pH 值在 7.3～8.5 之间，总碱度含量为 120.1～195.2 mg/L，略偏碱性；水化学稳定系数为 0.26，属弱沉积性河流[166]。

九寨沟有大小湖泊 118 个，湖水幽蓝静娴，倒映着四周的银峰翠岭、苍松柔竹，湖间夹着飞泻的瀑布，如梦如幻。五彩斑斓的水体是由其洁净的大气、纯净的水体、周围的植被和水生生物、钙华及水体地球化学元素等组合成特殊的自然环境条件下形成的。其实质是水体选择性吸收效应及大气和水体的瑞利散射效应的产物，湖底、湖水中物质的反射、透射及其丰富的色素离子，是水体色彩变化的基础。

1.4.4 土地资源及土壤特征

1.4.4.1 土地资源利用状况

九寨沟的土地资源主要有农耕地（旱地、菜地、果园等）、居民用地、有林地、灌木地、疏林地、未成林造林地、退耕还林地、天然草地、荒山草坡、迹地、裸岩、水域、宾馆用地、机场用地等 14 种。景区内土地资源的利用现状具有不平衡性。

（1）农耕地。

农耕地主要分布在 2800 m 以下的第四纪堆积物上。黄土是景区内的主要农耕地和居民用地，黄土分布较广，土壤黏性、肥力和可耕性均较好。其上一般种植玉米、胡豆、红薯、马铃薯、小麦、油菜、果树等农作物。

（2）林地。

林地包括有林地、灌木地、疏林地、未成林造林地、退耕还林地等，分布在2500～3800 m的范围内，是区内主要的土地资源。区内植被发育，森林茂盛，珍贵稀有树种繁多。在1966—1978年间曾进行过大规模的森林砍伐，严重破坏了当地的生态与环境。随着对九寨沟生态与环境的保护，通过人工种植和施肥逐渐恢复其原始面貌，如未成林造林地这一类型的恢复已有成效，主要分布在原始森林、长海等地一带。

（3）草地。

草地包括天然草场、荒山草坡等，一般分布在3800～4200 m范围内的山原地带。草地有效性利用不是较好，其中仅天然草场利用较好，而荒山草坡几乎未被利用，主要为高山草甸类和亚高山草甸类。草场分布地多因缺水源，又远离村寨，且受季节性影响较大，一般只有半年的时间可供利用。

1.4.4.2 土壤类型及其分布

九寨沟地形起伏，相对高差大，成土母质主要可以划分为残积母质、坡积母质、洪基母质、冲积母质、黄土及黄土性母质、冰碛母质6种成土母质类型，而且成土母质的分布具有一定的垂直分带性。在这种特殊的环境地质条件下，该区域的土壤分布具有“以水平分布为基础，以垂直分布为主导”的特点[166]。从暖温带到寒带，从半湿润带到湿润带，从非地带性到地带性各类土壤均有发育，具体分布见表1－1。流域内生物气候条件垂直变化明显，土壤垂直带有足够的空间发育，故垂直带谱的结构完整。

表 1-1 九寨沟土壤类型①

类 型	主要海拔分布	母质及植被
山地淋溶褐土	1990～2200 m	成土母质主要为砂岩、板岩、灰岩等发育成坡积母质。肥力较好，主要为林地用
山地棕壤	2200～2800 m	成土母质主要为砂岩、板岩、灰岩等发育成坡积母质。植被以针阔混交林和灌木林为主
山地暗棕壤	2800～3200 m	成土母质为砂板岩、灰岩等残积坡物。植被以针阔混交林为主
山地灰化土	3200～3800 m	成土母质为变质灰岩风化残积坡物及部分冰碛物
亚高山草甸土	3800～4100 m	成土母质为砂岩、板岩、冰碛物等残积坡物。植被以高山灌木林和高山蒿草类为主
高山草甸土	4100～4300 m	成土母质为冰碛物。植被以高山蒿草类为主
高山寒冻土	4300～4500 m	是砂岩、板岩、灰岩及变质岩经寒冷物理风化作用成块的风化壳。山坡岩石裸露，在表面碎石之间有土质分布

1.4.5 地质背景

1.4.5.1 地质结构

九寨沟景区位于松潘—甘孜造山带丹巴—汶川构造岩片与西秦岭造山带摩天岭地块的结合部位。以塔藏构造带、雪山断裂、岷江断裂为界，北东角和北西角为松潘—甘孜造山带，中部为西秦岭造山带（包括摩天岭推覆体）。其地球物理特征主要表现为：在摩天岭地块分布范围内出现一重力负异常，呈南北向延伸，并

①林雯. 九寨沟自然保护区森林生态系统功能研究［D］. 成都：四川大学硕士学位论文，2006.

出现北东向及北西向的重力梯度带，往西至岷山断裂带、塔藏构造带及雪山断裂带重力梯度值有明显突变。从航磁异常特征看，结合景区的地质背景分析，表明摩天岭地块的盖层与基底之间的界面比较平缓，无大的起伏，由此说明可能存在一个较平缓的推覆构造滑脱面。

九寨沟景区所处的地质构造背景不仅控制着景区地层的展布特征和构造的发育形式，而且这种构造格局决定了九寨沟地质系统的相对独立性和稳定性，对于九寨沟景观的形成和发展意义重大。

1.4.5.2 新构造活动

新构造活动是指晚第三纪以来的构造活动，九寨沟新构造活动强烈，并造就了九寨沟奇特梦幻般的自然资源组合。景区内构造形式为一系列 NW 向线型复式或倒转的背向斜褶皱，并发育着 SW 向和 NW 向两组断裂。区内活动断裂发育，沿 SN 向断裂东部抬升强，西部抬升弱，沿 NW 向断裂南部抬升强，北部抬升弱。九寨沟位于松潘—平武地震活动带内，地震活动频繁。据历史记载，这里曾发生过 27 次有感地震，其中大于 5 级的强震就达 7 次之多。但因其处于相对稳定区内，地震烈度在Ⅵ～Ⅶ度，到目前为止，地震直接破坏作用不太大，但其诱发的泥石流、滑坡、山崩等，对九寨沟自然景观造成了一定的影响。

1.4.5.3 地层岩性

以雪山断裂为界，可将本区划分为两个地层区。断裂以北为南秦岭—大巴山地层区摩天岭分区九寨沟小区，出露地层主要为寒武系—三叠系，由杂陆屑建造岩系、磨拉石建造岩系、碳酸盐岩建造岩系组成；南部属巴颜喀拉地层区玛多—马尔康分区金川小区，出露地层主要为泥盆系—三叠系，由陆棚相沉积岩系、碳酸盐岩建造岩系及陆源碎屑复理石建造岩系组成。

景区内主要沉积岩的岩石化学成分调查表明，灰岩中理论含量 CaO 为 56.03%，CO_2为 43.97%；白云岩中 CaO 为 30.41%，MgO 为 21.86%，CO_2为 47.33%。灰岩益哇沟组（DCy）、岷河组二段（Cm_2）灰岩岩石中 CaO 均接近理论值，MgO 及其他成分含量极低，为质地纯净的灰岩，其可溶性最好。岷河组一段（Cm_1）灰岩中 CaO 含量为 50.83%，含有 3.10%的 SiO_2为含硅质灰岩，可溶性则相对差一些。相对灰岩中的 $CaCO_3$ 来说，SiO_2为不可溶成分。当多组（Dd）中变质石英砂岩 SiO_2 含量高达 96.96% ~ 97.28%，lg（SiO_2/Al_2O_3）为 2.1 ~ 2.3，lg(Na_2O/K_2O) 小于−1.4，为化学分类中的石英砂岩[100]。岩石质地纯净，由硅质胶结，孔隙率极低，为良好的相对隔水层。在岩溶作用中不受溶蚀，但因其隔水而不透水，反而使水集中于层面附近加速流动，促进了邻层位的灰岩（DCy）被溶蚀。

1.4.6 地质灾害

1.4.6.1 泥石流

九寨沟泥石流按地貌形态分，有沟谷型泥石流和坡面泥石流。沟谷型泥石流均为自然形成，坡面泥石流多为人类活动引起。九寨沟流域岭谷高差大，海拔 3800 m 林线以上寒冻风化带的裸露山体为主要灰岩，岩层节理裂隙发育，风化强烈，产生大量崩塌和岩屑泻溜，为泥石流的发生提供了较丰富的固体物质。3800 m 以下的森林带，残坡积层较厚，其上发育较厚的山地棕壤或山地褐土，成为坡面泥石流的物质来源。由于地形的影响，在出现强度较大的局地暴雨的时候，常常会激发泥石流。另外，流域内曾经有滥伐森林、过度放牧、毁林开荒、森林火灾及烧柴等，这些活动都破坏了森林植被，造成一些山坡裸露和冲沟、崩塌的发育，促进了泥石流的发生和发展。九寨沟的泥石流活动已有相当长的历史。从一些支沟的泥石流堆积扇来看，历史上曾发生过较大规模的泥石流。据 1986 年调查访问，树正沟曾于 1898 年及之前暴发过两次较大规模的灾害性泥石流，形成了树正寨堆积扇，堆积泥沙 30 万立方米以上，毁灭了当时的村寨（老乡盖房挖地基时曾在泥石流堆积体中挖出过瓦盆、瓦缸和人头骨等）。这说明九寨沟内的现代泥石流活动已有 100 余年的历史[101]。

近年来，由于人类活动频繁和加剧，九寨沟的泥石流趋于活跃。1981 年区内有 3 处发生泥石流，1982 年有 5 处，而 1984 年增加到 10 处，1985 年又出现 4 条新的泥石流沟。树正沟分别于 1971 年、1981 年、1986 年、1995 年和 1998 年暴发了 7 次泥石流，1971 年泥石流规模较大，输送泥沙 15 万立方米，1988 年 6~7月发生泥石流 3 次，均为高容重黏性泥石流，容重高达 2.1 t/m^3 以上[11]。

泥石流暴发时危害较大，主要表现为大量的石块进入海子，污染或淤积湖泊海子，缩小湖泊容积；冲毁森林，破坏生态系统和生态环境；威胁游人和当地居民安全；堵断和冲毁公路，影响交通安全；破坏自然景观资源，影响旅游业的发展。如 1983 年下季节海子沟的泥石流毁坏公路几十米，泥沙冲入海子，形成一片石滩，破坏了景点。1984 年丹祖沟发生 4 次泥石流，使镜海水体严重污染，泥石流输送的泥沙在镜海尾部淤积后滋生水草，且每年向镜海中心扩展约 20 m，减小了海子的水域面积。日则招待所（现为日则森林保护站）、树正寨、诺日朗等居民点和游人聚集地均处于泥石流危险区内，多处道路和景点受到泥石流的危害。

1.4.6.2 滑坡

九寨沟景区内滑坡发育于河谷两侧的斜坡地带，从地貌上来看，多数分布在各大沟谷的谷坡上。主要分布在树正沟、荷叶沟、悬泉沟、五花海、镜海、金铃海、季节海、长海等地。其规模以小中型为主，大型的少见。典型的有荷叶沟滑坡，荷叶寨就坐落在滑坡体上。荷叶沟口早更新世的黏砂质土层堆积在荷叶沟NW向大断裂带的炭化糜棱岩上，当沟水将质地松软的糜棱岩冲刷掏空使几米厚的土层下部失去支撑时，形成了几十万立方米的滑坡。滑坡出口正好位于荷叶沟谷底，后缘发育张性裂隙，且现在仍不断有小块土体滑落的活动滑坡体。

1.4.6.3 崩塌

在九寨沟景区内，崩塌是较为发育的一种地质灾害。崩塌又称倒石堆，其形态有扇形、三角形、扇裙等，物质组分为砾石、少量砂和泥等，砾石成分取决于基岩岩性。区内崩塌主要分布在日则沟、鹰爪洞沟、悬泉沟、长海等岩石破碎区。具代表性的有：上、下季节海右侧岸边发育有小型的新鲜岩石崩积堆；熊猫海右岸崩积堆，其锥顶现仍在接纳新的碎块石崩落；老虎海左侧巨大的崩积锥也在活动。

1.4.7 植被状况

九寨沟区内植被覆盖率达73%以上，主要为温带、寒温带植物群落，也有少数亚热带植物生长。由于景区地势陡峻，相对高差大，气候垂直变化显著，导致该区植被类型以及组成植被的种类成分均呈现出明显的垂直变化。

1.4.7.1 针叶林

针叶林为景区主要天然森林植被，种类丰富，分布在海拔3800 m以下，其中在海拔2900 m以下的山坡主要是青秆林；海拔3000 m以下的谷坡主要是黄果冷杉林；海拔3000～3800 m主要是巴山冷杉林和岷江冷杉林。在上述针叶林遭受自然或人为破坏后，经更新在海拔2600 m以下主要是以油松为主的针叶林，在2650～3000 m具有人为更新的鳞皮冷杉林及粗枝云杉幼年林，在海拔3000 m以上为自然更新的红杉林。

1.4.7.2 阔叶林

阔叶林分布在1800～3800 m，其中在海拔1800～3100 m多为天然或人为更新，呈零星或带状分布的次生阔叶林。在山脊仅见少量天然红桦林，谷地及缓坡多为山杨林、白桦林、毛红桦林及辽东栎林，很多阔叶林内已有云、冷杉更新苗林，有的甚至已成混交林。

1.4.7.3 灌丛

灌丛分布于海拔1800～4200 m，因它们所生长的环境差异极大，形成了不同类型：分布于海拔2200～2600 m的喜钙植物灌丛；海拔2600～3800 m的沟谷两侧山麓缓坡地以多种悬钩子为主的灌丛；海拔3800～4200 m的坡地及山顶夷平面以杜鹃为主的高山灌丛。

1.4.7.4 草甸

草甸分布于海拔2200～4200 m范围内，可分为亚高山草甸和高山草甸两大类。其中，亚高山草甸并不发育，常为退耕还林形成。

1.4.8 湿地植物多样性和演替规律

九寨沟湿地生物多样性一般，特有成分较为缺乏。在不同海拔、不同湖泊和水深，水生植物物种多样性存在较大差异，同属异种植物沿海拔和水深梯度替代的现象明显[76]。

1.4.8.1 九寨沟湿地植物物种多样性

九寨沟湿地植物共计 44 科，83 属，195 种。种类多的科为菊科、禾本科、莎草科、蔷薇科、杨柳科、灯芯草科。区系成分简单，主要为世界分布、北温带、旧世界温带分布的科属。特有成分与珍稀成分缺乏，草本植物发达。与临近的红原、若尔盖湿地植物物种组成相比，缺乏高海拔分布的成分，如垂头菊、矮泽芹、刺参、肉果草、甘松、微紫草、山莓草等。

不同海拔物种组成有显著差异，同属植物不同物种沿海拔梯度的替代现象也比较明显。例如，芦苇海眼子菜科有眼子菜、帕米尔眼子菜、菹草、篦齿眼子菜，在镜海开始有穿叶眼子菜和篦齿眼子菜，而在五花海以上只有篦齿眼子菜。在箭竹海以下，华蟹甲草取代了掌叶橐吾，在不同海拔苔草的种类也发生了变化。

不同水深梯度同属植物不同种的替代现象也比较明显，以木贼科植物最为明显。不同湖泊物种多样性的差异较大，沼泽化严重的湖泊（草海、芦苇海、犀牛海、箭竹海、镜海）中水生植物的物种数相对较多。

1.4.8.2 湿地植物群落类型

九寨沟核心景区的湿地植物分为 24 个群落类型。同一湖泊中有多种植物群落类型，一些植物群落类型分布于不同海拔的湖泊中。

（1）枯穗灯芯草群落（*Juncus sphacelatus*）：分布于草海与原始森林相接处，海拔在 2620～2950 m，群落盖度较低，伴生植物有木贼等。

（2）节节草群落（*Equisetum ramosissimum*）：绝大多数海子边缘湿地有分布，为常绿铺地的草本群落，群落盖度可达 98%。

（3）水木贼群落（*Equisetum fluvitalie*）：绝大多数海子有分布，主要分布在水深 20～60 cm 的沼泽中，盖度多在 60%以上，高度从 40～100 cm 不等，根据环境而有较大的差别。海拔在 2200～2800 m 分布较多。局部地区几乎全为水木贼种群。与其混交的其他草本植物主要有水苦荬、杉叶藻和木贼等。有时还有少量的灌木，如河柳、小檗等夹杂其中。

（4）斑纹木贼群落（*Equisetum varigatum*）：树正沟卧龙海有分布，分布面积较小，主要分布在水深 20～60 cm 的沼泽中，盖度多在 60%以上，群落高度多为 60～100 cm。

（5）篦齿眼子菜群落（*Potamogeton pectinatus* ）：绝大多数海子有分布，该群落是九寨沟分布较广的水生植物群落，主要分布于盆景滩、双龙海、犀牛海、镜海、五花海、箭竹海、天鹅湖、花草海等诸多海子的边缘浅水中，水深一般在 0.3～11 m。它们多生长在沙质、泥质、石质、钙化基质的海子中，群落盖度达 50%以上，有的可达 100%。与它们伴生的其他水生植物在不同的海子中也有差异，如水苦荬（*Veronica undullata*）、灯芯草（*Juncus effusus*）和水木贼（*Equisetum fluvitale*）等。

（6）穿叶眼子菜群落（*Potamogeton perfoliatus*）：镜海、盆景滩有分布，其中镜海分布较多，多分布在水深 100cm 以上的生境中，群落盖度在 50%左右。

（7）杜鹃群落（*Rhododendron sp.*）：在草海与原始森林相接处，箭竹海至熊猫海、诺日朗、树正群海有分布，多生长在较干的钙化堤埂上，通常夹杂有柳等杂灌木。

（8）沿沟草群落（*Catabrosa aquatica*）：草海、天鹅海、箭竹海有分布，主要分布在水深 50～60 cm 的沼泽中。沿沟草比较柔软，可以部分漂浮在水面上，形成厚厚的一层“草被”，是构成天鹅海景观的主要湿地植被之一，而且种群非常单一，除了极少的水苦荬及水木贼外，几乎没有杂生的其他草本。

（9）荸荠群落（*Eleocharis valleculosa*）：箭竹海、五花海、犀牛海、卧龙海、芦苇海有分布，主要分布在 0～20 cm 的浅水环境中，盖度为 60%～90%，高度为 50～90 cm。

（10）芦苇群落（*Phragmitas australis*）：主要分布于芦苇海、卧龙海、犀牛海、镜海、五花海等海子中。该处水深 0.7 m 以下，河床沙质。芦苇高 1.5～2 m，群落盖度达 70%以上。与它们伴生的植物在不同湖泊中有所差异。常见的有轮藻、篦齿眼子菜、杉叶藻、水木贼等。

（11）杉叶藻群落（*Hippuris vulgaris*）：在九寨沟分布很广，从草海到盆景滩都有分布，主要分布于浅水边缘。杉叶藻兼有挺水和沉水两种习性，常见的伴生植物主要有水木贼、篦齿眼子菜等。

（12）轮藻群落（*Chara sp.*）：绝大多数海子有分布，为分布最广的湿地植物，从深水区到 40 cm 浅水区都有分布。

（13）帕米尔苔草+云生毛茛群落（*Carex pamirensis* +*Ranunculus nephetogenes*）：草海、天鹅海、箭竹海有分布，多生长在 0～20 cm 的沼泽中，群落盖度在 60%以上，伴生种类还有披散木贼等。

（14）掌叶橐吾＋碎米荠群落（*Ligularia przewalskii* + *Cardamine macrophylla*）：在草海、天鹅海有分布，群落环境趋于中生化，地面常常高出水面，并混生有少量柳幼苗及苔草，群落盖度通常在 70%以上。

（15）香蒲群落（*Typha latifolia*）：在犀牛海、芦苇海有大面积分布，水深多在 10～60 cm，群落盖度在 60％左右，盖度可达 75％以上，为九寨沟湿地最高大的草本，高度通常在 1.5～2.0 m，有时可达 2.5 m，呈现密集的片状分布，群落外貌深绿色，草丛整齐。组成种主要是香蒲科的宽叶香蒲，几乎都为宽叶香蒲种群，杂生的其他植物仅有少量的荸荠和水木贼。在该处，与其相邻的还有芦苇群落和陆生的杂草草甸等，其生存环境相对于芦苇群落则更偏向于陆生，可以视为芦苇群落向陆生的杂草群落过渡的群落类型。

（16）柳兰＋灯芯草群落（*Epilobium angustifolium* ＋*Juncus sp.*）：犀牛海有分布，群落环境趋于中生化。柳兰高达 200 cm，群落盖度在 70％左右。

（17）柳叶菜＋马先蒿群落（*Salix sp.* ＋*Pedicularis torta*）：在绝大多数海子边缘、灌木林下有分布，水深 0～10 cm，在草海地区，常常在苔草凋落后，柳叶菜迅速生长，成为群落的主角，盖度在 70％左右。

（18）冷杉＋苔草＋柳叶菜＋高丛珍珠梅群落（*Abies sp.* ＋*Carex sp.* ＋*Epilobium sp.* ＋*Sorbaria arborea*）：在草海与原始森林相接处，箭竹海至熊猫海、诺日朗、树正群海等海子边缘有分布，群落明显分为灌木层和草本层。

（19）柳群落（*Salix sp.*）：绝大多数海子都有分布，呈带状分布于海拔 2000～3200 m 的九寨沟河谷柳灌丛，是九寨沟最具特色的植被类型。该类型植被主要分布在树正沟与日则沟的海子之间钙华沉积滩坝或堤埂上，多为钙质滩灌丛，并且灌丛中通常还夹杂有少量的桦木、杨树、栎树和云杉等。因其分布于九寨沟众多的大大小小的海子之间，甚至将其分割成一块块的“天然水中盆景”，故形成“树在水中长，水从林中行”的独特奇妙的树正沟、盆景滩水上景观。

（20）柳+苔草群落（*Salix sp.* +*Carex sp.*）：绝大多数海子有分布，除了常见的多种柳树，桦叶荚蒾、细枝栒子等灌木数量较少，只在特定地段和生境中部分杂生于柳灌丛中。除苔草外，草本植物数量较多的主要是掌叶橐吾和圆穗蓼，常见的草本植物还有鹅观草、唐松草、花锚、紫花碎米荠、马先蒿、茜草、柳叶菜和鬼灯擎等，以及蕨类植物如铁线蕨、毛蕨、冷蕨等。另外，在浅滩上还有部分水生植物，主要是水木贼、杉叶藻、水苦荬和多种灯芯草等。

（21）糙皮桦+蔷薇+柳群落（*Betula utilis* +*Rosa sp.* +*Salix sp.*）：在草海与原始森林相接处，箭竹海至熊猫海、珍珠滩、诺日朗、树正群海有分布，还夹杂有少量的华椴、方枝柏等。

（22）溲疏+山梅花+绢叶旋复花群落（*Deutzia esquirolii* +*Philadelphus dasycalyx* +*Inula sericophylla*）：在草海与原始森林相接处，箭竹海至熊猫海、诺日朗、树正群海有分布。

（23）小檗群落（*Berberis sp.*）：在草海与原始森林相接处，箭竹海至熊猫海、诺日朗、树正群海有分布。该类灌丛主要分布于海拔 2300 m 以上的林间空隙（林窗）中直到海拔 3500 m 左右的林线或大叶类杜鹃上缘的碎石丛中，随着海拔的升高，小檗灌木的种类组成有所差异。低海拔中以鲜黄小檗、川滇小檗和黄芦木为主，平均高度在 2.5 m 左右；高海拔的则以锥花小檗、金花小檗和刺黄花为主，平均高度在 1 m 左右。群落外貌灰绿色，小檗的盖度在 40%左右，灌丛下的草本数量较多。

（24）小檗+蔷薇+花楸+宝兴栒子群落（*Berbersi sp.* +*Rosa sp.* +*Sorbus hubeiensis* +*Cotonaster moupinensis*）：在草海与原始森林相接处，箭竹海至熊猫海、诺日朗、树正群海有分布。群落灌木层除了小檗类灌丛外，通常还混生有数量不等的其他灌丛，常见的有沙棘、栒子、忍冬和蔷薇等，盖度在 20%以下。草本植物以禾本科的鹅观草、早熟禾和菊科的火绒草数量最多，盖度均在 20% 以上。杂生的其他草本还有龙胆、草玉梅、委陵菜等。

1.4.8.3 九寨沟湿地植被演替规律

湿地植被演替的基本规律是从水生到陆生，群落结构由简单到复杂。在自然条件下，水分的变化是九寨沟湿地植物发生演替的主要驱动力。气候变暖会加速湿地的演替。

（1）植物的演替规律为沉水植物—挺水植物—沼泽植被—柳灌丛和小檗灌丛。沉水植物主要有轮藻、篦齿眼子菜（穿叶眼子菜、竹叶眼子菜、眼子菜、帕米尔眼子菜）、水苦荬、杉叶藻（水深 1 m 以上，也是挺水植物）；挺水植物主要有水木贼、芦苇、香蒲（水深 30～90 cm）；沼泽植被主要有荸荠、苔草、节节草、披散木贼（水深 5～30 cm）；柳灌丛和小檗灌丛分布于水深 0 cm 处。

（2）群落结构由简单到复杂。水生、沼生的湿地植物种类较少，基本为单优势群落；而趋于中生的湿地植物种类较多，形成多优势植物和建群种的分布格局。苔草等湿生植物对生境的改造，创造了适宜灌木树种生存的微环境，灌木树种本身有耐水湿的生态特性，并促进斑块发育，地势抬升，生物蒸腾排水降低水位，使得交错带生境中的生化作用更强。随着湿地水分的减少，植物生物量具有明显的梯度分布规律；生物量由少变多，随着生物残体的堆积，湖岸湿地地势进一步抬高。

（3）气候变暖可能大大加速湿地的自然演替过程，演替是一个具方向性的有序的过程，它是群落对物理环境的改变所导致的，即群落控制的，演替最终产生一个具有均匀性质的稳定的或成熟的生态系统。气候变暖的直接结果是湖泊水位的下降，从时间代替空间的角度来看，如果在今后湖泊水位下降，湖泊湿地萎缩，湿地物种多样性将下降，五花海、老虎海、犀牛海的芦苇、香蒲群落发展更快，随着水分的减少，一些旱生植被侵入芦苇湿地，导致芦苇湿地退化，使得环境进一步中生化，为柳灌丛等群落的发展创造条件。

1.4.9 人类活动状况

九寨沟因沟内原有荷叶、盘亚、亚拉、尖盘、黑果、树正、则查洼、热西、郭都 9 个藏族村寨而得名。1956 年以前，沟内藏民半农半牧，过着刀耕火种、自给自足的生活。20 世纪 60 年代初，国家开展“三线”建设，对木材需求量陡增，国家林业局得知在四川、甘肃、陕西三省交界处有大量的林业资源，又得知白龙江可供水运木材后，即派中南林业勘探设计院设计九寨沟林业开采方案。随后，1964 年在九寨沟设计了三个林场：荷叶、日则、则查洼，后因太分散，建立了九寨林场 124 场和日则林场 126 场。九寨沟森林储备总量为 400 万立方米，当地林木平均生长周期为 80 年，设计的每年森林砍伐量为 5 万立方米，采伐方式为“择伐”“间伐”。自 1966 年以后，九寨沟森林资源开始遭受大规模的破坏，每年的砍伐任务是 5 万立方米，实际采伐量达 10 万立方米以上。1966—1978 年间，九寨沟的美丽以每年砍伐上万乃至上十万株树木的速度在迅速消失[107]。1979 年，九寨沟自然保护区管理所正式成立，沟内的两个林场停止在九寨沟采伐木材，并顺利从九寨沟撤离。1984 年，九寨沟成为第一批全国重点风景名胜区，自正式对外接待游客以来，游客量一直呈现显著增长的趋势，由最初的每年几万人次到现在的每年一百几十万人次。1997 年前游客增长缓慢，1998 年后增长迅速，2003 年因受到“非典”的影响，游客人数下降到了 109.03 万人次。九寨沟旅游主要呈现出三个特点：一是游客总量攀升。旅游者由

1984 年的 2.75 万人次增加到 2002 年的 125.34 万人次，年均增长率高达 23.6%；二是入境游客增势迅猛，数量呈现双倍数增长；三是游客层次多元化，国内大中城市和东南亚、欧美等国家和地区的高端客源显著增长。随着景区旅游活动的发展，景区内进行了各种旅游相关基础设施的修建，包括风景亭、栈道、公路、停车场、林间小道、生活生产设施、电站、泥石流防治工程，等等。1998 年，九寨沟内开始实施环保观光车载客，解决了汽车尾气污染问题。同年开展了水质定期监测和气象常年观测。沟内的居民开始使用液化气，结束民用采伐活动。1999 年，全面启动退耕还林（草）工程，到 2001 年签发《关于九寨沟作为退耕还林还草试点工程之一的通知》后，沟内所有耕地停耕，自然还林（草），完成了退耕还林（草）6000 亩。同年，保护区内全面禁止牧业活动。

九寨沟原始古朴，具有高质量的自然美景、人文景观、藏羌风情，在景区旅游活动开发过程中，景区管理也强调了生态环境的保护。自 2000 年以后，九寨沟实施了一系列的环保措施：景区景点周围木质栈道的修建，栈道以少量的桩基接触土壤，避免游客对森林土壤的直接践踏；景区内设置环保观光游览车，尾气排放达到欧Ⅲ标准；将景区内的村寨迁出沟外，买断牲口，停止所有的畜牧业生产活动；取消景区内的餐饮、宾馆等服务设施，实施沟内游、沟外住的政策；将生活垃圾运出景区并进行处理；进行地质灾害如泥石流、滑坡的工程治理，公路边坡网格植草等。虽然九寨沟管理局在景区环境保护工作方面做了很多努力，但是巨大的游客数量还是不可避免地给景区的生存和可持续发展带来巨大的挑战。例如，旅游路线两侧的林、灌、草植被经常遭游人践踏、折损、采摘甚至砍伐，森林践踏压实导致土壤径流路线的改变，从而减少入湖水流量，废物排放到水体，加速水体的富营养化，破坏水质。

2 九寨沟水生植物的叶绿素荧光特性研究

目前九寨沟一些湖泊泥沙淤积明显，湖泊沼泽化问题严重。伴随着湖泊泥沙淤积的还有大量营养盐物质的输入，水生植物大量生长。有学者研究了东太湖水生植物的促淤效应，结果表明，生物有机质引起淤积物的沉积效应较为显著，占到淤积物平均深度的20.8%～64.0%，水生植物促进沉积效应是非常显著的①。这样浅滩范围逐步扩大，湖泊面积变小，水生植物大量生长，会加快沼泽化的进程②③④，并对湖泊和景区产生不利的影响，也将直接影响到景区景观资源的保护和可持续利用。因此，有必要了解九寨沟水生植物的生长状况，为九寨沟湖泊泥沙治理和生态与环境保护提供科学依据和基础资料。但是，目前九寨沟的研究对

①李文朝. 东太湖水生植物的促淤效应与磷的沉积［J］. 环境科学，1997，18（3）：9－12.

②Vermaat JE，Santamaria L，Roos PJ. Water flow across and sediment trapping in submerged macrophyte beds of contrasting growth form［J］. Archiv Fur Hydrobiologie，2000，148：549－62.

③Kufel L，Kufel I. Chara beds acting as nutrient sinks in shallow lakes—A review［J］. Aquatic Botany，2002，72：249－260.

④Havens KE. Submerged aquatic vegetation correlations with depth and light attenuatingmaterials in a shallow subtropical lake［J］. Hydrobiologia，2003，493：173－186.

象主要集中在地质地貌[①②]、山地灾害[③④]、水文[⑤⑥]、土壤[⑦]、景观成因[⑧⑨]、旅游[⑩]、植物[⑪⑫]等方面，对九寨沟自然保护区内丰富的水生植物的研究还很少。

植物叶片对环境的光合响应提供了植物在不同光照条件下生存和生长的能力以及对不断变化的环境条件适应能力的信息[⑬⑭]。叶绿素荧光动力学技术在测定叶片光合作用过程中光系统对光能的吸收、传递、耗散、分配等方面具有独特的作用，与“表观

---

①郭建强，彭东，曹俊，等．四川九寨沟地貌与第四纪地质［J］．四川地质学，2000，20（3）：183－192.

②杨更．四川九寨沟地质遗迹保护探讨［J］．四川地质学报，25（3）：178－179.

③崔鹏．九寨沟泥石流预测［J］．山地研究，1991，9（2）：88－92.

④辜寄蓉，范晓，彭东．九寨沟地质灾害预测的空间分析模型［J］．中国地质，2002，29（1）：109－112.

⑤杨俊义，郭建强，彭东．九寨沟风景名胜区水循环模式［J］．四川地质学报，2000，20（2）：155－157.

⑥尹观，范晓，郭建强，等．四川九寨沟水循环系统的同位素示踪［J］．地理学报，2000，55（4）：487－494.

⑦彭东，曹俊，杨俊义，等．四川九寨沟地区黄土的初步研究．中国区域地质［J］．2001，20（4）：359－366.

⑧张捷，李升峰．石灰岩表面溶针孔的初步研究——以川西北九寨沟、南斯拉夫第那尔喀斯特区域为例［J］．中国岩溶，1991，1（2）：151－160.

⑨杨俊义，万新南，席彬，等．九寨沟黄龙地区钙华漏斗的特征与成因探讨［J］．水文地质工程地质，2004，（2）：90－93.

⑩张宏乔，张捷，陈友军，等．旅游者环境意识分析及其景区环境管理意义——以四川九寨沟自然保护区为例［J］．四川环境，2005，24（6）：59－63.

⑪刘光华，邓洪平，廖晓敏．九寨沟自然保护区蔷薇科植物区系特征研究［J］．西南农业大学学报，2006，28（2）：282－285.

⑫张仁波，邓洪平，何平．九寨沟自然保护区菊科植物区系特征分析［J］．西南农业大学学报，2006，28（1）：134－138.

⑬Liu DL. Incorporating diurnal light variation and canopy light attenuation into analytical equations for calculating daily gross photosynthesis [J]. Ecological Modelling，1996，93（1/3）：175－189.

⑭Wang J，Yu Q，Li J. Simulation of diurnal variations of CO_2，water and heat fluxes over winter wheat with a model coupled photosynthesis and transpiration [J]. Agricultural and Forest Meteorology. 2006，137（3/4）：194－219.

性”的气体交换指标相比，叶绿素荧光参数更具有反映“内在性”的特点。因此，叶绿素荧光动力学技术能快速灵敏地反映植物生理状态及其与环境的关系，是一种理想的光系统探针，可直接或间接地了解光合作用过程①。光合日变化是维持植物光合机构内不同组分响应和适应环境条件的一种平衡能力的反映，叶绿素荧光参数则反映光合机构一系列重要的适应调节过程②③④⑤。目前，结合叶绿素荧光参数反映九寨沟水生植物光合作用日变化特征尚无报道。因此，本研究采用在线监测与室内分析相结合的方法，以九寨沟优势水生植物杉叶藻和水苦荬为实验材料，探讨水下光强和水温等重要环境因子对沉水植物生长发育的影响，不同生态型植物对湖泊水环境生态适应的差异性以及不同种沉水植物对湖泊水环境生态适应的差异性。

①Ciompi S，Gentili E，Guidi L. The effect of nitrogen deficiency on leaf gas exchange and chlorophyll fluorescence parameters in sunflower [J]. Plant Science，1996，118 (2)：177－184.

②Havaux M. Non-photochemical energy dissipation in photosystem Ⅱ：Theoretical modelling of the “energy-dependent quenching” of chlorophyll fluorescence emission from intact plant leaves [J]. Journal of Photochemistry and Photobiology B：Biology，1993，19 (2)：97－104.

③Hsu B D. On the possibility of using a chlorophyll fluorescence parameter as an indirect indicator for the growth of *Phalaenopsis* seedlings [J]. Plant Science，2007，172 (3)：604－608.

④Panda D，Sharma S G，Sarkar R K. Chlorophyll fluorescence parameters，CO_2 photosynthetic rate and regeneration capacity as a result of complete submergence and subsequent re-emergence in rice (*Oryza sativa* L.) [J]. Aquatic Botany，2008，88 (2)：127－133.

⑤Poormohammad Kiani S，Maury P，Sarrafi A. QTL analysis of chlorophyll fluorescence parameters in sunflower (*Helianthus annuus* L.) under well-watered and water-stressed conditions [J]. Plant Science，2008，175 (4)：565－573.

2.1 研究材料和方法

2.1.1 研究样地

九寨沟钙华湿地植被演替规律表现为水生植物：轮藻（*Characeae*）、篦齿眼子菜（*Potamogeton pectinatus*）、穿叶眼子菜（*Potamogeton perfoliatus*）、竹叶眼子菜（*Potamogeton malaianus*）、眼子菜（*Potamogeton distinctus*）、帕米尔眼子菜（*Potamogeton pamiricus*）、水苦荬（*Veronica undulata*）、杉叶藻（*Hippuris vulgaris*）（水深1 m以上）；挺水植物：水木贼、芦苇（*Phragmites australis*）、香蒲（*Typha orientalis*）（水深30～90 cm）、杉叶藻（*Hippuris vulgaris*）；沼泽植被：荸荠（*Heleocharis dulcis*）、苔草、节节草（*Equisetum ramosissimum*）、披散木贼（*Equisetum diffusum*）（水深5～30 cm）；柳灌丛、小檗灌丛（水深0 cm）。如今，芳草海、箭竹海、五花海（图2-1）处于挺水植物阶段，湖泊沉积速度加快。如果在今后水量继续下降，湖泊湿地萎缩，沼泽化过程将更快。在经过多次野外实地考察的基础上，根据九寨沟水系分布，选取芳草海、箭竹海、五花海作为本次研究的重点，并且每个研究样地湖泊沉积速度加快的原因各不相同。

芳草海为顺沟向展布的长条形海子（见图2-2），海拔2934 m。海子长540 m，宽92.2 m，一般深2～4 m，面积多年平均5.21 ha。在芳草海尾部见有泥沙沉积现象，其主要来源于芳草海邻近呈北西—南东向相对发育的支沟（南东侧为原始森林支沟，北西侧为悬泉支沟），因芳草海沟段处扎玛且莫普德向斜南西冀和扬起端叠山组（Pds）灰色薄层泥灰岩夹灰黑—黑色变质粉砂岩、板岩，悬泉沟断层还沿上述支沟通过，故其流水侵蚀有较丰富的泥沙物源①②③④⑤。

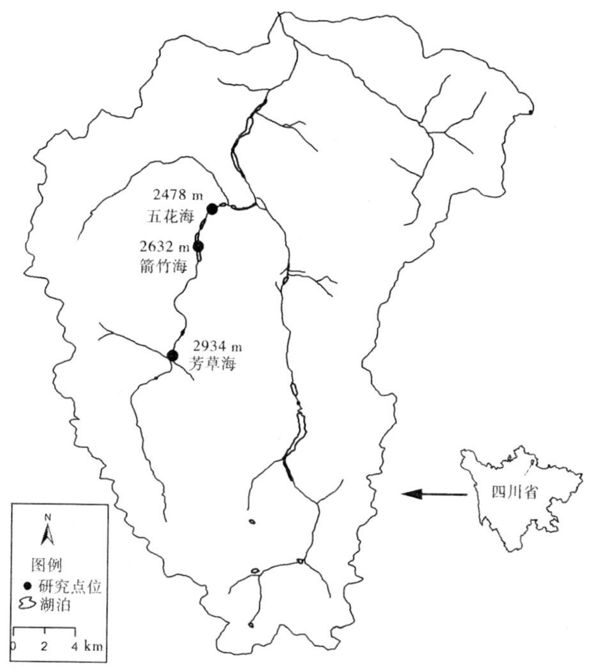

图 2—1　九寨沟地理位置示意图

①刘俊贤，刘民生，郭建强，等. 九寨—黄龙核心景区景观形成的地质环境和水循环系统模式测定、监测系统建立及景观保育技术应用研究报告［R］. 成都：四川省地质矿产勘察开发局，2006.

②甘建军. 九寨沟核心景区水循环系统研究［D］. 成都：西南交通大学硕士学位论文，2007.

③张瑞英. 3S 技术支持下的九寨沟核心景区生态地质环境评价及环境演化趋势［D］. 成都：成都理工大学博士学位论文，2007.

④杨更. 九寨沟景观地质背景及成因研究［D］. 成都：成都理工大学硕士学位论文，2005.

⑤苏君博. 九寨沟水文地球化学特征及景观［D］. 成都：成都理工大学硕士学位论文，2005.

图 2—2 芳草海

箭竹海平面上呈顺沟向的长条形海子（见图 2—3），总长约 1184 m，根据其水深等特点，分为北段、中段和南段三部分。北段长 477 m，宽 174～268 m，均深 8 m；中段长 261 m，宽 216 m，均深 1.5 m；南段长 446 m，一般宽 144～150 m，水深小于 2.0 m，主要为沼泽分布。箭竹海西侧有近东西方向支沟发育。目前主要有三条泥石流沟对箭竹海有直接的影响：煤炭沟泥石流、日则保护站附近日则一号沟泥石流以及箭竹海小沟。日则保护站一带后期流水侵蚀强烈，在上游出现大量的河流冲积物。同时，箭竹海尾部受沟道纵坡向的影响和接受上游沟道水流及支沟携带泥沙、钙华碎粒的淤积，使得箭竹海尾部沼泽化较严重且分布面积有扩大趋势[204,205]。近期，大雨过后，箭竹海湖水因泥沙的带入，呈现一片浑浊，经过一段时间的沉淀后，才恢复清澈的面貌。

图 2-3　箭竹海

五花海（见图 2-4）平面上似孔雀开屏，属顺沟向展布海子类型。海拔为 2934 m，长约 450 m，一般宽 227～313 m，深 3.8～8.5 m，最深可达 12 m，均深 6.0 m，面积约 9.6 ha。五花海两侧因发育有北西—南东向支沟，海子两侧沟谷显得宽阔，两支沟的冰水泥石流扇堆积使海子岸边变浅，北西侧支沟冰水泥石流扇位于海子出口位置，堰塞使湖口迅速变窄[204,205]。

图 2-4　五花海

2.1.2 植物材料

本书所选择的水生植物为九寨沟分布广泛的杉叶藻（*Hippuris vulgaris*）和水苦荬（*Veronica undulata*）。杉叶藻有沉水和挺水两种生态型，沉水杉叶藻在三个湖泊均有分布，而挺水杉叶藻分布在箭竹海和五花海两个湖泊。沉水植物水苦荬仅分布在芳草海。

2.1.2.1 杉叶藻

杉叶藻是杉叶藻科植物（见图 2—5），在青藏高原广泛分布（海拔 2700～5200 m），生长在沼泽、牛轭湖、积水洼地、湖滨沼泽化水坑、水塘和溪流积水滩中。杉叶藻群落为典型的北极高山分布型，是喜寒冷环境分布的群落类型，是高原高寒环境的一种指示群落①。

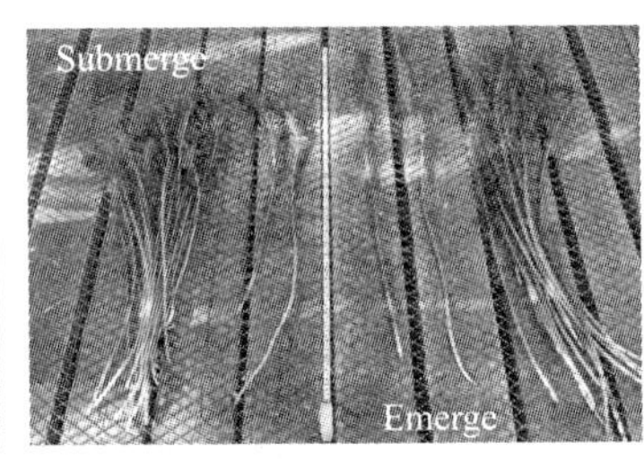

图 2—5 沉水和挺水杉叶藻

杉叶藻是多年生水生草本，全株光滑无毛。茎直立，多节，常带紫红色，高 8～150 cm，上部不分枝，下部合轴分枝，有匍匐白色或棕色肉质根茎，节上生多数纤细棕色须根，生于泥中。

①王东. 青藏高原水生植物地理研究［D］. 武汉：武汉大学硕士学位论文，2003.

叶条形，轮生，两型，无柄，（4～）8～10（～12）片轮生。沉水中的根茎粗大，圆柱形，径 3～5 mm，茎中具多孔隙贮气组织，白色或棕色，节上生多数须根；叶线状披针形，长 1.5～2.5 cm，宽 1～1.5 mm，全缘，较弯曲细长，柔软脆弱，茎中部的叶最长，向上或向下渐短；露出水面的根茎较沉水叶根茎细小，节间亦短，节间长 5～15 mm，径长 3～5 mm，表面平滑，茎中空隙少而小；叶条形或狭长圆形，长 1.5～2.5（～6）cm，宽 1～1.5 cm，无柄、全缘，与深水叶相比稍短而挺直，羽状脉不明显，先端有一半透明，易断离成二叉状扩大的短锐尖①。

杉叶藻的根、茎、叶中均具有发达的通气组织，这是适应水中生存环境而形成的，水中缺少氧气，而发达的通气组织可贮存光合作用放出的氧和呼吸作用放出的二氧化碳，形成氧和二氧化碳的“贮库”②，用以弥补大气中氧和二氧化碳的不足，避免水中缺氧对植物的伤害及光合作用中二氧化碳的匮乏。

挺水杉叶藻，部分叶片沉于水中，部分叶片暴露在空气中，因此它的叶片结构兼具中生和水生的双重特性；叶片表皮细胞为单层，叶肉组织介于异面叶和等面叶之间，从生态型来分，这是水中生植物的特征；叶上分布有排水器，当外界气压过低或蒸腾作用减弱时，植物就依赖排水器的作用，一方面把体内过多的水分排出，另一方面又使水分和无机盐得以继续进入根内，以保持生理平衡。叶内维管束的存在特别是具维管束鞘，与水中生植物相似，而维管束内木质部不发达又具水生植物的典型特征。水分和无机盐靠木质部运输，水生植物水分供应充足，又由于排水器的作用，使水分和无机盐易于进入植物体内，这就使得木质部功

①中国科学院中国植物志编辑委员会. 中国植物志（第五十三卷）[M]. 北京：科学出版社，2000.

②王勋陵，王静. 植物形态结构与环境 [M]. 兰州：兰州大学出版社，1989：39－40.

能退化①。

2.1.2.2 水苦荬

水苦荬（图2－6）是玄参科植物，别名水莴苣、水菠菜。该植物分布于流动潜水中，山区溪流及河流潜水段可见②。水苦荬是多年生草本，通常在茎、花序轴、花梗、花萼和蒴果上多少有大头针状腺毛。根状茎斜走，节上生须根。茎直立或基部倾斜，高10～30 cm，单一。叶对生，无柄，狭椭圆形或条状披针形，长2～4 cm，宽3～7 mm，先端钝尖或渐尖，基部半抱茎，边缘具疏而小的锯齿，两面无毛③。

图2－6　沉水水苦荬

水苦荬茎的横切面构造中，有较多的空隙，与水生或生长环境阴湿有明显的关系，次生构造不发达，气孔多为不等式或不定式，含有两种类型的腺毛及少量的非腺毛，叶的组织中可见草酸钙簇晶，导管多为网纹及螺纹④。

①高晨光，初敬华，朱秋广．杉叶藻营养器官的解剖构造及适应机理的研究［J］．松辽学刊（自然科学版），2000，5（2）：27－29.

②王辰，刘全儒，张潮．北京水生维管植物群落调查［J］．北京师范大学学报（自然科学版），2004，40（3）：380－385.

③内蒙古植物志编辑委员会．内蒙古植物志（第四卷）［M］．呼和浩特：内蒙古人民出版社，1992：305.

④杨成梓，陈为，陈丽艳．水苦荬的性状及组织显微鉴定［J］．福建中医学院学报，2007，17（4）：32－33.

2.1.3 研究方法

2.1.3.1 叶绿素荧光特性测定

2009 年 6～8 月，笔者选择晴朗的天气，测定了沉水、挺水杉叶藻和水苦荬的叶绿素荧光参数的日变化。

叶绿素荧光测量由脉冲调制叶绿素荧光仪 Junior－PAM（Walz，Germany）连接到手持三星 Q1U－000 电脑上进行，由 WinControl－3 软件控制。Junior－PAM 配备了一个发射峰为 450 nm 的蓝色 LED，提供测量光、光化光和饱和脉冲光。其中测量光强度为 0.1 μmol m^{-2} s^{-1}，最大光化光为 1500 μmol m^{-2} s^{-1}（光纤与样品间的距离为 1 mm），饱和脉冲光强度大于 10000 μmol m^{-2} s^{-1}。选择无病害、成熟的叶片（植株的中上部）作为实验材料，测量的位置为叶片中间部位。在测定叶绿素荧光参数过程中，用磁性叶夹将叶片夹住，并且调节光纤末端到样品的距离为 2 mm（光纤的直径为 1.5 mm）。为避免仪器遮挡和光源差异较大引起的误差，测定时应尽量使磁性叶夹与自然光线垂直。挺水杉叶藻的叶绿素荧光参数采用原位测定法，植株叶片直接在太阳光下进行测定。从 7：00 至 17：00，每隔 2 h 随机采集沉水杉叶藻和水苦荬的成熟叶片作为实验材料，并把采集的叶片储存在细纱布袋中，然后把细纱布袋放在湖泊中被采集植株所处的位置。同时，对采集的植株叶片迅速进行叶绿素荧光参数的测定（为避免环境光对植物生理状态的影响，从取样到开始测量控制在 30 s 内），测定的过程中保持叶片浸泡在水中，同时避免强光照射。

2.1.3.1.1 最大光化学效率（Maximal quantum yield）

用叶绿素荧光仪 Junior－PAM 测定最大光化学效率

（F_v/F_m），从 7：00 至 17：00，每隔 2 h 测定一次，随机选择生长一致且叶片受光方向相同的代表性 5 株植株的 10 个样品进行重复性测定。将叶片暗适应 20 min 后，首先开启检测光（0.1 $\mu mol\ m^{-2}\ s^{-1}$）得到初始荧光（F_o），而后照射饱和脉冲光（10000 $\mu mol\ m^{-2}\ s^{-1}$）测得最大荧光（F_m）。计算公式如下①：

$$F_v/F_m=(F_m-F_o)/F_m \tag{2-1}$$

式中 F_o：固定荧光，即初始荧光（Minimal fluorescence）②，也称基础荧光，0 水平荧光是光系统 Photosystem Ⅱ（PSⅡ）反应中心处于完全开放时的荧光产量。

F_m：最大荧光产量（Maximal fluorescence），是 PSⅡ反应中心处于完全关闭时的荧光产量，可反映通过 PSⅡ的电子传递情况③④。

$F_v=F_m-F_o$：可变荧光（Variable fluorescence）。

F_v/F_m：是 PSⅡ最大光化学量子产量（Optimal/Maximal photochemical efficiency of PSⅡ in the dark）⑤ 或（Optimal/

---

①Schreiber U，Gademann R，Ralph PJ，et al. Assessment of photosynthetic performance of *Prochloron* in *Lissoclinum patella* in hospite by chlorophyll fluorescence measurements [J]. Plant and Cell Physiology，1997，38：945－951.

②Kooten OV，Snel JFH. The use of chlorophyll fluorescence nomenclature in plant stress physiology [J]. Photosynthesis Research，1990，25：147－150.

③Lichtenthaler HK. In vivo chlorophyll fluorescence as a tool for stress detection in plants [A]. In：Lichtenthaler HK et al. Application of Chlorophyll Fluorescence in Photosynthesis Research，Stress Physiology，Hydrobiology and Remote Sensing [C]. Dordrecht-Boston-London：Kluwer Academic Publishers，1988：129－142.

④Schreiber U，Bilger W，Klughammer C，et al. Application of the PAM fluorometer in stress detection [A]. In：Lichtenthaler HK et al. Application of Chlorophyll Fluorescence in Photosynthesis Research，Stress Physiology，Hydrobiology and Remote Sensing [C]. Dordrecht-Boston-London：Kluwer Academic Publishers，1988：151－155.

⑤Demmig Adams B，Adams WWIII，Barker DH，et al. Using chlorophyll fluorescence to assess the fraction of absorbed light allocated to thermal dissipation of excess excitation [J]. Physiol Plant，1996，98：253－264.

Maximal quantum yield of PSⅡ)①，反映PSⅡ反应中心内部光能转换效率（Intrinsic PSⅡ efficiency）。

2.1.3.1.2 快速光响应曲线（Rapid light curves）

快速光响应曲线（RLCs）日变化测定从7：00至17：00，每隔2 h测定一次，随机选择5株植株的5片成熟叶片，重复测量5次。荧光测量由电脑控制，步骤为：打开测量光并打开光化光，适应10 s后打开饱和脉冲，升高光化光强度，适应10 s后再打开饱和脉冲，如此重复8次。由于沉水型和挺水型水生植物接受外界环境的光强有所不同，测定沉水植物时，依次设定光合有效辐射强度（Photosynthetically active radiation，PAR）为（66，90，125，190，285，420，625，820）μmol m^{-2} s^{-1}；而测定挺水植物时，依次设定PAR为（125，190，285，420，625，820，1150，1500）μmol m^{-2} s^{-1}。逐渐开启上述已设定的PAR，在每个强度的光化光照射10 s后，打开饱和脉冲前的基础荧光F，打开饱和脉冲得到最大荧光F_m'，由此可以得出光适应状态下PSⅡ的有效量子产量②（Effective quantum yield，ΦPSⅡ）：

$$\Phi_{PSII} = (F_m' - F)/F_m' \qquad (2-2)$$

式中F_m'：光适应样品打开饱和脉冲时得到的最大荧光产量③。

①Schreiber U，Bilger W，Neubauer G. Chlorophyll fluorescence as a nonintrusive indicator for rapid assessment of in vivo photosynthesis [A]. In：Schulze ED，Caldwell MM. Ecophysiology of Photosynthesis [C]. Berlin：Springer－Verlag，1994：49－70.

②Genty B，Briiantais JM，Baker NR. The relationship between t he quantum yield of photosynthetic electron transport and quenching of chlorophyll fluorescence [J]. Biochimica et Biophysica Acta，1989，990：87－92.

③Bilger W，Bjökman O. Role of the xanthophyll cycle in photoprotection elucidated bymeasurements of light-induced absorbance changes，fluorescence and photosynthesis in leaves of *Hedera canariensis* [J]. Photosynthesis Research，1990，25：173－85.

Φ_{PSII}：PSⅡ有效量子产量，反映PSⅡ反应中心在有部分关闭情况下的实际原初光能捕获效率，叶片不经过暗适应在光下直接测得。

根据Φ_{PSII}和PAR可以计算出相对电子传递速率[216]（Electron transport rate，ETR）：

$$ETR = (\Phi_{PSII} \times PAR \times 0.5 \times 0.84) \qquad (2-3)$$

式中0.5代表传递一个电子需要吸收2个光子，即一个光系统只能利用色素吸收PAR的50%，其前提是假设PAR被2个光系统均分①②；0.84是高等植物叶片的吸光系数，表示入射PAR的84%可以被叶片吸收③。

2.1.3.1.3　快速光响应曲线拟合

曲线拟合采用OriginPro 7.5软件进行。曲线拟合采用最小二乘法，快速光曲线的拟合采用Platt（1980）的公式④：

$$ETR = ETR_{max} \times (1 - e^{-\alpha \times PAR/ETR_{max}}) \times e^{-\beta \times PAR/ETR_{max}} \qquad (2-4)$$

式中ETR_{max}代表最大光合速率，即最大电子传递速率（Maximum electron transport rate，ETR_{max}）。

α：ETR－PAR曲线的初始斜率，反映了光能的利用效率

---

①Schreiber U. Pulse－amplitude－modulation（PAM）fluorometry and saturation pulse method：An overview［A］. In：Papageorgiou GC，Govindjee. Chlorophyll Fluorescence：A Signature of Photosynthesis［C］. Dordrecht：Kluwer Adademic Publishers，2004.

②Schreiber U，Bilger W，Neubauer C. Progress in chlorophyll fluorescence as a non-intrusive indicator for rapid assessment of in vivo photosynthesis［J］. Ecol Studies，1994，100：49－70.

③Bjärkman O，Demmig B. Photon yield of O_2-evolution and chloroplast fluorescence characteristics at 77 K among vascular plants of diverse origins［J］. Planta，1987，170：489－504.

④Platt T，Gallegos CL，Harrison WG. Photoinhibition of photosynthesis in natural assemblages of marine phytoplankton［J］. Journal of Marine Research，1980，38：687－701.

（Photosynthetic efficiency）。

β：光抑制参数。

由此可以得出半饱和光强（Saturation rrradiance，E_k）

$$E_k = ETR_{max}/\alpha \qquad (2-5)$$

2.1.3.2　光合有效辐射强度和水温

实验期间，从7：00至17：00，每隔2 h测定一次光合有效辐射强度（Photosynthetic active radiation，PAR）和水温，与叶绿素荧光参数测定同步。采用AccuPAR Lp－80 Ceptometer测定水上（挺水植物顶端）和水下（沉水植物顶端）光合有效辐射强度。同时，用温度计测定水温。

2.1.3.3　叶绿素含量

选择当年生同一高度且生长完整的植株，分别摘取足够数量的叶片，装入密封塑料袋中，然后立即放入简易冰柜里，遮光贮存，于当日带回实验室进行测定。

取新鲜植株顶部的叶片，擦净组织表面污物，剪碎（去掉中脉），混匀。称取剪碎的新鲜样品1.6 g，分别放入研钵中并在冰水中研磨，加少量石英砂及16 mL丙酮研成匀浆［按鲜重∶丙酮=1∶4（*W*/*V*）］，在50 mL离心管中混匀，于3000 rpm，10 min离心。收集上清液于试管中，然后向离心管中加入丙酮，收集上清液与第一次的合并，将所得上清液定容。取样50 μL溶于80%丙酮，定容至5 mL。然后采用分光光度计（UV－1240－PC，Shimadzu）测定663 nm和645 nm处光吸收值，按以下公式计算，得到数值为样品稀释100倍前的叶绿素浓度①。每种植

①Arnon DI. Copper enzymes in isolated chloroplasts. Polyphenoloxidase in *Beta vulgaris*. Plant Physiol，1949，24：3－15.

物重复测定 6 次。

Chlorophyll a（mg/mL）=1.27（OD_{663}）−0.269（OD_{645}）

Chlorophyll b（mg/mL）=2.29（OD_{645}）−0.468（OD_{663}）

Chlorophyll（a+b）（mg/mL）=2.02（OD_{645}）+0.802（OD_{663}）

根据叶片的鲜重，将叶绿素含量 mg/mL 转换成 mg Chl g fw^{-1}。

2.1.3.4 数据分析

数据采用 Spss17.0 for Windows 软件包进行统计分析，不同实验点的比较用单因素方差分析（ANOVA）。当组间处理有显著性差异时，Post Hoc 进行验后多重比较对比组内差异。验后多重比较用 Tukey HSD。所有统计图用 OriginPro 7.5 绘制。

2.2 结果

2.2.1 光合有效辐射强度和水温的日变化

光合有效辐射强度与水温是影响水生植物光合作用最重要的环境因子。水体表面和水下光合有效辐射强度的日变化都呈明显的单峰型曲线，7：00 时最低，随后迅速升高，在 13：00 时达到一天中的峰值。三个湖泊的水下光合有效辐射强度在 7：00 时都小于 65 $\mu mol\ m^{-2}s^{-1}$，而在正午时段（12：00—14：00）光合有效辐射强度都大于 1800 $\mu mol\ m^{-2}s^{-1}$（见图 2−7）。三个湖泊水上和水下光合有效辐射之间没有显著性差异。

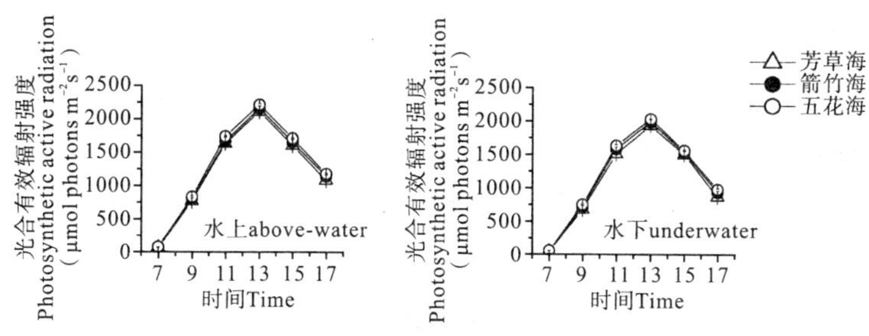

图 2—7　三个湖泊水上和水下光合有效辐射强度的日变化

水温日变化也呈明显的单峰型曲线，三个湖泊的最高水温都出现在 13：00。五花海一天中各时刻的水温显著高于芳草海和箭竹海，芳草海和箭竹海各时刻水温之间没有显著性差异（见图 2—8）。

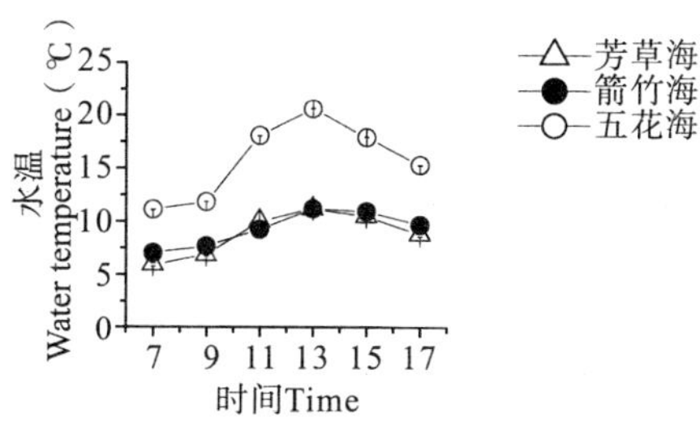

图 2—8　三个湖泊水温的日变化

2.2.2　叶绿素含量

叶绿素是绿色植物叶绿体内参与光合作用的重要色素，叶片中的光合色素是植物光合作用的基础，植株功能叶中叶绿素含量的高低在很大程度上反映了植株光合能力和生长状况。本试验结果显示，在箭竹海和五花海之间，挺水杉叶藻的叶绿素 a、叶绿素 b、叶绿素（a+b）和叶绿素 a/b 没有显著性差异。三个湖泊的沉水杉叶藻的叶绿素 a（$F_{2,17}=82.56$，$P<0.001$）和叶绿素

(a+b)($F_{2,17}$=6.159，P<0.05)有显著性差异(见表2-1)。芳草海和箭竹海的沉水杉叶藻叶绿素a含量显著大于五花海，芳草海的沉水杉叶藻叶绿素(a+b)含量也显著大于五花海。而三个湖泊沉水杉叶藻叶绿素b含量和叶绿素a/b含量没有显著差异。

表2-1　九寨沟三个湖泊沉水杉叶藻、挺水杉叶藻和沉水水苦荬的叶绿素含量(mg Chl g fw^{-1})

	芳草海		箭竹海		五花海	
	emerged	submerged	submerged	submerged	emerged	submerged
	Hippuris vulgaris	*Hippuris vulgaris*	*Veronica undulata*	*Hippuris vulgaris*	*Hippuris vulgaris*	*Hippuris vulgaris*
Chlorophyll a	0.69±0.05	0.34±0.02	057±0.03	1.03±0.05	0.43±0.00	0.99±0.04
Chlorophyll b	0.27±0.03	0.12±0.02	0.26±0.03	0.34±0.02	0.23±0.02	0.29±0.02
Chlorophyll a/b	2.77±0.36	3.25±0.54	2.26±0.13	3.16±0.21	1.93±0.17	3.71±0.54
Chlorophyll (a+b)	0.96±0.07	0.47±0.03	0.83±0.06	1.36±0.09	0.66±0.03	1.28±0.02

由表2-1看出，在箭竹海和五花海中，挺水杉叶藻的叶绿素a(箭竹海，$F_{1,11}$=32.946，P<0.001；五花海，$F_{1,11}$=192.134，P<0.001)、叶绿素a/b(箭竹海，$F_{1,11}$=12.060，P<0.05；五花海，$F_{1,11}$=9.745，P<0.05)和叶绿素(a+b)(箭竹海，$F_{1,11}$=20.822，P<0.001；五花海，$F_{1,11}$=249.012，P<0.001)都显著大于沉水杉叶藻，而沉水杉叶藻和挺水杉叶藻的叶绿素b没有显著性差异。

芳草海沉水杉叶藻的叶绿素a($F_{1,11}$=38.376，P<0.001)、叶绿素b($F_{1,11}$=11.613，P<0.05)、叶绿素(a+b)($F_{1,11}$=35.048，P<0.001)都显著大于沉水水苦荬(见表2-1)。但是两种沉水植物的叶绿素a/b没有显著性差异。

2.2.3 沉水植物叶绿素荧光特性研究

2.2.3.1 快速光响应曲线

ETR 反映实际光强下的表观电子传递效率①，用于度量光化学反应导致碳固定的电子传递情况，其值由光强、叶片吸收光系数和有效荧光产量计算得到[222]。由图 2－9（a）（c）（d）可知，9：00 时五花海沉水杉叶藻的 ETR 达到一天中的最高值，而另外两个湖泊是 13：00 时。7：00、9：00 和 17：00 时，在一定光强范围内，芳草海和箭竹海的沉水杉叶藻的 ETR 不断上升，但是当光强过大，超过饱和光强（285 μmol m^{-2} s^{-1}）后，ETR 值开始下降；11：00 和 13：00，时 ETR 随着 PAR 增强一直逐渐升高；而 15：00 时 PAR 为 625～820 μmol m^{-2} s^{-1} 且缓慢下降。7：00、15：00 和 17：00 时，五花海沉水杉叶藻的 ETR 在 PAR 为 625 μmol m^{-2} s^{-1}时降低；9：00、11：00 和 13：00 时，ETR 随着 PAR 增强逐渐升高。

由图 2－9（b）可知，同一湖泊的沉水杉叶藻和水苦荬 ETR 的日变化，都是在 13：00 时达到一天中最大。并且 13：00时水苦荬 ETR 随着 PAR 迅速升高，呈近线性关系；而沉水杉叶藻 13：00 时 ETR 在 PAR 为 420 μmol m^{-2} s^{-1}后，一直缓慢增加。

①张守仁. 叶绿素荧光动力学参数意义及讨论［J］. 植物学通报，1999，16（4）：444－448.

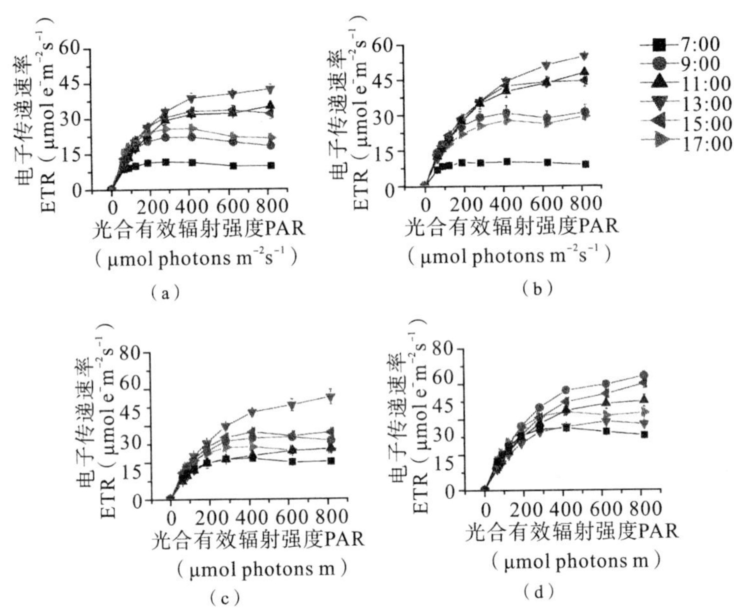

图 2—9 (a)(c)(d) 分别为芳草海、箭竹海、五花海沉水杉叶藻的快速光响应曲线日变化。(b) 为芳草海水苦荬快速光响应曲线日变化

2.2.3.2 最大电子传递速率、光能利用效率、半饱和光强日变化

图 2—10 (a) 表明，7：00—17：00 期间，芳草海的沉水杉叶藻 ETR_{max} 日变化呈典型的单峰型曲线，7：00 左右最低为 (13.14±4.05) $\mu mol\ e^{-}\ m^{-2}\ s^{-1}$，而后迅速上升，13：00 左右达到其高峰值［(54.47±4.05) $\mu mol\ e^{-}\ m^{-2}\ s^{-1}$］，此时光合有效辐射亦达到一天中的最高值，之后逐渐下降，到 17：00 降为 (30.12±1.83) $\mu mol\ e^{-}\ m^{-2}\ s^{-1}$。而箭竹海的沉水杉叶藻 ETR_{max} 日变化呈双峰型曲线，9：00 时出现第一个峰值，而后下降，13：00 达到一天中的最大值 (53.13±1.46) $\mu mol\ e^{-}\ m^{-2}\ s^{-1}$。五花海沉水杉叶藻 ETR_{max} 一天中的最高值 (89.55±2.86) $\mu mol\ e^{-}\ m^{-2}\ s^{-1}$ 出现在上午 9：00，并且显著高于其他两个湖泊

ETR_{max}的最高值。光合参数（α）可以反映植物叶片对光能的利用效率，表现了植物叶片捕光能力的大小①。三个湖泊沉水杉叶藻 α 日变化都表现为 7：00 和 17：00 较高，正午位于谷底，并且三个湖泊沉水杉叶藻 α 日变化无显著差异。每个湖泊沉水杉叶藻 E_k 日变化趋势与其各自的 ETR_{max} 基本一致，五花海沉水杉叶藻 E_k 显著高于另外两个湖泊。

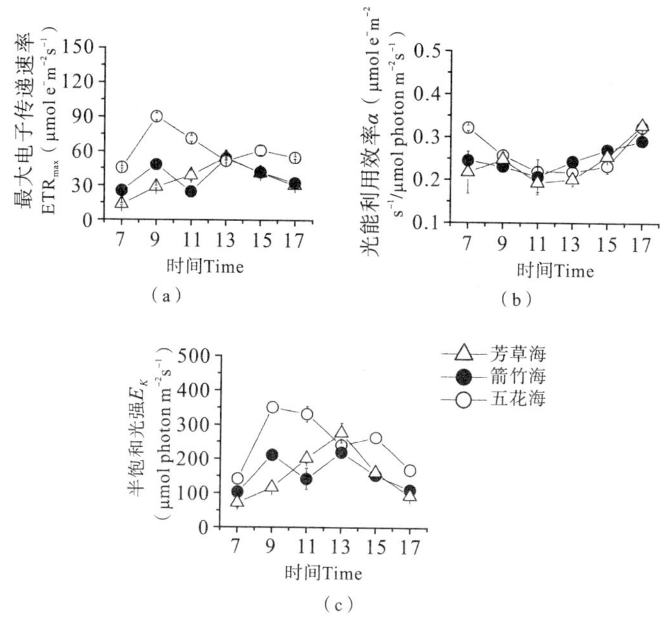

图 2—10　三个湖泊沉水杉叶藻的最大电子传递速率、光能利用效率和半饱和光强日变化

为进一步说明光合有效辐射强度和水温对三个湖泊沉水杉叶藻 ETR_{max} 的影响，将三个湖泊沉水杉叶藻 ETR_{max} 与光强、水温进行了相关性分析。结果表明，三个湖泊沉水杉叶藻 ETR_{max} 与

①Smith EL. Photosynthesis in relation to light and carbon dioxide [J]. Proceedings of the National Academy of Sciences, 1936, 22 (8): 504—511.

光强呈显著正相关（$P<0.05$），与水温呈极显著正相关（$P<0.001$）（见图 2—11）。同时，ETR_{max}与水温的相关系数（$R^2=0.6849$）要明显大于 ETR_{max}与光强的相关系数（$R^2=0.334$），表明水温是影响三个湖泊沉水杉叶藻 ETR_{max}的主导因素。

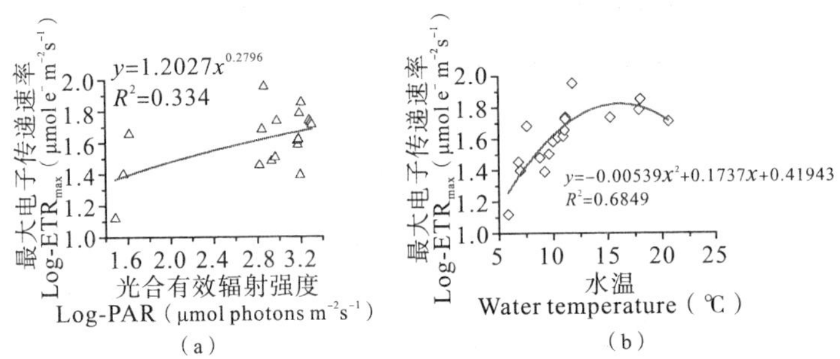

图 2—11　三个湖泊沉水杉叶藻的最大电子传递速率分别与光合有效辐射强度和水温的相关性（进行相关性分析之前，将 ETR_{max}和 PAR 以 $\log_{10}x$ 进行转换）

从图 2—12（a）可以看出，芳草海的杉叶藻和水苦荬 ETR_{max}的日变化趋势比较一致，两者的 ETR_{max}的日变化都呈单峰型曲线，且 ETR_{max}在 13：00 左右均达到最大值。但从 15：00 时 ETR_{max}的大小来看，杉叶藻和水苦荬 ETR_{max}的日变化还是有极显著的差异，杉叶藻和水苦荬 ETR_{max}分别为 40.51 μmol e^- m^{-2} s^{-1}和 60.68 μmol e^- m^{-2} s^{-1}，可见这两种沉水植物的 ETR_{max}下午的差异比上午的要明显得多，这些都是由其各自的生理特性所决定的。由于不同沉水植物在生长过程中对周围环境的适应能力不同，从而导致它们在整个生长过程中对周围环境表现出不同的响应。由图 2—12（b）中看出，杉叶藻和水苦荬 α 的日变化趋势同样是比较一致的，7：00—9：00，α 迅速升高，高峰出现在 9：00；而后，由于光照强度继续增强，水温上升，α 开始下降，在 13：00 达到谷值；15：00—17：00 才有所回升，17：00 再次出现高峰。但是从两种沉水植物 α 大小来看，在 9：00、15：00、17：00 出现显著差异。

杉叶藻和水苦荬 E_k 日变化趋势与其各自的 ETR_{max} 基本一致，同样在 15：00 时，水苦荬 E_k 极显著大于杉叶藻。

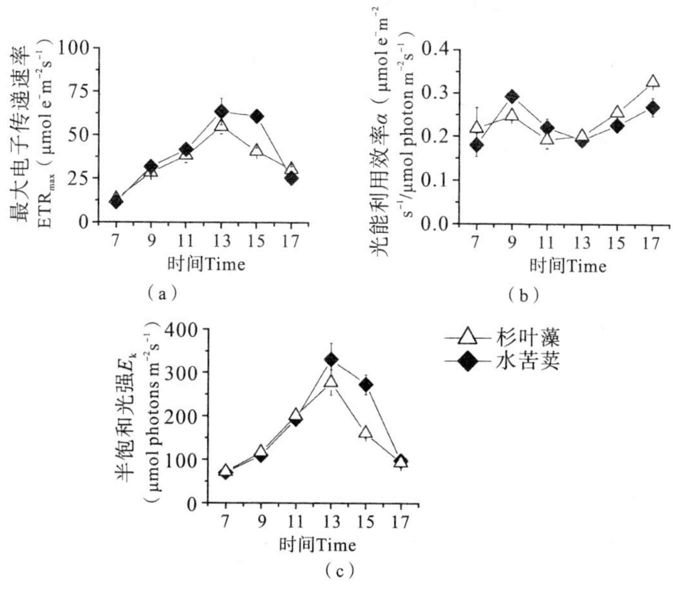

图 2-12　芳草海的两种沉水植物的最大电子传递速率、光能利用效率、半饱和光强的日变化

2.2.3.3　最大光化学效率（F_v/F_m）

叶绿素荧光参数有助于分析光合机构受影响的部位，光系统Ⅱ（PSⅡ）的光化学效率是表明光化学反应状况的一个重要参数。叶绿素荧光参数 F_v/F_m 反映了当所有的 PSⅡ反应中心均处于开放态时的量子产量，可以直接作为原初光化学效率的指标，其值降低是光抑制最明显的特征之一①。由图 2-13（a）看出，三个湖泊沉水杉叶藻 F_v/F_m 日变化都呈“V”字形。清晨 7：00

①Krause G H，Weis E. Chlorophyll fluorescence and photosynthesis：The basic [J]. Annual Review of Plant Physiology and Plant Molecular Biology，1991，42：313-349.

是一天中的最高值，之后随着光合有效辐射强度和水温的增加，F_v/F_m呈逐渐降低的趋势，芳草海和箭竹海沉水杉叶藻的F_v/F_m在 11：00 降至最低值，分别比 7：00 降低了 11.1%和 9.1%；而五花海 F_v/F_m 至 13：00 达到最低值，比 7：00 降低了 11.3%，表明三个湖泊的沉水植物都受到光抑制。之后随着光照强度的降低，F_v/F_m开始恢复，17：00 芳草海和箭竹海 F_v/F_m 分别恢复了 92.42%和 95.71%，可见傍晚未恢复到清晨水平，而五花海 F_v/F_m恢复到清晨的近似值。

从图 2－13（b）可以看出，芳草海的沉水杉叶藻和水苦荬F_v/F_m的日变化趋势相似，在 7：00 时最高，之后逐渐降低，分别在 11：00 和 13：00 降至最低值，午后逐渐恢复，17：00 时两种沉水植物 F_v/F_m都未恢复到清晨水平。

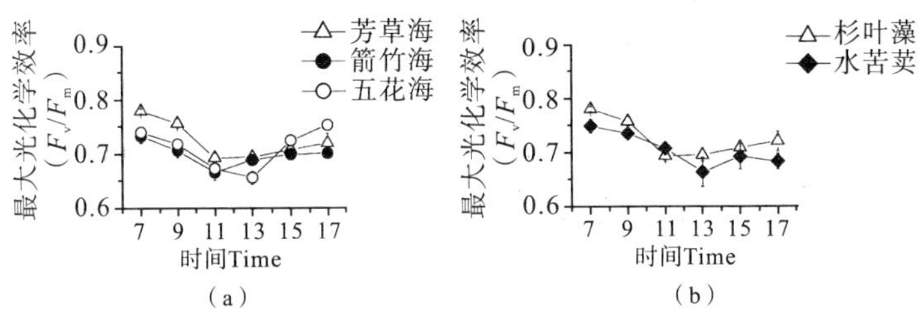

图 2－13　（a）三个湖泊沉水杉叶藻 F_v/F_m 日变化。（b）芳草海沉水杉叶藻和水苦荬 F_v/F_m 日变化

2.2.4　挺水植物叶绿素荧光特性研究

2.2.4.1　快速光响应曲线

入射到叶片的光能仅有 84%可被叶片吸收，而这些吸收的光能又仅有 50%被分配到 PSⅡ。当吸收的光能达到过饱和时，ETR 与入射的 PAR 呈非线性关系，最后 ETR 达到饱和状态，这代表了光合电子传递的能力，这种能力取决于植物自身的生理状况和环境因素①。由图2－14可知，箭竹海挺水杉叶藻ETR在13：00时达到一天中的最高值，而五花海却在11：00时。7：00、9：00和17：00时，箭竹海挺水杉叶藻在PAR大于1150 μmol m^{-2} s^{-1}时ETR开始下降；15：00时，在PAR达到一定值（1150 μmol m^{-2} s^{-1}）后增加缓慢；11：00和13：00时，ETR随着PAR一直逐渐升高。7：00时，五花海同样在PAR大于1150 μmol m^{-2} s^{-1}时ETR开始下降；17：00时，在PAR大于820 μmol m^{-2} s^{-1}时ETR开始下降；9：00、11：00、13：00和17：00时，ETR随着PAR一直逐渐升高。

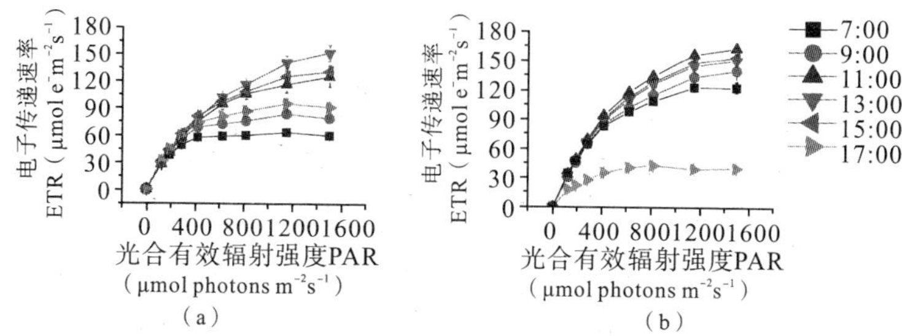

图2－14 箭竹海（a）和五花海（b）挺水杉叶藻的快速光响应曲线日变化

2.2.4.2 最大电子传递速率、光能利用效率、半饱和光强日变化

由图2－15（a）可知，箭竹海挺水杉叶藻ETR_{max}和E_k日变化均呈单峰型曲线，从7：00至13：00，随着环境因子的变化而不断上升，在13：00左右达到一天中的最高值，分别为156.63 μmol e^- m^{-2} s^{-1}和621.16 μmol photon m^{-2} s^{-1}，之后不断下降。而五花海挺水杉叶藻ETR_{max}和E_k日变化均呈双峰型曲线，从7：00开始增加，至11：00达到一天中的最高值，分别

①贺立红，贺立静，梁红．银杏不同品种叶绿素荧光参数的比较［J］．华南农业大学学报，2006，27（4）：43－46.

为 221.68 μmol e^- m^{-2} s^{-1}和 737.53 μmol photon m^{-2} s^{-1}；之后不断下降，在 15：00 左右出现次高峰，分别为 189.54 μmol e^- m^{-2} s^{-1}和 630.73 μmol photon m^{-2} s^{-1}。总体来看，五花海挺水杉叶藻 ETR_{max}和 E_k都极显著地高于箭竹海。箭竹海挺水杉叶藻 α 日变化表现为：清晨 α 随 PAR 升高而迅速上升，在 9：00 达到峰值；此后 α 随 PAR 升高而下降，并在 13：00 达谷底；随后 PAR 逐渐下降，α 却逐渐升高，在 17：00 达到峰值（与 9：00 接近）。但是五花海挺水杉叶藻 α 日变化从 7：00 至 17：00 几乎没有波动。

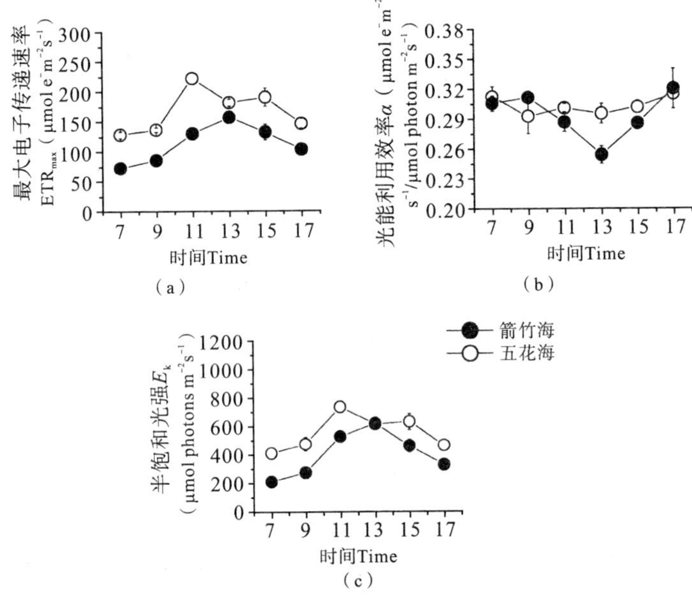

图 2—15 箭竹海和五花海挺水杉叶藻的最大电子传递速率、光能利用效率、半饱和光强的日变化

2.2.4.3 最大光化学效率（F_v/F_m）

最大光化学效率 F_v/F_m代表 PSⅡ原初光能转化效率（原初光化学效率），在非逆境条件下，该参数的变化极小，多数植物一般在 0.80～0.85 范围，但在胁迫条件下，该参数明显降低[222]。由图 2-16 看出，箭竹海和五花海挺水杉叶藻 7：00 时 F_v/F_m分别为 0.81 和 0.82，之后都随着光合有效辐射强度和水温增加呈显著降低趋势，至 13：00 降至最低，分别比 7：00 降低了 7.3%和 11.3%；随后 F_v/F_m逐渐恢复，17：00 两个湖泊挺水杉叶藻 F_v/F_m恢复到 7：00 时的近似值。

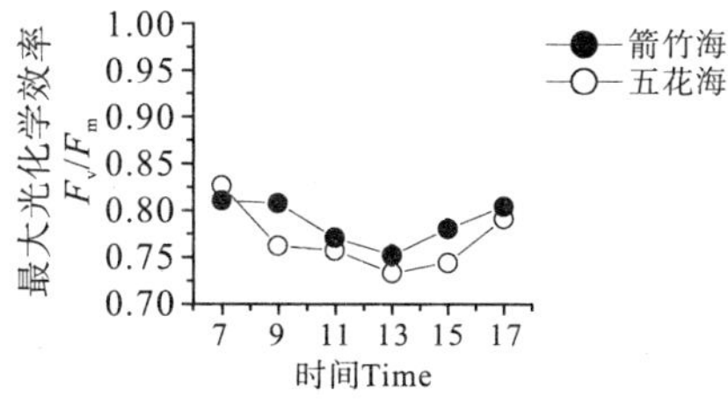

图 2-16 箭竹海和五花海挺水杉叶藻 F_v/F_m的日变化

2.3 讨论

2.3.1 沉水杉叶藻的叶绿素荧光特性研究

快速光响应曲线可以很好地反映样品对强光的耐受能力①，且研究证实 ETR 与光合放氧速率和 CO_2固定速率在达到光饱和前具有良好的线性关系[232]。通过对三个湖泊沉水杉叶藻的快速光响应曲线日变化的测定，在 7：00、9：00 和 17：00 时，芳草海和箭竹海的沉水杉叶藻的 ETR 在达到一定 PAR（285 μmol m^{-2} s^{-1}）后缓慢下降，而五花海在 625 μmol m^{-2} s^{-1}时降

①Kuhl M，Chen M，Ralph PJ，et al. A niche of cyanobacteria containing chlorophyll [J]. Nature，2005，433：820.

低，可见五花海沉水杉叶藻 ETR 光饱和点高于其余两个湖泊，说明五花海沉水杉叶藻的耐光抑制能力强[232]。在近似 PAR 情况下［图 2-7（b）］，五花海沉水杉叶藻的最大 ETR_{max} 显著高于其余两个湖泊，而芳草海和箭竹海 ETR_{max} 日变化的峰值没有显著差异［图 2-10（a）］，这与五花海沉水杉叶藻长期适应较高水温和另外两个湖泊适应较低水温有关。另外，三个湖泊沉水杉叶藻 ETR_{max} 与水温的相关系数（$R^2=0.6849$）要明显大于 ETR_{max} 与光强的相关系数（$R^2=0.334$），表明水温是影响三个湖泊沉水杉叶藻 ETR_{max} 的主导因素（图 2-11）。一些研究表明，低温可能造成酶的活性下降，尤其是超氧化物歧化酶（Superoxide dismutase，SOD），甚至导致细胞的代谢紊乱或破坏膜系统①②③④。

三个湖泊沉水杉叶藻 ETR_{max} 达到一天中最高值时的水温相同，都为 12℃。因此，12℃为九寨沟沉水杉叶藻的光合最适温度，而热带和亚热带大多数植物光合最适温度范围为 23℃～32℃⑤。然而，光合作用最适温度是由植物存在的“生态型”及

①Wade NL. Physiology of cool storage disorders of fruit and vegetable ［A］. In：Lyons JM，Graham D，Raison JK. Low Temperature Stress in Crop Plants：The Role of the Membrane ［C］. New York：Academic Press，1979：82-96.

②Omran RG. Peroxide level and the activity of catalase，peroxidase and indoleacetic acid oxidase during and after chilling cucumber seedling ［J］. Plant Physiology，1980，65：407-408.

③Wise RR，Naylor AW. Chilling-enhanced photo oxidation：The peroxidative destruction oflipids during chilling injury to photosynthesis and ultrastructure ［J］. Plant Physiology，1987，83：272-275.

④Li XB，Wu ZB，He GY. Effects of low temperature and physiological age on superoxide dismutase in water hyacinth（*Eichhornia crassipes Solms*）［J］. Aquatic Botany，1995，50：193-200.

⑤Lee KS，Park SR，Kim YK. Effects of irradiance，temperature，and nutrients on growth dynamics of seagrasses：A review ［J］. Journal of Experimental Marine Biology，2007，350：144-175.

其长期适应的生活环境决定的①。从芳草海和箭竹海 ETR_{max} 的日变化来看，ETR_{max} 都是在 13：00 达到一天的最高值，是由于水温的增加导致其光合酶的活性增强。由图 2－10（a）看出，箭竹海沉水杉叶藻的 ETR_{max} 日变化中，11：00 时出现降低，箭竹海与其他两个湖泊相比，具有较高的 pH（8.41±0.09）（见表 4－3）。有研究表明，湖泊水具有较高 pH 时，作为溶解无机碳源的可利用的 CO_2 浓度会降低②。为了适应水体中低浓度 CO_2 环境促使光合作用正常进行，虽然部分水生植物在进化过程中演变成能利用 HCO_3^- 作为光合作用的无机碳源，但是 CO_2 仍是水生植物最容易利用和主要的无机碳源③。因此，pH 变化显著影响水中溶解的无机碳源，从而影响沉水植物光合作用[98]。另外，五花海沉水杉叶藻 ETR_{max} 日变化中，13：00 出现光抑制现象，这主要是由于水温逐渐升高，这样水温就高于光合作用的最适温度（12℃）。Ralph 研究表明，植物光合作用日变化过程中，常伴随着高光强和高温，这时高温起主导作用，由于高温引起酶的活性丧失④。

本研究表明，三个湖泊沉水杉叶藻光能利用效率 α 日变化趋势表现为清晨和傍晚较高，正午较低，说明其有调控光合作用和高效利用强光的能力。而这与 Campbell 研究相反，由于喜盐草（*Halophila ovalis*）和 *Halophila decipiens* 长期生长在深水域

---

①Falk S，Samuelsson G，öquist G. Temperature-dependent photoinhibition and recovery of photosynthesis in the green alga *Chlamydomonas reinhardtii* acclimated to 12 and 27℃ [J]. Physiologia Plantarum，1990，78：173－180.

②Invers O，Romero J，Pérez M. Effects of pH on seagrass photosynthesis：A laboratory and field assessment [J]. Aquatic Botany，1997，59：185－194.

③Beer S. Mechanisms of inorganic carbon acquisition in marine macroalgae（with special reference to *Chlorophyta*）[J]. Progress in Phycological Research，1994，10：179－207.

④Ralph PJ. Photosynthetic response of *Halophila ovalis*（R. Br.）Hook. *f.* to combined environmental stress [J]. Aquatic Botany，1999，65：83－96.

(大于 10 m)，光合有效辐射强度较低，正午时 α 没有出现降低①。九寨沟三个湖泊沉水杉叶藻生长在 0.5～0.8 m 的潜水域，接受较高的光合有效辐射强度，使其具有适应强光的能力。与本研究结果相一致，浅水域生长的巨藻（*Macrocystis pyrifera*），在正午时有较强的 PAR，促使 α 降低[32]。事实上，九寨沟位于青藏高原东缘，青藏高原是世界第三极的高海拔地区，再加上九寨沟湖泊水体透明度高，使其 PAR 及 UVR（290～400 nm）与低海拔地区相比很强②。由图 2－7（b）看出，正午时段（12：00—14：00）水下光合有效辐射强度都大于 1800 μmol $m^{-2}s^{-1}$，九寨沟沉水杉叶藻长期适应较强的 PAR，与低海拔地区水生植物相比更耐强光。本研究结果显示，三个湖泊温度日变化有显著差异，但 PAR 无显著差异，沉水杉叶藻 α 日变化也无显著差异。也有研究表明，*Posidonia sinuosa* 的 α 随着温度的增加几乎无变化③。这主要是因为快速光响应曲线是电子传递速率随 PAR 变化的曲线，而快速光响应曲线的初始斜率为 α；另外，α 表示光化学反应速率，其与温度无关④。

由图 2－10（c）看出，从 9：00 至 17：00，三个湖泊沉水杉叶藻的 E_k 一直低于 PAR，可见沉水杉叶藻一天中有 10 个小时处在光饱和状态。另外，三个湖泊沉水杉叶藻 E_k 随着水温的

①Campbell SJ，Kerville SP，Coles RG，et al. Photosynthetic responses of subtidal seagrasses to a daily light cycle in Torres Strait：A comparative study [J]. Continental Shelf Research，2008，28：2275－2281.

②Sommaruga. The role of solar UV radiation in the ecology of alpine lakes [J]. Journal of Photochemistry and Photobiology B：Biology，2001，62：35－42.

③Masini RJ，Cary JL，Simpson CJ，et al. Effects of light and temperature on the photosynthesis of temperate meadow-forming seagrasses in Western Australia [J]. Aquatic Botany，1995，49：239－254.

④Geider RJ. Light and temperature dependence of the carbon to chlorophyll a ratio in microalgae and cyanobacteria：Implications for physiology and growth of phytoplankton [J]. New Phytologist，1987，106：1－34.

变化而变化，五花海水温较高，所以其 E_k 较高。可见三个湖泊沉水杉叶藻 E_k 变化也反映了 ETR_{max} 随水温的变化情况。有研究表明，*Posidonia sinuosa* 和 *Amphibolis griffithii* 的 E_k 也随着水温的升高而增加[51]。五花海沉水杉叶藻 E_k 显著大于其他两个湖泊，说明其耐受强光。另外，水生植物 ETR_{max} 和 E_k 的变化趋势一致。这是因为 E_k 反映了植物耐受强光的能力[249]，而耐受强光能力强的植物具有较高的最大光合速率。因此五花海沉水杉叶藻有更大的光适应范围和较强的耐受强光能力。

植物体的主要光合器官——叶片在展露于空气中接收太阳光能进行光合作用的同时，不得不遭受强太阳辐射的胁迫。叶片光合机构吸收过剩光能后会引起开放 PSⅡ 反应中心最大光能捕获效率（F_v/F_m）的降低，即产生光抑制现象①②，严重的光抑制可以导致反应中心的不可逆破坏。三个湖泊沉水杉叶藻的最大光化学效率（F_v/F_m）日变化过程中，随着光照强度的增加，F_v/F_m 都呈显著的降低趋势，表明发生了光抑制［图 2－13 (a)］。有人研究喜盐草（*Halophila ovalis*）的光合特性，结果表明 F_v/F_m 随光照强度增加会不断降低，遭受光抑制③。另外，17：00 时五花海沉水杉叶藻 F_v/F_m 基本恢复到 7：00 时的水平，表明此时光抑制基本消失，沉水杉叶藻叶片日间光抑制现象并非光合机构被破坏所致，而是光合机构的可逆失活造成的一种保护

①冯玉龙，冯志立，曹坤芳. 砂仁叶片光破坏的防御［J］. 植物生理学报，2001，27（6）：483－488.

②许大全. 光合作用效率［M］. 上海：上海科学技术出版社，2002.

③Ralph PJ，Gademann R，Dennison WC. In situ seagrass photosynthesis measured using a submersible，pulse-amplitude modulated fluorometer［J］. Marine Biology，1998，132：367－373.

性反应①②③。下午，随着光照强度的降低，五花海沉水杉叶藻 F_v/F_m 恢复速度要大于芳草海和箭竹海。这与 Franklin 研究结果相似，25℃时 *Ulva rotundata* 的 F_v/F_m 恢复速度至少是 10℃时的两倍④。但是，芳草海和箭竹海 F_v/F_m 在 17：00 时分别恢复了 92.42%和 95.71%，并未恢复到清晨水平，这主要是由于低温加剧了 UV−B 对重要生理参数 F_v/F_m 的负面影响。进一步说，在遭受低温的情况下，大多数植物的光抑制恢复较慢⑤，是由于修复 PSⅡ的 D−1 蛋白质速率降低[253]。

由表 2−1 看出，芳草海和箭竹海沉水杉叶藻的叶绿素 a 含量大于五花海，可见随着水温的降低，叶绿素 a 含量增加。这与 Madsen 研究相似，在水温低时，*Ranunculus aquatilis* 叶绿素 a 含量最大⑥。但是也有研究发现，*Ruppia drepanensis* 和 *Pota-*

---

①Henley WJ，Levavasseur G，Franklin LA. Diurnal responses of photosynthesis and fluorescence in *Ulva rotundata* acclimated to sun and shade in outdoor culture [J]. Marine Ecology Progress Series，1991，75：19−28.

②Osmond CB，Grace SC. Perspectives on photoinhibition and photorespiration in the field：Quintessential inefficiencies of the light and dark reactions of photosynthesis? [J]. Journal of Experimental Botany，1995，46：1351−1362.

③Werner C，Ryel RJ，Correia O. Effects of photoinhibition on whole-plant carbon gain assessed with a photosynthesis model [J]. Plant Cell and Environment，2001，24：27−40.

④Franklin LA. The effects of temperature acclimation on the photoinhibitory responses of *Ulva rotundata* Blid [J]. Planta，1994，192：324−331.

⑤Greer DH，Laing WA. Photoinhibition of photosynthesis in intact kiwifruit *Actinidia deliciosa* leaves，recovery and its dependence on temperature [J]. Planta 1988，174：159−165.

⑥Madsen TV，Brix H. Growth，photosynthesis and acclimation by two submerged macrophytes in relation to temperature [J]. Oecologia，1997，110：320−327.

mogeton gramineus 随着温度上升叶绿素 a 含量增加①②。这可能是由于不同物种对温度适应性途径不同，有的种通过形态学变化（比如茎叶伸长），而有的种则通过光合可塑性（比如叶片的叶绿素和蛋白质含量）③。青藏高原的太阳辐射总量中，高原的短波辐射比例大，其中蓝紫光比海平面高 78%，紫外线比平原地区多 2 倍，红光和红外线比海平面高 15%④。光质对植物体内叶绿素的含量也有明显的影响。有研究表明⑤，在蓝色短波光中培育的植物，叶绿素形成迅速，叶绿素含量比无色混合光中培育的高 10% 左右，尤以叶绿素 a 的绝对含量高，而在红色长波光下培育的稻苗叶绿素含量低；而且蓝光下培育的稻苗，其离体叶片叶绿素的保持能力也较强。其他实验同样表明⑥⑦，蓝光和蓝紫光对叶绿素的形成和积累有明显的促进作用。这也正好解释了青藏高原湖泊沉水杉叶藻的叶片颜色呈深绿色的形态特点。

---

①Santamaría L，Hootsmans MJM. The effect of temperature on the photosynthesis，growth and reproduction of Mediterranean submerged macrophyte，*Ruppia drepanensis* [J]. Aquatic Botany，1998，60：169－188.

②Spencer DF，Ksander GG. Influence of temperature，light and nutrient limitation on anthocyanin content of *Potamogeton gramineus* L [J]. Aquatic Botany，1990，38：357－367.

③Santamaría L，Hootsmans MJM，Van Vierssen W. Flowering time as influenced by nitrate fertilization in Ruppia drepanensis Tineo [J]. Aquatic Botany，1995，52：45－58.

④田国良，林振耀，吴祥定. 西藏高原东部农作物生长季（5～10 月）紫外、可见和红外辐射的特征初步分析 [J]. 气象学报，1982，40（3）：344－352.

⑤倪文. 利用蓝色短波光培育水稻壮秧 [J]. 作物学报，1980，6（2）：119－123.

⑥韩发，贲桂英. 蓝紫光对几种牧草生长和品质的影响 [J]. 高原生物学集刊，1985，4：13－17.

⑦韩发，贲桂英. 青藏高原地区的光质对高原春小麦生长发育、光合速率和干物质含量影响的研究 [J]. 生态学报，1987，7（4）：307－313.

2.3.2 挺水植物的叶绿素荧光特性研究

本研究表明，五花海挺水杉叶藻 ETR_{max} 大于箭竹海，主要是由于五花海较高的水温提高了光合作用酶的活性，这与沉水杉叶藻的 ETR_{max} 研究相一致。从图 2－15（a）看出，箭竹海挺水杉叶藻 ETR_{max} 日变化呈单峰型曲线，在 13：00 左右达到一天中最大值，与箭竹海的沉水杉叶藻的 ETR_{max} 最高峰出现时间相同，归因于随着温度的增加，光合作用酶的活性增强。但是日变化趋势却不相同，箭竹海的沉水杉叶藻 ETR_{max} 日变化呈典型的双峰曲线，由于水中溶解无机碳源 CO_2 的降低，沉水杉叶藻光合作用受到限制；而挺水杉叶藻暴露水面，具有光合作用所需的稳定而充足的 CO_2。在相似的 PAR 情况下，与箭竹海相比，由于生长在较高水温环境下，五花海挺水杉叶藻叶温较高，所以在13：00 发生光抑制①。高温降低酶的稳定性、光系统的完整性和光化学反应能力，增强了暗呼吸作用，此时表观量子效率和最大光化学效率大幅下降，光补偿点升高，光饱和点降低，潜在的光合能力（即最大净光合速率）受到严重抑制②。

箭竹海和五花海挺水杉叶藻 F_v/F_m 日变化趋势相似，随着日间光强的升高，F_v/F_m 降低（图 2－16），表明发生了光抑制③，光越强则光抑制越严重；下午随日间光强的降低，光抑制

---

①Beer S，Mtolera M，Lyimo T. The photosynthetic performance of the tropical seagrass *Halophila ovalis* in the upper intertidal [J]. Aquatic Botany，2006，84：367－371.

②柯世省，杨敏文. 水分胁迫对云锦杜鹃光合生理和光温响应的影响 [J]. 园艺学报，2007，34 (4)：959－964.

③Long SP，Humphries，Folkowski PG. Photoinhibition of photosynthesis in nature [J]. Annual Review of Plant Physiology and Plant Molecular Biology，1994，45：633－662.

得到缓解，17：00时两个湖泊挺水杉叶藻 F_v/F_m 均在0.8左右，表明光抑制基本消失。这说明叶片日间光抑制并非光合机构破坏所致，而是避免光破坏的保护性功能的下调[①②]。换言之，F_v/F_m 降低是捕光色素复合体（是植物吸收光能的重要的色素蛋白复合体）效率降低所决定，是由植物自身光保护机制促使光能利用率 α 降低引起的。本研究结果表明，五花海挺水杉叶藻 F_v/F_m 日变化中出现降低，但是 α 日变化却一直保持不变，这与Lobban的研究相一致，从清晨到傍晚，α 日变化始终保持一个值，因为在高光强下降低捕光效率，补偿光能转化为化学能效率的提高[③]。这证明了正午（13：00）时，五花海挺水杉叶藻 ETR_{max} 降低较小。

2.3.3 沉水植物和挺水植物叶绿素荧光特性的比较研究

从箭竹海和五花海挺水杉叶藻［图2－14（a）（b）］以及这两个湖泊沉水杉叶藻［图2－10（c）（d）］的快速光响应曲线来看，7：00—17：00，挺水杉叶藻ETR饱和光强都大于沉水杉叶藻。可见，即使是同一水生植物，由于不同生态型其叶片处于水体的不同位置，挺水杉叶藻叶片露出水面生长，而沉水杉叶藻的叶片完全浸入水中，所接受的光照强度存在显著差异（图2－7），ETR饱和光强也存在明显差异。然而，挺水杉叶藻露出水面生长，可

---

①Werner C，Ryel RJ，Correia O. Effects of photoinhibition on whole-plant carbon gain assessed with a photosynthesis model ［J］. Plant Cell and Environment，2001，24：27－40.

②郭连旺，沈允钢. 高等植物光合机构避免强光破坏的保护机制［J］. 植物生理学通讯，1996，32（1）：1－8.

③Lobban CS，Harrison PJ，Duncan MJ. The Physiological Ecology of Seaweeds ［M］. Cambridge University Press，1985：4－34.

以获得光合作用所需稳定而充足的CO_2，接受的光强没有通过水面散射进行衰减①②，因此挺水杉叶藻 ETR_{max} 显著大于沉水杉叶藻。

由图 2-16 看出，清晨 7：00，箭竹海和五花海挺水杉叶藻 F_v/F_m 值在 0.82 左右，而有研究表明 F_v/F_m 在非胁迫条件下比较恒定，一般在 0.80～0.85 之间[232]，说明两个湖泊挺水杉叶藻生长状态良好，未受胁迫。但是这两个湖泊沉水杉叶藻 F_v/F_m 清晨 7：00 的值在 0.74 左右［图 2-13（a)］，说明外界胁迫可能对 PSⅡ 反应中心造成一定损伤。清晨极小光强不会形成胁迫，但湖泊水温较低导致其光化学效率降低[254]，再有就是水体中溶解的可利用的 CO_2 浓度较低，成为光合作用的另外一个胁迫因子。从 7：00 到 17：00，挺水杉叶藻的 F_v/F_m 大于沉水杉叶藻，说明 PSⅡ的实际光能捕获效率较高，能够把所捕获的光能更多地用于光化学反应③，因此挺水杉叶藻的光合能力（ETR_{max}）较高。

箭竹海和五花海挺水杉叶藻的叶绿素 a、叶绿素 a/b 和叶绿素（a+b）的含量都显著大于沉水杉叶藻，而叶绿素 b 含量差异不显著。挺水杉叶藻叶片露出水面生长，使其有充足的 CO_2 浓度和较高温度，在一定程度上可以促进叶绿素 a 的合成，但是又由于这两个湖泊属于贫营养型湖泊④，不能同时保证叶绿素 b 的合成⑤。叶绿素作为光合作用中光能的吸收、传递和转化的载体，

---

①Nielsen SL. A comparison of aerial and submerged photosynthesis in some Danish amphibious plants [J]. Aquatic Botany，1993，45：27-40.

②Sand Jensen K，Frost Christensen H. Plant growth and photosynthesis in the transition zone between land and stream [J]. Aquatic Botany，1999，63：23-35.

③张杰，杨传平，邹学忠，等. 蒙古栎硝酸还原酶活性、叶绿素及可溶性蛋白含量与生长性状的关系 [J]. 东北林业大学学报，2005，33（3）：20-21.

④蒋利鑫，于苏俊，魏代波，等. 湖泊富营养化评价中的灰色局势决策法 [J]. 环境科学与管理，2006，31（2）：10-12.

⑤赵甍，王秀伟，毛子军. 不同氮素浓度下 CO_2 浓度、温度对蒙古栎（*Quercus mongolica*）幼苗叶绿素含量的影响 [J]. 植物研究，2006，26（4）：337-341.

在植物光合作用中起着关键性的作用。本研究表明，挺水杉叶藻的叶绿素a含量较高，而叶绿素a的功能主要是将汇聚的光能转变为化学能进行光化学反应，保持体内有相对较高的叶绿素a含量可以保证植物体对光能的充分利用，提高转化率①。另外，沉水杉叶藻叶绿素a/b含量显著低于挺水杉叶藻。捕光系统主要由绝大部分叶绿素a和全部叶绿素b构成，一个种的叶绿素a/b比值越低，叶绿素b含量及其捕光色素复合物含量也相对较大，可以增加用于吸收光能的集光色素蛋白的相对含量，以吸收和利用更多的散射光和透射光，从而保证叶片在弱光照环境中吸收更多的光能用于光合作用，这是处于弱光环境的植株叶片维持正常的光合作用所必需的②。

2.3.4 不同种沉水植物叶绿素荧光特性的比较研究

由表2—1可以看出，沉水杉叶藻叶绿素b高于沉水水苦荬，而叶绿素b是捕光色素蛋白复合体的重要组成部分，主要作用是捕获和传递光能，表明杉叶藻的光捕获能力强于水苦荬③。叶绿素b相对增加可以提高利用弱光的能力④，是杉叶藻对弱光逆境的一种适应性调节。另外，杉叶藻叶绿素a/b略低于水苦荬，该值越小表明在低光下的光捕获能力越强，该沉水植物的光补偿点

---

①衣艳君，李芳柏，刘家尧．尖叶走灯藓（*Plagiomnium cuspidatum*）叶绿素荧光对复合重金属胁迫的响应［J］．生态学报，2008，28（11）：5437—5444.

②迟伟，王荣富，张成林．遮阴条件下草莓的光合特性变化应用生态学报［J］．2001，12（4）：566—568.

③肖月娥．主要环境因子对太湖三种大型沉水植物光合作用的影响［D］．南京：南京农业大学硕士学位论文，2006.

④George S，Bai S．The effect of shade on development and chlorophyll content in leaves of peanut［J］．Abroad Agronomy—Oil Plants，1992，(2)：50—51.

越低，越能适应低光条件下生长[272]。

由图［2－9（b）］可知，13：00时，芳草海水苦荬ETR随着PAR迅速升高，呈近线性关系；而沉水杉叶藻ETR在PAR为420 μmol m^{-2} s^{-1}后，一直缓慢增加，说明水苦荬较沉水杉叶藻光饱和点高。本研究表明，在9：00、15：00、17：00时，两种沉水植物光能利用效率α之间存在显著差异，13：00之前，水苦荬α高于杉叶藻，而13：00以后恰好相反。这说明上午光合有效辐射较强时，水苦荬α较高，对强光耐受能力强；而下午时光强减弱，杉叶藻α逐渐增强并高于水苦荬，因此杉叶藻更能适应低光条件下生长。从叶绿素含量我们也可以看出，杉叶藻有相对较高的叶绿素b含量和较低的叶绿素a/b比值，也是典型的低光适应性植物。

杉叶藻和水苦荬F_v/F_m的日动态趋势相似，7：00时最高，之后随着光合有效辐射的增强而逐渐降低，杉叶藻在11：00时降至最低，而水苦荬在13：00时降至最低；下午随着光强的减弱又逐渐升高。水苦荬的叶片明显大于杉叶藻，即水苦荬可以截获更多光照，使其叶温更高。在强光合有效辐射和高温下，水苦荬光化学活性要高于杉叶藻①，因此水苦荬抗光抑制的能力较强，F_v/F_m推迟一个小时达到一天中的最低值。从水苦荬较低的叶绿素b含量来看，光合机构对光能的捕获能力降低，这对于避免因吸收过量光能而导致光抑制也具有重要意义②。

①Cui Xiaoyong, Tang Yanhong, Gua Song. Photosynthetic depression in relation to plant architecture in two alpine herbaceous species [J]. Environmental and Experimental Botany, 2003, 50: 125－135.

②赵广东，刘世荣，马全林. 沙木蓼和沙枣对地下水位变化的生理生态响应Ⅰ. 叶片养分、叶绿素、可溶性糖和淀粉的变化［J］. 植物生态学报，2003，27（2）：228－234.

2.3.5 气候变化对水生植物的影响

不同湖泊的水生植物，由于不同的环境因素，特别是水温，会导致水生植物甚至是同一水生植物之间（沉水杉叶藻或者挺水杉叶藻）光合生理的显著差异。本研究结果显示，九寨沟水生植物光合作用主要的限制因子是水温。

随着水污染加重，气候变化对水环境的影响引起越来越多人的关注。分析不同气候变化背景下重点流域的水环境和生态问题，从而保障经济社会又好又快地发展，对未来水资源系统的规划设计、开发利用以及水环境的保护具有重大的理论意义和现实意义①。目前，有些学者通过利用复杂的生态系统模型预测气候变化对湖泊水质的影响，研究表明气候变化会导致湖泊水质恶化②。然而，九寨沟位于青藏高原的东缘，属于对全球气候变化敏感的区域，其环境变化与气候变化密切相关③④。研究普遍认为，全球气候变化导致湖泊水温升高，从而提高水生植物光合作用能力和生产力。水生植物能够抑制风浪和湖流，固持底泥，保护湖底免受风浪侵蚀，促进湖水中悬浮物的沉降，减少再悬浮和营养元素的溶解释放，增加水体透明度，因此更加有利于水生植被发育。另外，由于大型水生植物的凋落物分解较慢或不能完全

①张建云，王国庆．国内外关于气候变化对水的影响的研究进展［J］．人民长江，2009，40（8）：39－41．

②Mooij WM，Janse JH，De Senerpont Domis LN．Predicting the effect of climate change on temperate shallow lakes with the ecosystem model PCLake［J］．Hydrobiologia，2007，584：443－454．

③李林，朱西德，汪青春，等．青海高原冻土退化的若干事实揭示［J］．冰川冻土，2005，27（3）：320－328．

④Liu XD，Chen BD．Climatic warming in the Tibetan Plateau during recent decades［J］．International Journal of Climatology，2000，20：1729－1742．

分解，这些分解残渣就会沉积在湖底，从而又将其吸收的一部分营养盐以分解残渣的形式归还给底泥，分解残渣沉积到表层又会使湖泊产生“生物淤积效应”，因此影响底泥的状态①。有研究表明，水生植物从底泥所吸收的营养物质远远小于其枯枝落叶所增加湖泊的沉积物②。因此，全球变暖可能会加快九寨沟高原湖泊沼泽化进程。

①Madsen JD，Chambers PA，James WF. The interaction between water movement，sediment dynamics and submersed macrophytes [J]. Hydrobiologia，2001，444：71－84.

②Şchulz M，Kozerski HP，Pluntke T. The influence of macrophytes on sedimentation and nutrient retention in the lower River Spree (Germany) [J]. Water Research，2003，37：569－578.

3 九寨沟水生植物荧光淬灭研究

将暗适应的绿色植物或含有叶绿素的部分组织突然暴露在可见光下之后就会观察到，植物绿色组织发出一种暗红色、强度不断变化的荧光，荧光随时间变化的曲线称为叶绿素荧光诱导动力学曲线。这一现象最早是由 Kautsky 发现的，因此也称为 Kautsky 效应。此后，随着研究的深入，人们逐步认识到荧光诱导动力学曲线中蕴藏着丰富的信息。近年来快速叶绿素荧光诱导动力学的应用，使 PSⅡ供体侧和受体侧电子传递的研究更加深入①②③④⑤。当环境条件变化时，叶绿素荧光的变化可以在一定

①Strasser RJ，Govindjee. The F_o and the O－J－I－P fluorescence rise in higher plants and algae［A］. In：Argyroudi-Akoyunoglou JH（ed）. Regulation of Chloroplast Biogenesis［C］. New York：Plenum Press，1991：423－436.

②Strasser RJ，Govindjee. On the O－J－I－P fluorescence transients in leaves and D1 mutants of *Chlamydomonas reinhardtii*［A］. In：Murata N（ed）. Research in Photosynthesis［C］. Dordrecht：KAP Press，1992，4：29－32.

③Govindjee. Sixty-three years since Kautsky：Chlorophyll a fluorescence［J］. Australian Journal of Plant Physiology，1995，22：131－160.

④Strasser RJ，Srivastava A，Tsimilli Michael M. The fluorescence transient as a tool to characterize and screen photosynthetic samples［A］. In：Yunus M，Pathre U，Mohanty P（eds）. Probing Photosynthesis：Mechanism，Regulation and Adaptation［C］. London：Taylor and Francis Press，2000：445－483.

⑤Strasser RJ，Tsimill Michael M，Srivastava A. Analysis of the chlorophyll a fluorescence transient［A］. In：Papageorgiou G，Govindjee（eds）. Advances in Photosynthesis and Respiration［C］. Netherlands：KAP Press，2004：1－42.

程度上反映环境因子对植物的影响①②，通过对不同环境条件下快速叶绿素荧光诱导动力学曲线的分析，可深入了解环境因子对植物光合机构主要是PSⅡ的影响，以及光合机构对环境的适应机制。

植物生长过程是反映环境因子的变化过程，也是对环境的适应过程。环境因子对植物生长的作用是综合的。同时，识别植物生长对个别环境因子的依赖性，尤其是影响植物生长的主导因子，是评价环境因子间相互作用的前提③。植物在生长发育过程中常会面临自然低温或高光、高温等环境，在水生植物中已有较多的研究，但主要是对海草的研究，如高温④、低温⑤、盐胁迫⑥⑦以及流速⑧等环境因子都能够直接或间接地影响植物PSⅡ的功能。然而，关于环境因子对淡水湖泊沉水植物叶绿素荧光特性的影响的研究较少，关于青藏高原湖泊水生植物的研究更少。

九寨沟自然保护区位于青藏高原东缘岷山山脉北端。在九寨沟水生植物的生长过程中，常会面临高光强和低水温的环境。在

---

①Maxwell K，Johnson GN. Chlorophyll fluorescence—A practical guide [J]. Journal of Experimental Botany，2000，51：659－668.

②Jiang CD，Gao HY，Zou Q. Changes of donor and accepter side in photosystem Ⅱ complex induced by iron deficiency in attached soybean and maize leaves [J]. Photosynthetica，2003，41：267－271.

③肖春旺，周广胜，马风云. 施水量变化对毛乌素沙地优势植物形态与生长的影响. 植物生态学报 [J]. 2002，26 (1)：69－76.

④Rodolfo Metalpa R，Richard C，Allemand D，et al. Response of zooxanthellae in symbiosis with the Mediterranean corals *Cladocora caespitosa* and *Oculina patagonica* to elevated temperatures [J]. Marine Biology，2006，150：45－55.

⑤Chisholm JRM，Marchioretti1 M，Jaubert JM. Effect of low water temperature on metabolism and growth of a subtropical strain of *Caulerpa taxifolia* (Chlorophyta) [J]. Marine Ecology Progress Series，2000，201：189－198.

⑥Nejrup LB，Pedersen MF. Effects of salinity and water temperature on the ecologicalperformance of*Zostera marina* [J]. Aquatic Botany，2008，88：239－246.

⑦Lu IF，Sung MS，Lee TM. Salinity stress and hydrogen peroxide regulation of antioxidantdefense system in*Ulva fasciata* Marine Biology，2006，150：1－15.

⑧Binzer T，Borum J，Pedersen O. Flow velocity affects internal oxygen conditionsin the seagrass*Cymodocea nodosa* [J]. Aquatic Botany，2005，83：239－247.

青藏高原的独特环境下，探讨水生植物光合作用对环境的适应机制是非常有必要的，可为高原湖泊水生植物光合作用的研究奠定基础。另外，目前九寨沟出现湖泊沼泽化问题，水生植物大量生长，并对湖泊和景区产生不利影响，因此有必要了解九寨沟水生植物的生长状况。本章通过对九寨沟三个不同环境湖泊的水生植物的快速叶绿素荧光诱导动力学曲线进行分析，可深入了解自然状态下水温和光照对植物光合机构主要是PSⅡ的影响，为九寨沟水生植物生物学特性提供实验数据。

3.1　研究材料和方法

3.1.1　研究样地和植物材料

研究样地和植物材料见第2章说明。

3.1.2　研究方法

3.1.2.1　光化学和非光化学耗散的日变化测定

光化学和非光化学耗散的日变化测定从7：00至17：00，每隔2 h测定一次，每种植物随机选择3株植株的3片成熟叶片，重复3次（植株样品取样方法见第2章），与快速光响应曲线测定同步。将叶片暗适应20 min。脉冲调制叶绿素荧光仪Junior－PAM的测量步骤是，先打开检测光测暗适应叶片的初始荧光（F_o），然后打开饱和脉冲光测暗适应叶片的最大荧光（F_m），随后打开光化光（设定光化光强度为190 μmol m^{-2} s^{-1}）诱导荧光动力学，并间隔20 s打开饱和脉冲测量瞬时荧光F和光适应下的最大荧光 F_m'。关掉光化光，打开远红光（far-red light）优先激发 PSⅠ，使 PSⅡ电子传递体处于氧化状态，测定光适应叶片的最小荧光（F_o'）。根据这些参数可以计算：光化学耗散 photochemical quenching（qP）$=(F_m'-F)/(F_m'-F_o')$；非光化学耗散 non-photochemical quenching（NPQ）$=(F_m-F_m')/F_m'$①。

3.1.2.2 低光强和高光强下荧光诱导曲线测定

在 7：00—8：00 时，从三个湖泊采集植株样品，采完后迅速带回实验室进行测量，运输过程中始终保持植株样品浸入水中以及避免强光的照射。光化光分别设定一个低光（190 μmol m^{-2} s^{-1}）和一个强光（1150 μmol m^{-2} s^{-1}）下进行光化学淬灭 qP 和非光化学淬灭 NPQ 的测定，每种植物重复 3 次。

3.2 结果

3.2.1 沉水植物荧光淬灭研究

3.2.1.1 光化学和非光化学耗散的日变化

从图 3-1（a）可以看出，不同湖泊沉水杉叶藻的光化学耗散（qP）的日变化表现出不同的变化规律。在芳草海和箭竹海中，沉水杉叶藻 qP 的日变化均为明显的单峰型曲线，早上 qP 较低，随着光强的增大，qP 逐渐增加，PSⅡ的电子传递活性逐

①Rohacek K. Chlorophyll fluorescence parameters：The definitions，photosynthetic meaning and mutual relationships [J]. Photosynthetica，2002，40（1）：13-29.

渐增大，在11：00—13：00时qP达到最大，之后随着光强的减弱，qP逐渐下降。但在五花海，qP的日变化为明显的双峰型曲线，随着湖泊水温的增加，qP出现最大值的时间提前，在9：00时qP达到一天中的最高值；之后逐渐降低，在13：00左右降至最低值，也就是较高的光强限制了PSⅡ的电子传递活性；随后随着光强的减弱，在15：00出现小幅度的回升。不同湖泊沉水杉叶藻qP日变化的最大值有所不同，五花海的qP为0.91，箭竹海次之为0.84，芳草海最低为0.72。7：00时qP值也不相同，五花海显著大于其他两个湖泊。

图3－1（b）为不同湖泊沉水杉叶藻NPQ的日变化规律，芳草海和箭竹海NPQ的最高峰出现在7：00，峰值分别为0.74和0.43；之后，由于光合有效辐射的继续增强和气温的上升，NPQ逐渐下降，分别在13：00和9：00降至低谷，又都在15：00出现次高峰。但五花海NPQ为明显的单峰曲线，变化规律为：从早上7：00开始，随着光强的上升而增加，在15：00达到一天中的最大值，峰值为0.74，此后出现下降趋势。

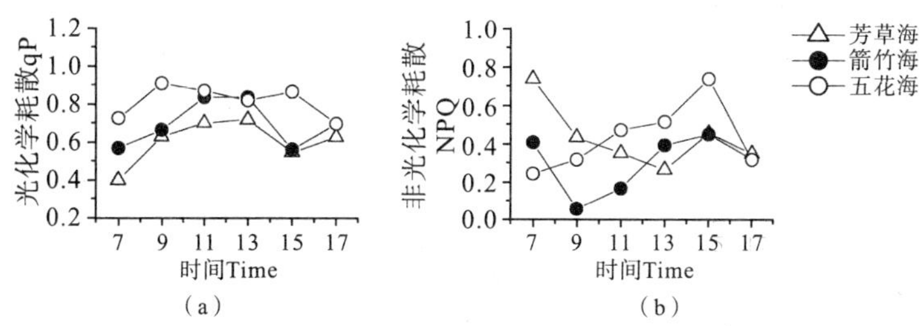

图3－1　三个湖泊沉水杉叶藻的光化学耗散和非光化学耗散的日变化

由图3－2（a）表明，芳草海沉水杉叶藻和水苦荬的qP日变化大体呈单峰型曲线，杉叶藻在13：00时qP达到最大值，水苦荬在11：00时达到最大值，峰值分别为0.72和0.75，可见两种水生植物qP日变化的峰值无显著性差异，之后逐渐下降。

由图3－2（b）可以看出，杉叶藻NPQ最高峰出现在

7：00，峰值为0.74，而后由于光合有效辐射的继续增强和气温的上升，NPQ逐渐下降，在13：00降至低谷，又都在15：00出现次高峰。7：00—9：00，水苦荬NPQ迅速升高，最高峰出现在9：00，峰值为1.99；之后迅速下降，在11：00降至最低点；11：00—17：00又缓慢回升。可见，水苦荬NPQ日变化的峰值显著高于杉叶藻。

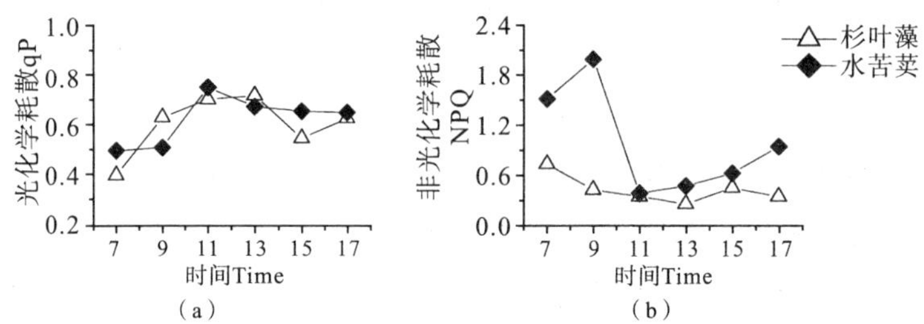

图3—2 芳草海两种沉水植物光化学耗散和非光化学耗散日变化

3.2.1.2 低光强和高光强下荧光诱导曲线

不管在低光强（190 μmol m^{-2} s^{-1}）还是高光强（1150 μmol m^{-2} s^{-1}）下，五花海沉水杉叶藻的qP和NPQ都显著高于芳草海和箭竹海，但是芳草海和箭竹海之间无显著性差异。

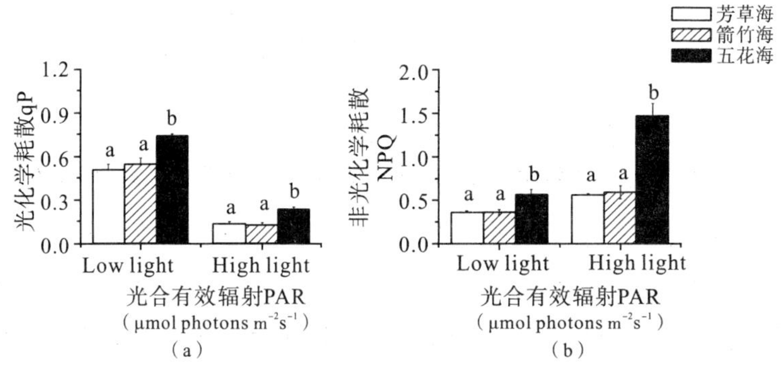

图3—3 在低光强和高光强下，三个湖泊沉水杉叶藻的光化学耗散和非光化学耗散

无论在低光强还是高光强下，芳草海水苦荬 NPQ 显著大于沉水杉叶藻，但是两种沉水植物的 qP 之间无显著性差异。

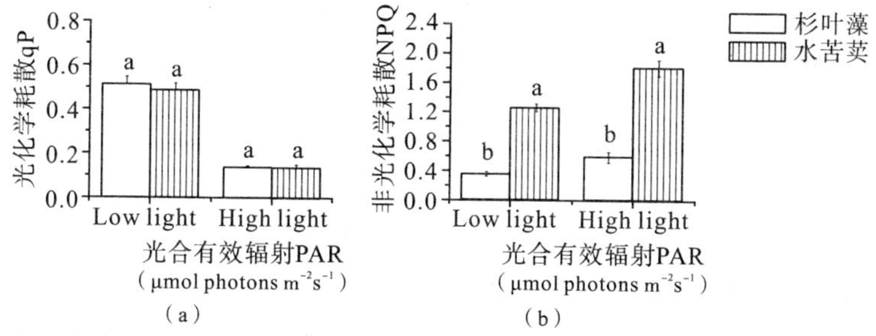

图 3—4 在低光强和高光强下，芳草海的两种沉水植物的光化学耗散和非光化学耗散

3.2.2 挺水植物荧光淬灭研究

3.2.2.1 光化学耗散和非光化学耗散的日变化

箭竹海挺水杉叶藻的 qP 和 NPQ 日变化均为单峰型曲线（见图 3—5），随着环境因子的变化而不断上升，分别在 11：00 和 15：00 左右达到一天中的最大值，分别为 0.95 和 0.52，而后不断下降。17：00 时 qP 相对于一天中的最大值（11：00）下降了 26.89%。

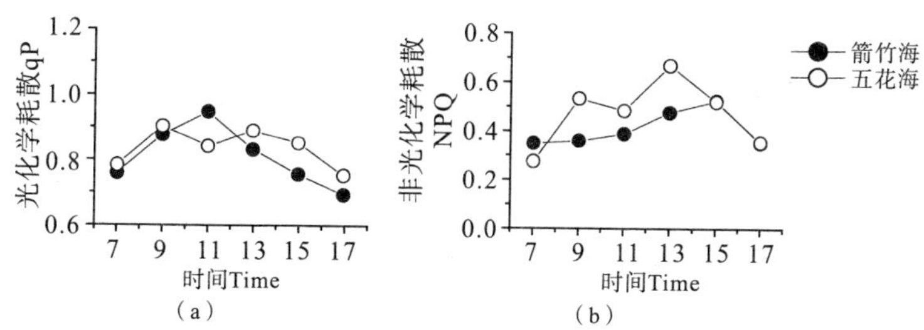

图 3—5 两个湖泊挺水杉叶藻的光化学耗散和非光化学耗散的日变化

从图 3—5 看出，五花海的 qP 和 NPQ 日变化曲线均为双峰型，从 7：00 开始增加，至 9：00 前后到达峰值，分别为 0.90 和 0.53；之后不断下降，在 15：00 左右出现高峰，分别为 0.85 和 0.665。17：00 时 qP 相对于一天中的最大值（9：00）下降了 16.49%。

3.2.2.2 低光强和高光强下荧光诱导曲线

在低光强（190 μmol m^{-2} s^{-1}）下，五花海挺水杉叶藻的 qP 显著大于箭竹海，但是 NPQ 之间无显著性差异。另外，在高光强（1150 μmol m^{-2} s^{-1}）下，五花海挺水杉叶藻的 qP 和 NPQ 也显著大于箭竹海。

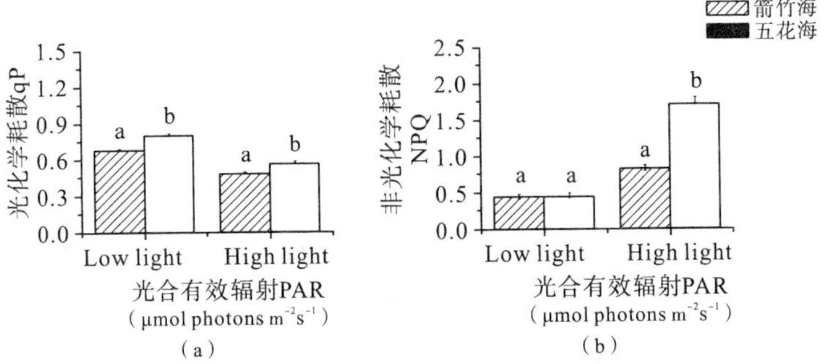

图 3−6 在低光强和高光强下，两个湖泊挺水杉叶藻的光化学耗散和非光化学耗散

3.3 讨论

3.3.1 沉水植物的荧光淬灭研究

光化学淬灭反映的是 PSⅡ天线色素吸收的光能用于光化学电子传递的份额，要保持高的光化学淬灭就要使 PSⅡ反应中心处于“开放”状态，因此光化学淬灭在一定程度上反映了 PSⅡ反应中心的开放程度①②。在三个湖泊中，五花海沉水杉叶藻 qP 日变化的峰值最大，即 PSⅡ的电子传递活性最大[71]，这与五花海 ETR_{max} 峰值最大相一致。由图 3-1 可知，九寨沟夜间低水温后的光照导致沉水杉叶藻 qP 在清晨 7：00 时低，这可能是由于夜间低温抑制了 PSⅡ光合电子传递活性，从而造成 PSⅡ反应中心开放数目下降。此后，由于上午照射到叶片表面的光照增强，光合机构吸收的过剩光能较少，所以对 PSⅡ反应中心并没有造成不可逆的破坏。随着温度的上升又进一步解除了低温对 PSⅡ光化学效率和电子传递活性的抑制作用③，使得 qP 有大幅度上升。另外，7：00 时，五花海 qP 大于另外两个湖泊，可见芳草海和箭竹海较低的水温导致低温抑制作用较强。芳草海和箭竹海都在 13：00 之后 qP 不断下降，五花海却在 9：00 之后下降，由于光照强度过强，即 PSⅡ天线色素吸收的光能用于光化学反应的份额均降低，同时 PSⅡ反应中心的开放程度减少，增加过剩激发能的耗散，以保护光合机构免受光抑制的破坏④⑤。此后，随着光照强度逐渐降低，而之前反应中心由于强光而处于半关闭状态向打开状态转化，qP 略有上升，反应中心恢复。由此可见，芳草海和箭竹海水温显著低于五花海，五花海沉水杉叶藻 qP 恢

①Gavlosli JE，Whitefield GH. Effect of restricted watering on sap flow and growth in Corn（*Zeamays* L.）［J］. Canada Journal Plant Society，1992，172：361-368.

②Franklin LA，Osmond CB，Henley WJ. Two components of onset and recovery during photoinhibition of *Ulva roundata*［J］. Planta，1992，186：399-408.

③胡文海，黄黎锋，肖宜安，等. 夜间低温对 2 种光强下榕树叶绿素荧光的影响［J］. 浙江林学院学报，2005，22（1）：20-23.

④李晓萍，陈贻竹，郭俊彦. 叶绿体 PSⅡ光能耗散机制的研究进展［J］. 生物化学与生物生理学进展，1996，23（2）：145-149.

⑤宗梅，谈凯，吴甘霖. 两种石楠叶绿素荧光参数日变化的比较研究［J］. 生物学杂志，2010，27（1）：27-30.

复时间显著缩短，在 9：00 时就已经解除了低温的抑制作用。有研究表明，南京固城湖苦草 qP 的日变化从 7：00 开始，随着光强逐渐增高，qP 迅速降低；并在 13：00 时达到最低值，随后升高①。此研究与九寨沟三个湖泊沉水杉叶藻 qP 日变化恰好相反，沉水杉叶藻 qP 日变化从 7：00 开始，随着光强逐渐增高，qP 升高达到最高值，随后下降。这主要是由于南京固城湖水体温度日变幅为 22℃～25℃，而九寨沟高原湖泊水体温度日变幅为 5.9℃～20.6℃，可见是低温抑制了 PSⅡ光合电子传递活性。

非光化学淬灭反映的是 PSⅡ天线色素吸收的光能不能用于光合电子传递而以热的形式耗散掉的光能部分。当 PSⅡ反应中心天线色素吸收了过量的光能时，如不能及时地耗散将对光合机构造成失活或破坏，所以非光化学淬灭是一种自我保护机制，对光合机构起一定的保护作用②。芳草海和箭竹海的沉水杉叶藻遭受夜间的低温后，在 7：00 刚接受微弱的光照强度，因此低温抑制了吸收的光能不能用于光合电子传递而以热的形式耗散掉，即弱光低温导致清晨时较高的 NPQ 和较低的 qP③。随着光强的增加，温度上升，低温的抑制作用得到恢复，NPQ 下降而 qP 上升；之后随着光照强度越来越大，植物叶片发生了较强的光抑制作用，植物通过 NPQ 等非光化学途径将过多的激发能耗散掉，NPQ 上升而 qP 下降，保护光合机构免受光抑制的破坏。13：00—15：00 时，芳草海和箭竹海植物 NPQ 较高，之后随着

---

①王立志，王国祥，俞振飞，等. 苦草光合作用日变化对水体环境因子及磷质量浓度的影响［J］. 生态与环境学报，2010，19（11）：2669－2674.

②Seder JR，Johnson JD. Physiological morphological responses of three half-sib families of loblolly pine to water-stress conditioning［J］. Forest Science，1988，34：487－495.

③周艳虹，黄黎锋，喻景权. 持续低温弱光对黄瓜叶片气体交换、叶绿素荧光淬灭和吸收光能分配的影响［J］. 植物生理与分子生物学报，2004，30（2）：153－160.

光照减弱，植物的光抑制作用降低，NPQ逐渐降低。与此相反，五花海沉水杉叶藻的NPQ日变化曲线基本上为单峰型（图3—5），7：00时NPQ最低，上午随日间光强升高而上升，表明热耗散增多[①]，这是植物叶片防止光破坏的重要机制之一[②]；随后又随光强减弱逐渐降低，这与一些研究相一致[③④⑤]。可见，五花海的水温显著高于另外两个湖泊，五花海清晨发生轻微的低水温、弱光的光抑制作用。从图3—1看出，7：00时，五花海的NPQ显著低于另外两个湖泊，由于芳草海和箭竹海水温显著低于五花海，导致芳草海和箭竹海的沉水杉叶藻遭受的低温弱光抑制作用强于五花海，NPQ增大。在11：00—15：00光照较强的时段，五花海沉水杉叶藻的NPQ一直大于另外两个湖泊，表明水体温度较高的湖泊通过非光化学淬灭耗散过剩能量的能力逐渐增大，植株发生光抑制的程度降低，光伤害减小[⑥]。

由图3—3可知，光化学耗散qP和非光化学耗散NPQ之间的关系表现为：在高光强情况下，低的qP伴随着较高的NPQ；在低光强下，qP较高而NPQ较低。大多数植物生长都存在这两

---

①Hartel H，Lokstein H. Relationship between quenching of maximum and dark-level chlorophyll fluorescence in vivo：Dependence on photosystem Ⅱ antenn a size [J]. Biochemica et Biophysica Acta，1995，1228：91--94.

②Feng Y L，Cao K F，Feng Z L. Thermal dissipation，leaf rolling and inactivation of PSⅡ reaction centers in Amomum villosum in diurnal course [J]. Journal of Tropical Ecology，2002，18：865—876.

③Scholes JD，Press MC，Zipperlen SW. Differ seedlings [J]. Oecologia，1997，109：41—48.

④Ishida A，T oma T，Marjenah. Leaf gas exchange and chlorophyll fluorescence in relation to leaf angle，azimuth，and canopy position in the tropical pioneer tree，Macaranga conifera [J]. Tree physiol，1999，19：117—124.

⑤冯玉龙，曹坤芳，冯志立．生长光强对热带雨林四种树苗光合机构的影响[J]．植物生理和分子生物学学报，2002，28（2）：153—160.

⑥李强．环境因子对沉水植物生长发育的影响机制[D]．南京：南京师范大学硕士学位论文，2007.

种情况，当光照逐渐增强达到较高的光强时，qP 和 NPQ 之间的关系表现为 NPQ 占主导地位。有研究表明，*Codium adherens*、*Enteromorpha muscoides*、*Ulva gigantea* 和 *Ulva rigida* 这几种植物随着光照强度的逐渐增强，其 NPQ 也逐渐升高①。无论在低光强（190 μmol m^{-2} s^{-1}）还是高光强（1150 μmol m^{-2} s^{-1}）下，五花海的 qP 始终大于另外两个湖泊，这与五花海 qP 日变化一致，是因为低温影响反应中心和 PSⅡ电子传递天线活性降低②。五花海的 NPQ 也始终大于另外两个湖泊。研究表明，较高的温度会增大叶片的叶黄素循环库[223]，而非光化学耗散主要依赖叶黄素循环，叶黄素循环的运行状况及叶黄素库的大小，反映了植物防止过剩光能导致光合机构破坏的保护程度③。本研究表明，17：00 五花海的 F_v/F_m 恢复到清晨 7：00 水平，而另外两个湖泊的 F_v/F_m 并未恢复，可见五花海较高的 NPQ 使非光化学淬灭消耗过剩能量的能力显著升高，植株抗光抑制能力增加。不论在低光强还是高光强下，五花海的沉水杉叶藻 qP 和 NPQ 显著大于另外两个湖泊，表明五花海沉水杉叶藻通过增加非光化学耗散来尽量降低光抑制程度，保持较高的光合能力，因此较高的水温促使五花海沉水杉叶藻对高光强具有较强的适应性及光保护能力，表现出对九寨沟当地环境较好的适应性。

①Häder D，Lebert M，Jiménez C. Pulse amplitude modulated fluorescence in the green macrophytes，Codium adherens，Enteromorpha muscoides，Ulva gigantea and Ulva rigida，from the Atlantic coast of Southern Spain [J]. Environmental and Experimental Botany，1999，41：247－255.

②Baker NR. Chilling stress and Photosynthesis [A]. In：Foyer CH，Mullineaux PM. Causes of Photooxidative stress and amelioration of defense systems in Plants [C]. Florida：CRC Press，1994：127－154.

③Gilmore AM. Mechanistic aspects of xanthophyll cycle dependent photoprotection in higher plant chloroplasts and leaves [J]. Physiologia Plantarum，1997，99：197－209.

3.3.2 挺水植物荧光淬灭研究

由图3－5可知，7：00时箭竹海和五花海挺水杉叶藻qP较低，这可能是由于在夜间低水温胁迫后的光照条件下，导致叶片获取光能用于光化学过程的份额qP大幅下降，qP的降低反映出低温胁迫下Q_A^-重新氧化为Q_A的量减少，即PSⅡ的电子传递活性减弱，暗示叶片暗反应受阻①②。此后，由于上午照射到叶片表面的光照增强，光合机构吸收的过剩光能较少，所以对PSⅡ反应中心并没有造成不可逆的破坏，而后随着温度的上升又进一步解除了低温对PSⅡ光化学效率和电子传递活性的抑制作用[302]，使得qP有大幅度上升。箭竹海挺水杉叶藻在11：00之后，五花海却在9：00之后，qP不断下降，由于光照强度过强，即PSⅡ天线色素吸收的光能用于光化学反应的份额均降低，同时PSⅡ反应中心的开放程度减少，增加过剩激发能的耗散，以保护光合机构免受光抑制的破坏③④。由此可见，箭竹海的水温显著低于五花海，五花海沉水杉叶藻qP恢复时间显著缩短，在

---

①Labate CA，Adcock MD，Leegood RC. Effects of temperature on the regulation of photosynthetic carbon assimilation in leaves of maize and barley［J］. Planta，1990，181：547－554.

②Havaux M. Effects of chilling on the redox state of the primary electron acceptor QAof photosystem Ⅱ in chilling sensitive and resistant plant species［J］. Plant Physiol Biochem，1987，25：735－743.

③Bukhovn G，Egorova EA，Govindachary S. Changes in polyphasic chlorophyll a fluorescence induction curve upon inhibition of donor or acceptor side of photosystem II in isolated thylakoids［J］. Biochimica et Biophysica Acta（BBA）－Bioenergetics，2004，1657（2/3）：121－130.

④Vredenberg W，Kasalicky V，Durchan M. The chlorophyll a fluorescence induction pattern in chloroplasts upon repetitive single turnover excitations：Accumulation and function of QB-nonreducing centers［J］. Biochimica et Biochimica et Biophysica Acta（BBA）－Bioenergetics. 2006，1757（3）：173－181.

9：00 时就已经解除了低温的抑制作用。这与沉水杉叶藻的研究一致。由于光照强度过强，两个湖泊挺水杉叶藻 qP 都不断下降，但箭竹海 qP 下降的幅度大于五花海，可见低温和较高光强导致箭竹海挺水杉叶藻受到的光抑制的程度较高①。

正常情况下，叶绿素吸收的光能主要通过光合电子传递、叶绿素荧光和热耗散三种途径消耗，这三种途径间存在着此消彼长的关系。午间植物体接受的能量超过其所能转化的能量，植物体会通过减少光能的吸收或增加对所吸收光能的利用和耗散等方式避免过量光对光合机构的伤害②。本研究表明，两个湖泊挺水杉叶藻的非光化学耗散 NPQ 日变化大体上均随着 PAR 的增加而增加，多余的光能以热的形式耗散掉，防止了光合机构的破坏，所以在饱和光强度范围内，NPQ 随着光强度增加而增加是植物对生存环境适应的一种保护机制。达到最大值后，随着 PAR 的减少而减少。由图 3—5 可知，从 9：00 至 13：00，五花海挺水杉叶藻 NPQ 一直大于箭竹海，可见五花海植物的抗光抑制能力强于箭竹海。

无论在低光强（190 μmol m^{-2} s^{-1}）还是高光强（1150 μmol m^{-2} s^{-1}）下，五花海挺水杉叶藻的 qP 均较高，这与五花海具有较高的 ETR_{max} 相一致。在高光强下，两个湖泊挺水杉叶藻 NPQ 随着水体温度的增加而增加，五花海挺水杉叶藻 NPQ 显著大于箭竹海。从两个湖泊挺水杉叶藻 NPQ 的日变化来看，从 9：00 至 13：00，五花海挺水杉叶藻 NPQ 也显著大于箭竹海。有研究表明，低温（例如 10℃）会抑制 NPQ 快速松弛组成

①Greer DH，Hardacre AK. Photoinhibition of photosynthesis and its recovery in two maize hybrids varying in low temperature tolerance [J]. Australian Journal of Plant Physiology，1989，16：189—198.

②李晓萍，陈贻竹，郭俊彦. 叶绿体 PSⅡ光能耗散机制的研究进展 [J]. 生物化学与生物生理学进展，1996，23 (2)：145—149.

部分①。

3.3.3 沉水植物与挺水植物荧光淬灭的比较研究

箭竹海的沉水杉叶藻 NPQ 的日变化表现为 7：00—9：00 时下降，由于低温抑制了吸收的光能不能用于光合电子传递而以热的形式耗散掉，因此弱光低温导致清晨时较高的 NPQ。随着光强的增加，温度上升，低温的抑制作用得到恢复，NPQ 下降。从 9：00 至 15：00，箭竹海的沉水杉叶藻 NPQ 又上升，光照强度越来越强，吸收的光能已经相对过剩，不能完全吸收，而以 NPQ 的形式散失掉，出现光抑制现象。从图 3—5（b）看出，箭竹海挺水杉叶藻 NPQ 的日变化在 7：00—15：00 时一直上升，由于 PAR 的增加，多余的光能以热的形式耗散掉，防止光合机构的破坏。可见，挺水杉叶藻清晨时发生轻微的低水温和弱光的光抑制作用，这是由于挺水杉叶藻叶片不仅受到水体温度的影响，而且受到气温的影响，因此挺水杉叶藻叶温会高于沉水杉叶藻。另外，从五花海挺水杉叶藻和沉水杉叶藻 NPQ 日变化来看，由于较高的水体温度，使五花海挺水杉叶藻和沉水杉叶藻没有发生弱光低温的抑制作用。

3.3.4 不同种沉水植物荧光淬灭的比较研究

从图 3—2 看出，芳草海的沉水杉叶藻和水苦荬，7：00 时的弱光和夜间低水温会影响 PSⅡ反应中心的开放程度，从而使

①Xu CC，Lin RC，Li LB. Increase in resistance to low temperature photoinbition following ascorbate feeding is attributable to an enhanced xanthophyll cycle activity in rice（*Oryza Sativa* L.）leaves [J]. Photosynthetica，2000，38：221—226.

PSⅡ吸收光能中不能用于光合电子传递而以热形式耗散掉的光能部分增加，导致清晨时出现较低 qP 和较高 NPQ①；而后随着水温上升，qP 增强而 NPQ 下降，低温抑制作用减弱。从 7：00 至 17：00，水苦荬的 NPQ 一直大于杉叶藻；另外，在低光强（190 μmol m^{-2} s^{-1}）和高光强（1150 μmol m^{-2} s^{-1}）情况下，水苦荬的 NPQ 也显著大于杉叶藻，表明水苦荬可以通过增加光耗散来尽量降低光抑制程度，水苦荬对高光强具有较强的适应性及光保护能力，表现出对九寨沟当地环境较好的适应性。

①眭晓蕾，毛胜利，王立浩，等．低温对弱光影响甜椒光合作用的胁迫效应[J]．核农学报，2008，22（6）：880—886.

4　九寨沟水生植物光合作用与水环境关系研究

不论是生物沉积与湖泊沼泽化过程，还是富营养化过程，水生高等植物在湖泊生态系统中都起着不容忽视的作用①②③④⑤。水生植物在其生长发育过程中必须从底泥和水体吸收大量的氮、磷等营养盐，这些营养元素是大型水生植物生长发育的重要影响

①Gumbricht T. Nutrient removal processes in freshwater submersed macrophytes systems [J]. Ecological Engineering，1993，2：1－30.

②Sondergaard M，Bruun L，Lauridsen T，et al. The impact of grazing waterfowl on submerged macrophytes：In situ experiments in a shallow eutrophic [J]. Aquatic Botany，1996，53：73－84.

③Barko JW，James，WF. Effects of submerged aquatic macrophytes on nutrient dynamics，sedimentation and resuspension [A]. In：Jeppesen E et al. The Structuring Role of Submerged Macrophytes in Lakes [C]. NewYork：Springer－Verlag，1998：197－214.

④Asaeda T，Kien TV，Manatunge J. Modeling the effects of macrophyte growth and decomposition on the nutrient budget in shallow lakes [J]. Aquatic Botany，2000，68：217－237.

⑤Gessner MO. Breakdown and nutrient dynamics of submerged Phragmites shoots in thelittoral zone of a temperate hardwater lake [J]. Aquatic Botany，2000，66 (1)：9－20.

因子[①②③④]。然后通过分泌作用和衰老、死亡、腐烂分解等过程，水生植物所积累的有机物和营养盐又会分解释放出来。在分解过程中，植物体内一部分营养盐以溶解状态释放到水体中，于是底泥营养盐通过水生植物为媒介进入上覆水，因此水生植物被认为是能够从底泥向上覆水传输营养的“泵”。营养盐的释放提高了水体营养浓度，造成对湖泊的“二次污染”[⑤]。另外，当湖泊中水生植物密集生长，形成密闭的水下森林和水下植被时，大量的沉水植被像一个致密的地毯覆盖在底泥上，它强烈地影响水体的理化环境。通过改变氧气的可获得性、改变水体和底泥的酸碱度和氧化还原电位，进而可影响氮的硝化、反硝化过程和磷的释放[⑥⑦⑧]。同时，由于大型水生植物的凋落物分解较慢或不能完全分解，这些分解残渣就会沉积在湖底，从而又将其吸收的一部分营养盐以分解残渣的形式归还给底泥，分解残渣沉积到表层沉积物又会使湖泊产生“生物淤积效应”，从而影响底泥的状态，

---

①Marion L，Paillisson JM. A balance assessment of the contribution of floating-leaved macrophytes in nutrient stocks in an eutrophic macrophyte-dominated lake [J]. Aquatic Botany，2003，75：249－260.

②金送笛，李永函，倪彩虹，等. 范草（*Potamogeton crispus*）对水中氮磷的吸收及若干影响因素 [J]. 生态学报，1994，14（2）：168－173.

③戴全裕，蒋兴昌，汪耀斌，等. 太湖入湖河道污染物控制生态工程模拟研究 [J]. 应用生态学报，1995，6（2）：201－205.

④宋祥甫，邹国燕，吴伟明，等. 浮床水稻对富营养化水体中氮、磷的去除效果及规律研究 [J]. 环境科学学报，1998，18（5）：489－494.

⑤Van Dijk，GM. van Vierssen W. Survival of a *Potamogeton pectinatus* L. population under various light conditions in a shallow eutrophic lake（Lake Veluwe）in The Netherlands [J]. Aquatic Botany，1991，43：17－41.

⑥Carpenter SR，Elser JJ，Olson KM. Effect of roots of *Myriophyllum verticillatum* L on sediment redox conditions [J]. Aquatic Botany，1983，17：243－249.

⑦Jaynes ML，Carpenter SR. Effect of vascular and nonvascular macrophytes onsediment redox and solute dynamics [J]. Ecology，1986，67：875－882.

⑧Sand Jensen K，Jeppesen E，Nielsen K，et al. Growth of macrophytes and ecosystem consequences in a lowland Danish stream [J]. Freshwater Biology，1989，22：15－32.

也对湖泊的淤浅和沼泽化产生影响。因此，研究水生植物生长过程与水质的关系，对认识湖泊内富营养化过程、生物沉积与湖泊沼泽化以及湖泊营养收支与全球气候变化有着重要意义。

世界自然遗产地九寨沟位于青藏高原与四川盆地的过渡地带，地层以碳酸盐岩为背景，以高山高寒区岩溶地质地貌为特色。自然保护区内分布着 118 个呈串珠状排列的高山湖泊，与泉、瀑、滩、岛连缀一体，享有“九寨归来不看水”的美誉。然而，旅游资源的开发，修路、景点的基本建设不仅严重破坏了湖泊周围的森林植被和生态环境，而且也造成了水土流失的日益严重，一些湖泊出现泥沙淤积，从而在一定程度上促进了水生植被的发育。对于九寨沟水生植物生长而言，水质环境无疑是一个重要的环境影响因子，特别是在湿地生态系统研究中，监测水质环境，分析水质与水生植物生长的关系已经是必不可少的研究内容。

本章以沉水植物杉叶藻、水苦荬和挺水杉叶藻为材料，测定水生植物叶绿素荧光特性和植株干重以及湖泊水质指标，探讨除了光照和温度以外的重要环境因子——水体营养盐对水生植物生长的影响，可为合理开发利用水生植物资源和防止湖泊沼泽化提供科学依据。

4.1 研究方法

4.1.1 研究样地和植物材料

研究样地和植物材料见第 2 章说明。

4.1.2 湖泊水质的测定

4.1.2.1 样地设置

本研究以芳草海、箭竹海和五花海 3 个典型湖泊为研究样地，进行水质测定，随机地在湖泊的沉水植物分布区、湖泊出水口、进水口选择了 5 个采样点（图 4—1）。

芳草海的采样点布设：1 号点为出水口处，3 号点为入水口处，其余 2 号、4 号和 5 号点均为水生植物集中分布区。

箭竹海的采样点布设：1 号点为出水口处，3 号点为入水口处，2 号、4 号和 5 号点大量生长水生植物。

五花海的采样点布设：2 号点为入水口处，5 号点为出水口处，1 号点大量生长沉水和挺水植物，3 号和 4 号点分布有少量沉水植物。

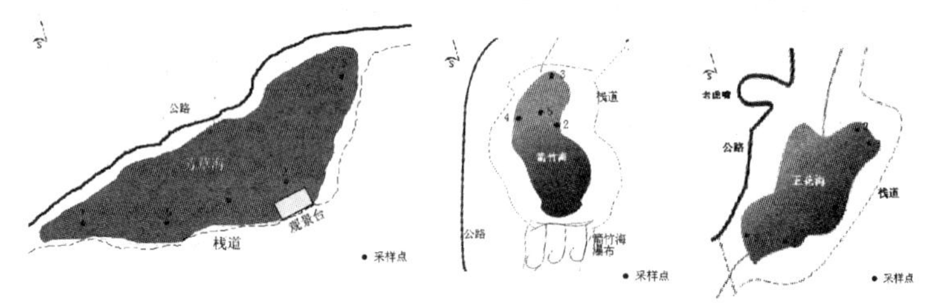

图 4—1 三个湖泊水样的采样点

4.1.2.2 采样方法

采样时间固定在 10：00—12：00 进行。使用密封塑料瓶采集水样，采样前用稀盐酸将塑料瓶洗净。在研究样地内采集表层 50～100 cm 处的水样，然后迅速带回实验室，放在 4℃的冰箱内保存，所有样品保证在 48 h 内分析完。

4.1.2.3　实验仪器

水质指标测定的仪器见表 4－1。

表 4－1　水质指标测定的仪器

仪器名称	型号	产地和生产厂家
pH 计	HI98103	意大利 HANNA 公司
电导率仪	HI98311	意大利 HANNA 公司
便携式光度计	DR890	美国 HACH 公司

4.1.2.4　水质的测定

野外进行水温、pH、电导率、溶解氧的测定；然后采集水样带回实验室，进行总氮、总磷、硝酸盐、总硬度的测定。每一个采样点进行 2～3 次重复。

4.1.2.4.1　水温、pH、电导率的测定

（1）使用意大利 HANNA 公司生产的便捷式 pH 计（HI98103）和电导率仪（HI98311）进行测定。

（2）仪器校正。

酸度计：配置了酸碱缓冲液系列 4.01、6.86、9.01，采用两点校准方式。

电导率仪：使用 HI7031L 校正液；校正液需保存在阴凉处，避光。

校准频率：24 h 校正一次。

（3）野外测定。

将酸度计和电导率仪插入水体中，浸没电极，至仪器的读数稳定后，记录 pH、EC 和温度值。

4.1.2.4.2　溶解氧、总氮、总磷、硝酸盐、硬度的测定

水质指标的测定方法见表 4－2。

表 4－2　水质指标的测定方法

测定项目	分析方法	实验仪器
溶解氧	HRDO	便携式光度计 DR890（HACH）
硫酸盐	SulfaVer4	
硝酸盐	镉还原法	
总氮	过硫酸消解法	
总磷	过硫酸消解法	

4.1.2.4.3　硬度的测定

（1）采用国标法 GB 7477－87，以 EDTA 滴定法测定钙、镁离子的总量。

（2）所需仪器：三角瓶、酸式滴定管、胶头滴管。

（3）所需试剂：EDTA 二钠标准溶液（10 mmol/L），缓冲溶液（pH 10），钙标准溶液（10 mmol/L），铬黑 T 指示剂粉。其中所采用的试剂在配置过程中要进行标定。

（4）测定过程：用移液管吸取 50.0 mL 试样于 250 mL 锥形瓶中，加 4 mL 缓冲溶液和 50～100 mg 指示剂干粉，此时溶液应呈紫红色或紫色，其 pH 值应为 10.0±0.1。为防止产生沉淀，应立即在不断振摇下，自滴定管加入 EDTA 二钠溶液。开始滴定时速度宜稍快，接近终点时应稍慢，并充分振摇，最好每滴间隔 2～3 s，溶液的颜色由紫红色或紫色逐渐转为蓝色，在最后一点紫的色调消失，刚出现天蓝色时即为终点，整个滴定过程应在 5 min 内完成。记录消耗 EDTA 二钠溶液体积的毫升数。

（5）结果计算：钙和镁总量 C（mmol/L）通过式（4－1）计算：

$$C = (C_1 V_1) / V_0 \qquad (4-1)$$

式中：C_1——EDTA 二钠溶液浓度，mmol/L；

V_1——滴定中消耗 EDTA 二钠溶液的体积，mL；

V_0——试样体积，mL。

1 mmol/L 的钙镁总量相当于 100.1 mg/L 以 $CaCO_3$ 表示的硬度。

4.1.3 水生植物叶面积的测定

（1）将一张坐标纸紧密固定在墙壁上，作为拍照背景底板。

（2）将待测叶片平展于坐标纸上，并且压平，确保叶片完全伸展。

（3）用适当的拍摄分辨率、图像存储像素和拍摄角度对叶片进行拍摄，拍摄结束后将图片导入计算机。

（4）在 Photoshop 图像处理软件中打开叶片图像，用软件中“磁性套索”或者“魔棒”工具选取图片中叶片部分，然后打开菜单中“图像”，选取“直方图”选项，记录显示参数中的“像素”数值。

（5）用软件中“多边形套索”工具，选取底板坐标纸任意已知面积方格，记录选区“像素”数值，作为计算系数。

（6）叶面积=叶片像素点数/选取方格像素点数×方格面积。每种植物重复测定 6 次。

4.1.4 植物干湿重的测定

每种水生植物随机采集 8 株植株样品，从根部采集植株样品，采后将样品洗净，马上用电子天平称量植株的鲜重。样品全部带回，洗净、烘干（70℃，24 h）称重，重复测定 8 次。

$$干湿重比=植物干重（g）/湿重（g） \tag{4-2}$$

4.1.5 生长指标

通过水生植物群落样方调查来测定沉水杉叶藻的生物量。在每个样地随机设置 3 个 0.5 m×0.5 m 的植物样方，采用收获法采集样方内的杉叶藻，用于测定植物生物量。然后，带回实验室清洗干净，自然风干，在 80℃烘箱中烘至恒重，称其干重（g），分别计算单位面积的生物量。

4.2 结果

4.2.1 九寨沟水质特征

4.2.1.1 三个湖泊的水温、pH、电导率、硫酸盐和总硬度

水的温度随水源、海拔的不同而有很大的差别，地表水的温度还与水文、气象要素以及周围环境有着密切的关系。此外，水的物理化学性质与温度也密切相关，如水中溶解性气体（溶解氧、二氧化碳）的溶解度、微生物活动等。因此，水温的测量对于了解水域环境以及不同海拔、地点间水的温度差异等状况具有重要的生态意义。从表 4-3 可以看出，五花海的水温极显著大于另外两个湖泊（$F_{2,29}=73.605$，$P<0.001$），芳草海和箭竹海的水温在 6.5℃左右，温度落差达 4℃。

pH 是天然水质酸碱性的标志，是影响水体中元素赋存状态、浓度及分配的主要因素，是天然水体中重要的地球化学性状指标之一，具有明显的生态学意义。天然水体 pH<5.5 为强酸

性，pH 在 5～7 之间为弱酸性，pH=7 为中性，pH 在 7～9 之间为弱碱性①②。九寨沟三个湖泊中，水质环境的 pH 测定结果如表 4－3 所示，pH 值均大于 8，呈弱碱性。各湖泊 pH 差异显著（$F_{2,29}=4.26$，$P<0.05$），其中芳草海的 pH 值最低为 8.13，而箭竹海的 pH 值最高为 8.41。

电解质在水溶液中离解成带电离子，其导电能力的强弱称为电导率。电导率除受水中的离子浓度控制外，还与离子种类、化合价、离子迁移率等因素有关，但通常可用其代表水体中离子总量的相对大小。河水的矿化度一般划分为五级，矿化度在 500～1000 mg/L 间的为Ⅳ级，具有较高矿化度；矿化度高于 1000 mg/L 的为Ⅴ级，具有高矿化度③。三个湖泊的电导率有极显著差异（$F_{2,29}=184.93$，$P<0.001$）（见表 4－3），电导率在 295～391 μs/cm 之间变化，最低值出现在芳草海（小于 300 μs/cm）。

表 4－3　九寨沟三个湖泊的水温、pH、电导率、硫酸盐和总硬度

	水温 ℃	pH	电导率 (COND) μs/cm	硫酸盐 (SO_4^{2-}) mg/L	总硬度 mg/L
芳草海	6.41±0.20[a]	8.13±0.07[a]	295.80±2.37[a]	21.50±2.59[a]	167.13±1.19[a]
箭竹海	6.64±0.24[a]	8.41±0.09[b]	391.00±3.61[b]	13.60±0.50[b]	214.31±0.94[b]
五花海	10.6±0.35[b]	8.24±0.03[ab]	386.40±5.31[b]	15.20±0.49[b]	212.71±1.09[b]

注：表中数字不同的上标字母代表显著性差异（$P<0.05$，Tukey's test）。

①GB 3838—2002. 地表水环境质量标准［S］. 中华人民共和国国家标准，2002.

②GB/T 14848—9. 地下水质量标准［S］. 中华人民共和国国家标准，2003.

③李群，穆伊舟，周艳丽，等. 黄河流域河流水化学特征分布规律及对比研究［J］. 人民黄河，2006，28（11）：26－27.

总硬度也是地表水水化学的重要属性之一，是碳酸盐硬度与非碳酸盐硬度的总和。水体中常以 Ca^{2+} 和 Mg^{2+} 之和表示其量度。从表 4－3 可以看出，箭竹海和五花海的总硬度没有显著性差异，而这两个湖泊的总硬度都显著大于芳草海，芳草海的总硬度最低（167.13 mg/L)。

三个湖泊的硫酸盐含量有显著差异（$F_{2,29}=7.26$，$P<0.05$）（见表 4－3)，芳草海的硫酸盐含量最高（21.5 mg/L)。

4.2.1.2 三个湖泊的硝酸盐、总氮、总磷和溶解氧

氮是仅次于碳、氢、氧的又一生物元素，尤其是形成蛋白质的重要元素，存在于几乎所有的动植物生命过程中。水中通常同时存在有机氮、氨氮、亚硝酸盐氮和硝酸盐氮四种形式的氮，对水样同时测出的这四种含氮量的总和，即为总氮（TN)。水中氮元素的多少对水环境状态具有非常重要的影响，因此总氮常常被作为水环境评价的一项重要的综合指标。测定结果（见表 4－4）显示，三个湖泊无显著性差异，但是有细小的差异，芳草海总氮最低（0.99 mg/L)，箭竹海最高（1.21 mg/L)，三个湖泊的总氮含量均达到 0.9 mg/L 以上。硝酸盐有极显著差异（$P<0.001$)，箭竹海的硝酸盐含量为 0.47 mg/L，显著大于芳草海（0.06 mg/L）和五花海（0.11 mg/L）的硝酸盐含量。

表 4－4 九寨沟三个湖泊的硝酸盐、总氮、总磷和溶解氧含量

	硝酸盐（NO_3^-）mg/L	总氮（TN）mg/L	总磷（TP）mg/L	溶解氧（DO）mg/L
芳草海	0.06 ± 0.02^a	0.99 ± 0.06^a	0.013 ± 0.003^a	9.24 ± 0.19^a
箭竹海	0.47 ± 0.04^b	1.21 ± 0.13^a	0.015 ± 0.001^a	9.48 ± 0.11^a
五花海	0.11 ± 0.01^a	1.14 ± 0.15^a	0.014 ± 0.001^a	8.58 ± 0.16^b

注：表中数字不同的上标字母代表显著性差异（$P<0.05$，Tukey's test)。

随着合成洗涤剂用量的增加，三聚磷酸盐作为合成洗涤剂的添加剂，使生活污水的含磷量比以往大大增加；有机磷农药和含磷化肥的大量使用，又使雨水径流中的含磷量提高。这些都使天然水体的含磷量有所增长，如果磷的浓度超过一定限度，就会引起水体的富营养化，因此天然水和废水中的磷浓度，也是一个非常重要的水质指标。天然水和废水中的磷绝大多数以各种形式的磷酸盐存在，也有有机磷的化合物，根据它们能否通过0.45 μm的滤膜，可将其分为溶解性磷与悬浮性磷，二者含磷量之和就是总磷。三个湖泊中总磷的含量较低，均低于0.016 mg/L。三个湖泊总磷没有显著性差异，但有细小的差异，其中芳草海中总磷含量最低（0.013 mg/L），箭竹海总磷含量最高（0.015 mg/L）。

溶解氧指溶解在水中的分子氧，其含量以每升水中溶解的分子氧的毫克数表示，即mg/L。水中溶解氧的多少是反映水质好坏的一个重要指标，溶解氧含量大有利于水中动植物的正常繁衍生息，保持清洁的水环境状态。芳草海和箭竹海的溶解氧含量极显著大于五花海，五花海最低为8.58 mg/L，芳草海和箭竹海的溶解氧含量没有显著性差异。

4.2.2 九寨沟水生植物干、湿重及其与水质相关性的研究

4.2.2.1 九寨沟沉水、挺水杉叶藻和水苦荬的干、湿重以及叶面积

从表4-5可以看出，三个湖泊的干重（$F_{2,23}=55.26$，$P<0.001$）、湿重（$F_{2,23}=61.00$，$P<0.001$）和叶面积（$F_{1,17}=13.56$，$P<0.001$）有极显著差异，其中箭竹海沉水杉叶藻的干

重、湿重和叶面积显著大于其余两个湖泊，而芳草海和五花海没有显著性差异。三个湖泊干、湿重比有极显著差异（$F_{2,23}=12.08$，$P<0.001$），表现为箭竹海>五花海>芳草海。

表 4-5　九寨沟三个湖泊沉水杉叶藻的干重、湿重、干/湿重比（每株植物）和叶面积

	干重（g） $n=8$	湿重（g） $n=8$	干/湿重比 $n=8$	叶面积（cm^2） $n=6$
芳草海	0.47±0.04[a]	5.17±0.27[a]	0.090±0.007[a]	0.76±0.07[a]
箭竹海	1.67±0.14[b]	13.02±0.83[b]	0.128±0.006[b]	1.06±0.01[b]
五花海	0.62±0.05[a]	5.34±0.47[a]	0.117±0.003[c]	0.83±0.03[a]

注：表中数字不同的上标字母代表显著性差异（$P<0.05$，Tukey's test）。

沉水杉叶藻和水苦荬的干重（$F_{2,23}=16.50$，$P<0.001$）、湿重（$F_{2,23}=103.50$，$P<0.001$）、干湿重比（$F_{2,23}=14.923$，$P<0.05$）和叶面积（$F_{1,11}=21.60$，$P<0.001$）有显著性差异，都是沉水水苦荬最大（见表 4-6）。

表 4-6　九寨沟芳草海沉水杉叶藻和水苦荬的干重、湿重、干/湿重比（每株植物）和叶面积

	干重（g） $n=8$	湿重（g） $n=8$	干/湿重比 $n=8$	叶面积（cm^2） $n=6$
沉水杉叶藻	0.47±0.04[a]	5.17±0.27[a]	0.090±0.007[a]	0.76±0.07[a]
沉水水苦荬	0.66±0.03[b]	10.46±0.44[b]	0.063±0.00[b]	6.53±0.27[b]

注：表中数字不同的上标字母代表显著性差异（$P<0.05$，Tukey's test）。

箭竹海挺水杉叶藻的干重（$F_{1,15}=8.44$，$P<0.05$）、湿重（$F_{1,15}=12.190$，$P<0.05$）和叶面积（$F_{1,11}=21.60$，$P<0.001$）显著大于五花海（见表 4-7）。但是，两者干、湿重比

之间没有显著性差异。

表 4－7　九寨沟两个湖泊挺水杉叶藻的干重、湿重、干/湿重比（每株植物）和叶面积

	干重（g）$n=8$	湿重（g）$n=8$	干/湿重比 $n=8$	叶面积（cm^2）$n=6$
箭竹海	2.25 ± 0.23^a	18.75 ± 1.80^a	0.120 ± 0.004^a	0.36 ± 0.01^a
五花海	1.51 ± 0.10^b	11.82 ± 0.83^b	0.131 ± 0.008^a	0.30 ± 0.01^b

注：表中数字不同的上标字母代表显著性差异（$P<0.05$，Tukey's test)。

4.2.2.2　九寨沟水生植物干、湿重与水质相关性

从表 4－8 可以看出，沉水杉叶藻的湿重分别与 pH、电导率和总硬度呈显著正相关（$P<0.05$），与硝酸盐呈极显著正相关（$P<0.01$），而湿重与水温呈显著负相关（$P<0.05$）。干重分别与电导率、硝酸盐和总硬度呈极显著正相关（$P<0.01$），与 pH 呈显著正相关（$P<0.05$）。干、湿重比与电导率、硝酸盐和总硬度呈极显著正相关（$P<0.01$），而与总磷呈正相关（$P<0.05$）。叶面积与电导率和总硬度呈正相关（$P<0.05$），与硝酸盐呈极显著正相关（$P<0.01$）。

表 4－8　沉水杉叶藻的湿重、干重、干/湿重比和叶面积分别与水质环境的相关性分析（Pearson 相关系数）

	湿重	干重	干/湿重比	叶面积
水温	-0.41^*	-0.337	0.175	-0.17
pH	0.48^*	0.432^*	0.316	0.442
电导率	0.47^*	0.55^{**}	0.69^{**}	0.57^*
硝酸盐	0.84^{**}	0.84^{**}	0.55^{**}	0.71^{**}
总氮	0.24	0.22	0.12	0.17

续表

	湿重	干重	干/湿重比	叶面积
总磷	0.07	0.14	0.48*	0.08
硫酸盐	−0.38	−0.37	−0.25	−0.34
溶解氧	0.36	0.33	0.02	0.16
总硬度	0.51*	0.59**	0.71**	0.59*

注：* 表示检验显著（$P<0.05$）；
**表示检验极显著（$P<0.01$）。

相关性分析结果（表 4−9）表明，挺水杉叶藻的湿重与水温呈显著负相关（$P<0.05$），但湿重分别与硝酸盐和溶解氧呈显著正相关（$P<0.05$）；干重与水温呈显著负相关（$P<0.05$），但与 pH 呈显著正相关（$P<0.05$）；叶面积与水温呈显著负相关（$P<0.05$）；干、湿重与水质环境指标没有相关性。

表 4−9　挺水杉叶藻的湿重、干重、干/湿重比和叶面积分别与水质环境的相关性分析（Pearson 相关系数）

	湿重	干重	干/湿重比	叶面积
水温	−0.55*	−0.50*	0.23	−0.84**
pH	0.49	0.56*	0.07	0.08
电导率	0.27	0.34	0.13	0.20
硝酸盐	0.55*	0.46	−0.32	0.70 *
总氮	0.06	0.06	−0.01	−0.002
总磷	0.06	0.04	−0.34	0.20
硫酸盐	0.22	0.25	−0.01	−0.26
溶解氧	0.51*	0.38	−0.41	0.52
总硬度	0.23	0.23	−0.03	0.26

注：* 表示检验显著（$P<0.05$）；
**表示检验极显著（$P<0.01$）。

4.2.3 九寨沟水生植物叶绿素荧光特性与水质相关性的研究

4.2.3.1 沉水杉叶藻叶绿素荧光参数与水质的相关性

由表4－10的结果可以看出，水温分别与ETR_{max}、E_k和qP呈显著正相关（$P<0.05$），但水温分别与叶绿素a和叶绿素（a+b）呈极显著负相关（$P<0.01$）。pH与F_v/F_m呈显著负相关（$P<0.05$）。电导率分别与叶绿素a和叶绿素a/b呈显著负相关（$P<0.05$）。叶绿素a分别与硫酸盐和溶解氧呈显著正相关（$P<0.05$），但与总硬度呈显著负相关（$P<0.05$）。总硬度与叶绿素（a+b）呈显著负相关（$P<0.05$）。其余水质环境指标，如硝酸盐、总氮、总磷与沉水杉叶藻的叶绿素荧光特性都无显著相关性。

表4－10 沉水杉叶藻的叶绿素荧光特性与水质环境的相关性分析（Pearson相关系数）

	ETR_{max}	α	E_k	F_v/F_m	Chl a	Chl b	Chl a/b	Chl (a+b)	qP	NPQ
T_w	0.58*	0.18	0.53*	−0.34	−0.71**	−0.40	−0.18	−0.68**	0.58*	0.15
pH	0.19	0.24	0.13	−0.55*	−0.36	−0.39	0.07	−0.42	0.33	−0.20
COND	0.20	0.22	0.10	−0.27	−0.55*	−0.02	−0.52*	−0.41	0.51	−0.16
NO_3^-	−0.22	0.08	−0.25	−0.24	0.10	−0.07	−0.05	−0.10	−0.03	−0.20
TN	0.17	−0.25	0.23	−0.32	−0.19	−0.21	0.12	−0.24	0.12	0.22
TP	0.35	−0.03	0.41	−0.20	0.10	−0.25	0.39	−0.03	0.26	−0.33
SO_4^{2-}	−0.07	0.02	−0.01	0.13	0.61*	0.13	0.25	0.50	−0.11	−0.14
DO	−0.34	0.01	−0.29	0.14	0.61*	−0.03	0.50	0.43	−0.36	−0.05
Hardness	0.18	0.22	0.09	−0.39	−0.63*	−0.17	−0.42	−0.53*	0.51	−0.16

注：*表示检验显著（$P<0.05$）；
**表示检验极显著（$P<0.01$）。

4.2.3.2 挺水杉叶藻叶绿素荧光特性与水质的相关性

由表4－11的结果可以看出，水温与ETR_{max}呈显著的正相关（$P<0.05$）。pH 与 α 呈显著的负相关（$P<0.01$）。其余水质环境指标与挺水杉叶藻的叶绿素荧光特性无显著相关性。

表 4－11　挺水杉叶藻的叶绿素荧光特性与水质环境的相关性分析（Pearson 相关系数）

	ETR_{max}	α	E_k	F_v/F_m	Chl a	Chl b	Chl a/b	Chl (a+b)	qP	NPQ
T_w	0.75*	0.30	0.61	−0.32	−0.39	−0.27	0.06	−0.43	0.10	0.33
pH	0.07	−0.75*	0.23	−0.27	−0.21	0.06	−0.09	−0.14	−0.17	0.24
COND	−0.19	0.15	−0.20	0.13	0.45	0.14	0.11	0.42	0.10	−0.30
NO_3^-	−0.50	−0.53	−0.36	0.17	0.29	0.36	−0.19	0.39	−0.35	−0.17
TN	0.16	0.13	0.09	−0.43	0.07	0.17	−0.15	0.13	0.27	0.61
TP	−0.37	0.14	−0.29	0.36	0.46	0.52	−0.22	0.60	0.37	−0.63
SO_4^{2-}	−0.13	0.56	−0.29	0.46	0.17	0.14	−0.20	0.20	−0.40	−0.35
DO	−0.29	−0.45	−0.18	0.11	0.26	0.39	−0.17	0.37	−0.30	−0.24
Hardness	−0.15	0.17	−0.15	−0.08	0.30	0.27	0.03	0.36	0.17	−0.04

注：*表示检验显著（$P<0.05$）；
**表示检验极显著（$P<0.01$）。

4.2.4 湖泊水质对沉水杉叶藻生物量和最大潜在相对电子传递速率的影响

4.2.4.1 三个湖泊沉水杉叶藻生长生态特征

本试验结果显示，沉水杉叶藻的生物量（$P<0.01$）、株高（$P<0.01$）和叶面积（$P<0.01$）在三个湖泊之间均存在极显著性差异（见表 4－12），其中箭竹海沉水杉叶藻的生物量、株高和叶面积均显著大于其他两个湖泊，其生物量、株高和叶面积分别为 2004.12 $g\cdot m^{-2}$、90.3 cm 和 71.06 cm^2，芳草海和箭竹海之间均无显著性差异。

表 4－12 三个湖泊杉叶藻的生物量、株高和叶面积

	生物量（$g \cdot m^{-2}$） $n=6$	株高（cm） $n=6$	叶面积（cm^2） $n=6$
芳草海	564.32 ± 48.34^a	62.72 ± 8.76^a	0.76 ± 0.07^a
箭竹海	2004.12 ± 168.21^b	90.37 ± 7.43^b	1.06 ± 0.01^b
五花海	744.43 ± 60.03^a	67.21 ± 5.34^a	0.83 ± 0.03^a

注：表中数字不同的上标字母代表显著性差异（$P<0.05$，Tukey's test）。

4.2.4.2 湖泊水质对杉叶藻生物量的影响

杉叶藻的生物量与湖泊水质通径分析结果（表 4－13）表明：从相关系数的大小来看，湖泊水质对杉叶藻的生物量影响的大小顺序为 NO_3^- > Hardness > COND > pH > SO_4^{2-} > T_w > DO > TN > TP。其中，pH、COND、Hardness、NO_3^-、TN、TP、DO 与生物量呈极显著正相关，而 T_w、SO_4^{2-} 与生物量呈显著的负相关。各湖泊水质对生物量直接通径系数的大小依次为 Hardness > NO_3^- > SO_4^{2-} > DO > TP > pH > TN > COND > T_w；NO_3^- 正向的直接作用远大于其对 pH、COND、SO_4^{2-} 和 TN 的负向间接作用，故表现为其与生物量呈显著的正相关性；直接作用较小的 COND 通过 Hardness 的间接作用为较大正向值（0.746），虽然 COND 的其他间接作用为负向值，但其与生物量仍呈正相关。生理因子的决策系数顺序为 $R^2(NO_3^-)$ > R^2(Hardness) > $R^2(T_w)$ > R^2(DO) > R^2(TP) > R^2(pH) > R^2(TN) > $R^2(SO_4^{2-})$ > R^2(COND)，其中 R^2(pH)、R^2(COND)、$R^2(SO_4^{2-})$ 和 R^2(TN) 均小于 0。因此，影响杉叶藻生物量的湖泊水质因子为 NO_3^-、Hardness、T_w、DO 和 TP，其中 NO_3^- 为主要决定因子；限制因子为 pH、COND、SO_4^{2-} 和 TN，其中 COND 为主要限制因子。

表 4－13　杉叶藻的生物量与湖泊水质通径系数

湖泊水质	直接通径系数	间接通径系数									相关系数	决策系数
		T_w	pH	COND	SO_4^{2-}	Hardness	NO_3^-	TN	TP	DO		
T_w	−0.329	—	−0.0004	−0.108	−0.018	0.308	−0.213	−0.008	0.001	−0.004	−0.371*	0.136
pH	−0.005	−0.028	—	−0.090	−0.0201	0.296	0.291	−0.048	0.001	0.002	0.399*	−0.004
COND	−0.321	−0.110	−0.001	—	−0.060	0.746	0.334	−0.022	0.001	−0.001	0.565**	−0.466
SO_4^{2-}	0.100	0.059	0.001	0.192	—	−0.500	−0.266	0.036	0.00001	0.001	−0.376*	−0.085
Hardness	0.779	−0.130	−0.002	−0.307	−0.064	—	0.334	−0.037	0.001	−0.001	0.572**	0.284
NO_3^-	0.598	0.117	−0.002	−0.179	−0.045	0.435	—	−0.045	0.001	0.004	0.883**	0.698
TN	−0.139	−0.019	−0.002	−0.050	−0.026	0.206	0.193	—	−0.0001	0.001	0.164	−0.065
TP	0.005	−0.053	−0.001	−0.047	−0.0002	0.124	0.089	0.003	—	0.002	0.122	0.001
DO	0.008	0.177	−0.001	0.041	0.010	−0.122	0.263	−0.010	0.001	—	0.368*	0.006

注：* 表示检验显著（$P<0.05$）；

** 表示检验极显著（$P<0.01$）。

为了深入探讨上述哪个湖泊水质因子是影响杉叶藻生物量最主要的因子，将以上各因子与杉叶藻生物量进一步作逐步回归分析，最终得到回归方程：$y=0.372+2.541x$（x 为 NO_3^-，$R=0.883$，$P<0.01$）。因此，再次证明湖泊 NO_3^- 含量是影响生物量最为重要的因子。

4.2.4.3 湖泊水质对杉叶藻 ETR_{max} 的影响

杉叶藻的最大相对电子传递速率与湖泊水质通径分析结果（表 4－14）表明：T_w、pH、COND、Hardness、TN 和 TP 与 ETR_{max} 呈极显著正相关，而 SO_4^{2-}、NO_3^-、DO 与 ETR_{max} 呈显著的负相关。湖泊水质对杉叶藻生物量影响的大小顺序为 T_w＞DO＞Hardness＞COND＞NO_3^-＞SO_4^{2-}＞TP＞pH＞TN。各湖泊水质因子对 ETR_{max} 直接通径系数的大小依次为 COND＞T_w＞SO_4^{2-}＞TN＞TP＞pH＞Hardness＞DO＞NO_3^-；尽管 T_w 通过 SO_4^{2-} 和 Hardness 对 ETR_{max} 的间接作用均为负值，但 T_w 的直接作用（0.437）远高于这些间接作用，所以没有影响 T_w 与 ETR_{max} 呈极显著正相关；Hardness 对 ETR_{max} 的直接作用不大（－0.107），但被 COND 正间接作用（0.737）所掩盖而使其与 ETR_{max} 正相关。生理生态因子的决策系数顺序为 R^2（T_w）＞R^2(COND)＞R^2（DO）＞R^2（NO_3^-）＞R^2（TP）＞R^2（pH）＞R^2(TN)＞R^2（SO_4^{2-}）＞R^2（Hardness），其中的 R^2（pH）、R^2(TN)、R^2(SO_4^{2-}）和 R^2(Hardness）小于 0。因此，影响杉叶藻 ETR_{max} 的湖泊水质因子为 T_w、COND、DO、NO_3^- 和 TP，其中 T_w 为主要决定因子，Hardness 为主要限制因子。

将上述各湖泊水质因子与杉叶藻 ETR_{max} 进行逐步回归分析，最终得到回归方程：$y=4.917x_1+0.071x_2-19.735$（$x_1$ 为 T_w，x_2 为 COND，$R=0.939$，$P<0.01$）。可见，湖泊 T_w、COND 含量是影响沉水杉叶藻净光合速率最重要的因素。

表 4-14　杉叶藻的最大相对电子传递速率与湖泊水质通径系数

湖泊水质	直接通径系数	间接通径系数									相关系数	决策系数
		T_w	pH	COND	SO_4^{2-}	Hardness	NO_3^-	TN	TP	DO		
T_w	0.437	—	0.005	0.259	−0.022	−0.043	0.173	0.007	0.016	0.075	0.908**	0.603
pH	0.058	0.039	—	0.223	−0.026	−0.042	−0.246	0.034	0.024	−0.040	0.023	−0.001
COND	0.765	0.148	0.017	—	−0.074	−0.103	−0.269	0.015	0.017	0.018	0.534*	0.232
SO_4^{2-}	0.119	−0.080	−0.013	−0.475	—	0.071	0.219	−0.029	0	−0.019	−0.207	−0.063
Hardness	−0.107	0.174	0.023	0.737	−0.079	—	−0.272	0.027	0.021	0.020	0.544*	−0.128
NO_3^-	−0.475	−0.160	0.030	0.433	−0.055	−0.061	—	0.036	0.017	−0.059	−0.294	0.054
TN	0.101	0.028	0.019	0.117	−0.035	−0.029	−0.169	—	−0.001	−0.012	0.021	−0.006
TP	0.096	0.073	0.015	0.132	0	−0.023	−0.086	−0.001	—	−0.034	0.172	0.024
DO	−0.125	−0.261	0.019	−0.112	0.018	0.017	−0.223	0.009	0.026	—	−0.634**	0.143

注：* 表示检验显著（$P<0.05$）；
** 表示检验极显著（$P<0.01$）。

4.3 讨论

4.3.1 九寨沟水质特征

从表 4-3 可以看出，九寨沟水体 pH 值在 8.13～8.41 间变化，其中以箭竹海最高，箭竹海 pH 为 8.41。历史资料表明，箭竹海上游水体 pH 在 7.4～8.0 间变化，如芳草海的 pH 为 8.13，而到达箭竹海时增至 8.4，说明此处接纳了偏碱性水。其原因主要是箭竹海有来自长海经地下岩溶裂隙的地下岩溶水补入，该岩溶水偏碱性，可能是这一岩溶过程为封闭系统，即地下二氧化碳的补给不充足。携有侵蚀性二氧化碳的地表水转入地下后，二氧化碳因溶蚀碳酸钙被消耗掉，而由于九寨沟地下二氧化碳含量很低，无法向水中补充二氧化碳，导致水中游离二氧化碳含量降低，pH 值升高①。

九寨沟地区分布地层岩性以灰岩、白云岩为主，水化学类型主要为 HCO_3—Ca 和 HCO_3—Mg，九寨沟水体总硬度为 167.13～214.31 mg/L，属于微软至硬水。五花海的补给主要来自箭竹海的渗漏，其总硬度与箭竹海基本相当。九寨沟箭竹海和五花海的总硬度显著大于芳草海，有研究表明其电导率与 Ca^{2+} 和 HCO_3^- 呈显著正相关[343]，因此芳草海的电导率显著低于另外两个湖泊。

天然水体中的总磷分为正磷酸盐、缩合磷酸盐和有机结合磷

①苏君博. 九寨沟水文地球化学特征及对景观演化影响研究［D］. 成都：成都理工大学硕士学位论文，2005.

酸盐，它们广泛存在于天然水体的腐殖质粒子中和水生生物中，磷是生物生长的必需元素之一。但水体中磷含量过高，可造成藻类的大量繁殖，直至数量上达到有害的程度（湖泊的富营养化），造成湖泊的透明度降低，水质变坏①。从表 4－4 可以看出，九寨沟芳草海、箭竹海和五花海的总磷含量分别为 0.013 mg/L、0.015 mg/L 和 0.014 mg/L，而总氮含量在 0.99～1.21 mg/L 之间。以中国水利部水利水电规划设计总院在全国水资源调查评价中采用湖泊富营养化评价指标和营养状态级别所规定的总氮和总磷指标标准限值为依据②，九寨沟三个湖泊的总氮含量在轻度富营养化范围，而总磷含量在中营养程度。

水中的 DO 含量与大气压力、水温及其含盐量等因素有关。大气压下降、水温升高、含盐量增加，都会导致 DO 含量降低。研究表明，芳草海和箭竹海的水温显著低于五花海，因此芳草海和箭竹海的 DO 含量显著高于五花海。由于箭竹海的水温较低，其溶解氧含量也较高，可以促进 NH_4—N 转换成 NO_3^-③。

4.3.2 水质对九寨沟水生植物叶绿素荧光特性和生长的影响

4.3.2.1 水质对九寨沟水生植物叶绿素荧光特性的影响

温度是水环境极为重要的因素。表 4－10 结果显示，水温分

①周凯，黄长江，姜胜，等. 2000—2001 年粤东拓林湾营养盐分布 [J]. 生态学报，2002，22（12）：2116－2124.

②水利部水利水电规划设计总院. 全国水资源保护综合规划技术细则 [R]. 北京：水利部水利水电规划设计总院，2002：35－36.

③Hu LM，Hu WP，Deng JC，et al. Nutrient removal in wetlands with different macrophyte structures in eastern Lake Taihu，China [J]. Ecological Engineering，2010，36：1725－1732.

别与沉水杉叶藻的 ETR_{max}、E_k 和 qP 呈显著正相关（$P<0.05$）。第 2 章的研究结果也表明，五花海的水温显著高于芳草海和箭竹海，因此五花海 ETR_{max}、E_k 和 qP 也显著大于另外两个湖泊。温度直接影响着有机体的代谢强度，是一切酶促反应的控制因子，它对光合作用的初光反应过程影响不大，对暗反应的诸酶促反应过程的影响很大。光合过程中的暗反应是由一系列酶所催化的化学反应，而温度直接影响酶的活性。核酮糖－1，5－二磷酸羧化/加氧酶（Rubisco）是控制植物光合碳代谢与光呼吸的关键酶。碳酸酐酶主要是催化 CO_2 和 HCO_3^- 之间的相互转化，在光合作用 CO_2 固定过程中具有重要作用。因此，水温与水生植物的生长及初级生产力的关系都很密切。

温度分别与沉水杉叶藻的叶绿 a 和叶绿素（a+b）呈极显著负相关（$P<0.01$）。有研究表明，低温直接影响了光合机构的结构和活性，包括叶绿体类囊体膜的组分、透性和流动性等，叶绿体的亚显微结构的破坏、叶绿素含量的降低等；光化学反应活性的降低；暗反应酶活性的降低等①。但是，九寨沟沉水杉叶藻的叶绿素含量随温度的降低反而升高，这可能是由于不同物种对温度的适应性的途径不同，有的种通过形态学变化（比如茎叶伸长），而有的种则通过光合可塑性（比如叶片的叶绿素和蛋白质含量），这有可能解释温度对叶绿素含量的影响。

由表 4－10 的结果可以看出，电导率分别与叶绿素 a 和叶绿素 a/b 呈显著负相关（$P<0.05$）。这可能主要是因为沉水杉叶藻对水体中营养物的吸收利用以及茎叶对水体悬浮物的吸附作用，有效降低了水体营养物的浓度和悬浮物的含量，从而使水体

---

①许大全．光合作用气孔限制分析中的一些问题［J］．植物生理学通讯，1997，33（4）：241－244.

透明度提高，电导率下降①②③。叶绿素是光合作用的光敏催化剂，其含量和比例在一定程度上反映了植物光合能力和对环境因子改变生态适应能力的大小。当水体的透明度提高时，沉水植物接受的光合有效辐射增强，而叶绿素 a 是光合反应中心复合体的主要组成成分，其中处于特殊状态的反应中心叶绿素 a 分子是执行能量转化的光合色素，保持体内有相对较高的叶绿素 a 含量可以保证植物体对光能的充分利用，提高转化率。同时，叶绿素 a/b 值是衡量植物耐阴性的重要指标，因此叶绿素 a/b 值越小，表明其耐阴性越强④，叶绿素 a/b 值随光合有效辐射的升高而升高⑤。另外，水体透明度高，则水体中溶解的 DO 含量高，本研究结果显示叶绿素 a 含量与溶解氧呈显著正相关（$P<0.05$）。

有研究表明，光合作用日变化对水体的 pH 和 DO 有明显的影响⑥。从清晨开始，随着光强与光合作用的逐渐升高，植物不断消耗水体中的 CO_2 并放出 O_2，导致水体内 pH 和 DO 不断升高[203]。植物光合作用总反应式为：

$$6CO_2+12H_2O \longrightarrow C_6H_{12}O_6+6H_2O+6O_2\uparrow$$

由植物的光合作用可以看出：水中植物的光合作用使水里的 CO_2 迅速减少，而 CO_2 的减少打破了水中原有的碳酸盐平衡：

$$2HCO_3^- = CO_3^{2-}+CO_2\uparrow+H_2O$$

①倪乐意．在富营养型水体中重建沉水植被的研究［A］．刘建康主编．东湖生态学研究（二）［C］．北京：科学出版社，1995：302－311.

②American Public Health Association．The Standard Method for the Examination of Water and Wastewater（16th edition）［M］．Balimore，Maryland：Port City Press，1985.

③黄玉瑶．内陆水体污染生态学［M］．北京：科学出版社，2001：265－267.

④白伟岚．园林植物的耐阴性研究［J］．林业科技通讯，1999，(2)：12－15.

⑤朱云华，朱生树，徐友新，等．11 种观赏地被植物引种栽培和耐阴性试验［J］．金陵科技学院学报，2007，23（2)：78－83.

⑥王传海，李宽意，文明章，等．苦草对水中环境因子影响的日变化特征［J］．农业环境科学学报，2007，26（2)：798－800.

当水中的CO_2浓度较低时，上面的化学平衡式向右移动，此时一部分HCO_3^-转化成了CO_3^{2-}，随着HCO_3^-浓度的下降，CO_3^{2-}浓度上升，水体的pH值逐渐升高。白天时光强增大，同时直接作为最适状态下光合作用光化学反应效率的指标F_v/F_m下降，表明植物发生光抑制；另外光强增大，光合作用逐渐加强，pH升高。因此本研究表明，pH与F_v/F_m呈显著的负相关。

近20年来，人们发现钙可以作为外界刺激信号（光、温度、pH、激素等）的“第二信使”，广泛参与并调节植物体内的生理生化反应。钙能稳定细胞壁结构，控制细胞壁酶活性，保证细胞的完整性，对氨基酸的有机代谢产物的积累及无机离子的吸收等都有明显的促进作用。特别是钙调素与钙结合，通过调节基因的表达过程，使酶活性等对植物代谢和发育产生调控作用。有研究结果认为，适当浓度Ca^{2+}能明显提高叶绿体PSⅡ光化活性和原初光能转化效率，能增加低温下植物的叶绿素含量，避免光抑制作用，提高植物的抗旱性①②。另外，镁在植物体内是叶绿素的重要组成成分，是被绿色植物叶绿素a和叶绿素b的卟啉环所束缚的中心原子，叶绿素束缚的镁在植物营养中起着非常重要的作用③。缺少镁时，植物不能合成叶绿素，叶片的叶脉间出现失绿现象。镁在光合作用中的地位也十分重要，它除了作为叶绿素的成分，还参与光合磷酸化作用。在光合作用中，镁主要活化二磷酸核酮糖羧化酶。在光照条件下，类囊体内的Mg^{2+}与基质中的

①梁颖，王三根. Ca^{2+}对冷害水稻幼苗某些生理特性的影响［J］. 西南师范大学学报（自然科学版），1997，22（4）：411－415.

②林葆，周卫. 花生荚果钙素吸收调控及其与钙素营养效率的关系［J］. 核农学报，1997，11（3）：168－172.

③Bohn T，Walczyk T，Leisibach S，et al. Chlorophyll-bound magnesium in commonly consumed vegetables and fruits：Relevance to magnesium nutrition［J］. Journal of Food Science，2004，69（9）：347－350.

H^+进行交换后进入基质，使二磷酸核酮糖羧化酶活化，从而促进了CO_2的固定。同时，镁也是植物酶的重要组成部分，是植物体内多种酶的活化剂，Mg^{2+}与三磷酸腺苷（ATP）或二磷酸腺苷（ADP）及酶分子之间呈桥式结合，这样可能有利于键的断裂，促进磷酸化作用，主动参加不同的代谢过程，如光合作用、呼吸作用等①。由于九寨沟地区分布地层岩性以灰岩、白云岩为主，水体中含有丰富的Ca^{2+}离子，已经显著超出植物所需要的，所以水体总硬度分别与叶绿素 a 和叶绿素（a+b）呈显著负相关（$P<0.05$）。

硫是植物生长的必需营养元素之一，是继氮、磷、钾之后的第 4 位营养元素。植物主要由根系吸收SO_4^{2-}，在合成蛋白质、脂肪、酶和辅酶时，都需要硫的参与；硫也是叶绿素膜的重要结构物质②。在一定范围内增加硫，可以提高叶片的叶绿素含量③④⑤，但是超过一定的水平，叶片中叶绿素含量下降⑥⑦⑧。本研究结果显示，叶绿素 a 与硫酸盐呈显著的正相关性（$P<0.05$），水体中硫酸盐升高，沉水植物叶片的叶绿素 a

①徐畅，高明．土壤中镁的化学行为及生物有效性研究进展［J］．微量元素与健康研究，2007，24（5）：51－54．

②马强．土壤与植物中的硫素营养研究进展［J］．农技服务，2011，28（2）：165－167．

③郑长焰．硫对圆叶决明若干生理代谢以及产量和品质的影响［D］．福州：福建农林大学硕士学位论文，2007．

④马春英．硫对小麦光合特性及产量和品质的影响规律研究［D］．保定：河北农业大学硕士学位论文，2003．

⑤马春英，李雁鸣，韩金玲．不同种类硫肥对冬小麦光合性能和子粒产量现状的影响［J］．华北农学报，2004，（1）：1－5．

⑥刘丽君．硫素营养对大豆产质量影响研究［D］．哈尔滨：东北农业大学博士学位论文，2005．

⑦马仲文．福建植烟土壤硫素营养状况与烤烟施用硫肥效益的研究［D］．福州：福建农林大学硕士学位论文，2005．

⑧朱英华．烤烟硫营养特性及其调控技术研究［D］．长沙：湖南农业大学博士学位论文，2008．

含量增大。

由表 4－11 的结果可以看出，挺水杉叶藻的 ETR_{max} 与水温呈显著的正相关（$P<0.05$），与沉水杉叶藻一致。由此可见，水温是九寨沟水生植物光合作用的限制性因子。本研究表明，沉水杉叶藻的叶绿素荧光特性除了受水温和 pH 的影响，还受电导率、硫酸盐、溶解氧和总硬度的影响，但挺水杉叶藻叶绿素荧光特性仅受到水温和 pH 的影响，说明沉水杉叶藻生长时完全浸入水体中，受到水质环境的影响更大。

4.3.2.2 水质对九寨沟水生植物生长的影响

氮是植物体内许多重要有机化合物的组分，例如蛋白质、核酸、叶绿素、酶、维生素、生物碱和一些激素等，这些物质涉及遗传信息传递、细胞器建成、光合作用、呼吸作用等几乎所有的生化反应。由表 4－8 可以看出，硝酸盐与沉水杉叶藻的湿重、干重、干/湿重比呈极显著正相关（$P<0.01$）。由于相对较低的水温，箭竹海的 ETR_{max} 并不是三个湖泊中最大的，但箭竹海的硝酸盐含量较高，使其湿重和干重最大，可见硝酸盐是九寨沟水生植物生长的主要影响因子。另外，植物在吸收营养物质时摄取的阴、阳离子数量不同，根系向水体中分泌的 OH^- 和 H^+ 数量也不同。植物根系吸收一个 NO_3^-—N，相应地释放一个 OH^- 到生长介质中，从而引起水体 pH 变化。氮是植物生长需要量最大的必需矿质元素，水体中 pH 升高幅度主要是由植物吸收 NO_3^-—N 的多少决定的，因此 pH 升高与植物 NO_3^-—N 吸收量增加完全吻合①。本研究结果显示，pH 分别与沉水杉叶藻的干重和湿重呈显著的正相关性（$P<0.05$）。

①门中华，李生秀. 硝态氮浓度对冬小麦幼苗根系活力及根际 pH 值的影响[J]. 安徽农业科学，2009，37（1）：92－93.

电解质在水溶液中离解成带电离子，其导电能力的强弱称为电导率。同时，电导率与水体中的营养物质含量成正相关关系[①②③]，水体中的电导率高，植物可以吸收的营养物质就多，因此电导率分别与沉水杉叶藻的干重、湿重、干/湿重比和叶面积呈显著正相关。本研究表明，九寨沟沉水杉叶藻的干重、湿重、干/湿重比和叶面积都与水体的总硬度呈显著正相关。有研究认为：①高钙生长条件下的植株叶绿素含量高，保证植株有较长的时间以较强的光合强度进行光合产物的积累，从而促进了生长发育，这是形成高大健壮植株的物质生理基础。②高钙生长条件下的植株的过氧化氢酶（CAT）和过氧化物酶（POD）活性高，高活性持续时间也比较长，有利于及时清除植株体内过氧化物的积累，保证了其生理代谢的正常进行。而低钙处理植株的活性氧防御系统活性低，清除活性氧的速率慢，活性氧的大量积累可导致植株蛋白质合成受阻，细胞原生质膜脂受到损伤[④]，最终植株发育停滞，严重者死亡。③高钙生长条件下植株 O_2 产生速率慢，脂质过氧化产物丙二醛（MDA）与质膜透性较低，对植株正常代谢的进行也是有利的。因此，通过适当增施钙肥，提高植株叶绿素的含量和增强植株对过氧化物、细胞膜的防护机制，可保证植物正常的生长发育，从而提高生产量[⑤]。

株高、叶面积、生物量是衡量杉叶藻长势的重要表型特征；

---

①潘成荣，汪家权，郑志侠，等．巢湖沉积物中氮与磷赋存形态研究［J］．生态与农村环境学报，2007，23（1）：43－47.

②金相灿，庞燕，王圣瑞，等．长江中下游浅水湖沉积物磷形态及其分布特征研究［J］．农业环境科学学报，2008，27（1）：279－285.

③孙庆业，马秀玲，阳贵德，等．巢湖周围池塘氮、磷和有机质研究［J］．环境科学，31（7）：1510－1515.

④段咏新，宋松泉，傅家瑞．钙对杂交水稻叶片中活性氧防御酶的影响［J］．生物学杂志，1999，16（1）：18－20.

⑤张海平，单世华，蔡来龙，等．钙对花生植株生长和叶片活性氧防御系统的影响［J］．中国油料作物学报，2004，26（3）：33－36.

叶面积的大小对光合作用有直接影响，进而影响沉水杉叶藻的生物量。本研究表明，不同湖泊的杉叶藻的株高、叶面积、生物量均存在明显差异，这几个生长特征都是箭竹海的值最大，芳草海的值最小。进一步将湖泊水质与杉叶藻生物量进行通径分析及逐步回归分析发现，湖泊 NO_3^- 含量是决定杉叶藻生物量的重要因素。箭竹海的硝酸盐浓度升高，其沉水杉叶藻生物量也增加，说明在一定的营养盐浓度范围内，水生植物的生物量会随着营养盐浓度增加而增加。有机形态的氮通过微生物的转化作用，变成无机形态的氮，主要包括硝酸盐氮和氨氮，可以被水生植物和藻类吸收利用。水生植物优先吸收硝态氮，促使水生植物对硝态氮的去除效果最明显，同时硝态氮可以通过反硝化过程被去除，由于氮循环中微生物等作用的直接底物是硝态氮，是最活跃的氮形态，所以微生物和植物吸收共同影响水生植物对硝态氮的去除效果。有的研究也表明，黄花鸢尾（*Iris wilsonii*）对硝酸盐氮具有优先选择性，植物对营养盐的吸收随营养盐浓度增加而增加①。另外，矿化度和电导率是湖泊水化学的重要基础参数，它们直接反映了水体的离子总量，又可间接反映湖泊盐类物质积累的环境条件。通径分析显示，湖泊 COND 含量是杉叶藻生物量的主要限制因子，这可能是因为沉水杉叶藻吸收湖泊中营养物质以及茎叶对水体悬浮物的吸附作用，有效降低了水体悬浮物的含量和营养物的浓度，从而使水体透明度提高，电导率下降②。

九寨沟地区分布地层岩性以灰岩、白云岩为主，水化学类型主要为 HCO_3^-—Ca 和 HCO_3^-—Mg。九寨沟水体总硬度为

①周婕，曾诚．水生植物对湖泊生态系统的影响［J］．人民长江，2008，39(6)：88−91．

②黄玉瑶．内陆水体污染生态学［M］．北京：科学出版社，2001．

167.13～214.31 mg·L^{-1}。进行光合作用时是否利用重碳酸盐（HCO_3^-）是水生植物与陆生植物的最大区别。水体中无机碳源的存在形式受 pH 值的直接影响，从而影响到水生植物光合作用速率。CO_2是水生植物最容易利用的无机碳源形式，但一些沉水植物在碱性环境下对 HCO_3^- 或 CO_3^{2-} 的利用能力较强，表明水生植物具有适应环境胁迫的可塑性。研究发现，大约 50％的沉水植物不仅利用 CO_2，还将 HCO_3^- 作为无机碳源①。九寨沟三个湖泊水体 pH 大小基本介于 8.0～8.5 之间，箭竹海 pH 值最高可达 8.41，说明三个湖泊水体处于偏碱水平，而沉水杉叶藻在九寨沟湖泊能较好地生长，说明这些沉水杉叶藻具有较强的耐受 pH 的能力②。九寨沟湖泊具有岩溶地下水的显著特征，表现为高 HCO_3^- 含量和偏碱性，也就是说，岩溶水体中丰富的重碳酸盐离子为光合作用提供了有利条件。植物生长发育所必需的矿质营养元素是钙，其在植物体内发挥着重要的生理功能。但是，植物体内的 Ca^{2+} 浓度较高会影响植物的光合作用和生长速率，严重时甚至会破坏细胞器而导致植物死亡③，本研究结果也显示，湖泊水体总硬度是杉叶藻 ETR_{max}的主要限制因子。

挺水杉叶藻的湿重与硝酸盐含量呈显著正相关（$P<0.05$），这与沉水杉叶藻一致，可见水体中的硝酸盐含量是九寨沟水生植物生长的主要影响因子，也是九寨沟不同湖泊同一水生植物生长情况存在差异的重要因素。本研究表明，水温与九寨沟水生植物的光合特性呈显著正相关，水温高使五花海水生植物的光合能力

---

①Prins H B A，Elzenga J T M. Bicarbonate utilization：Function and mechanism [J]. Aquatic Botany，1989，34（1）：50－83.

②Baur M，Mayer A J，Heumann H G，et al. Distribution of plasma membrane H^+－ATPase and polar current patterns in leaves and stems of Elodea Canadensis [J]. Acta Botanica，1996，109：382－387.

③姬飞腾，李楠，邓馨. 喀斯特地区植物钙含量特征与高钙适应方式分析 [J]. 植物生态学报，2009，33（5）：926－935.

（ETR_{max}）较强；但湖泊中硝酸盐含量对九寨沟水生植物干、湿重和叶面积有影响，箭竹海的硝酸盐含量最高，使其水生植物干、湿重最大，因此湖泊水温与九寨沟水生植物的生长状况呈显著负相关。

5 九寨沟湖泊湿地景观保育对策

湿地是陆地与水体的过渡地带，被称作地球之肾，与森林、海洋并列为全球三大生态系统①。湿地是与人类关系最为密切的生态系统之一，其不但可以为人类生产、生活提供原材料，也是重要的物种基因库，还具有调节气候、涵养水源、净化水质、保护生物多样性等功能。许多拥有特殊景观资源的湿地，如三江平原湿地、若尔盖湿地、千岛湖、九寨沟等已成为国内外著名风景区。近些年来，由于自然和人为两方面因素的共同影响，我国湿地退化加剧。第二次全国湿地资源调查结果表明，近 10 年间，我国湿地面积减少了 339.63 万公顷，接近于一个海南省的总面积。

九寨沟于 1984 年正式对外开放，从起初鲜为人知的小山沟变成世界闻名的旅游胜地，在湿地景观保育方面采取了有效措施，积累了不少经验。泥石流等自然灾害和旅游活动干扰是九寨沟湿地景观保育过程中需要解决的主要问题。本书通过梳理九寨沟湿地景观保育管理过程中采取的关键技术措施，形成了一套湿地景观保育技术体系，可为其他湿地主题景区的景观保育和可持续发展提供参考。

---

①温连芳．东营市城市湿地景观生态设计研究［D］．齐齐哈尔：齐齐哈尔大学硕士学位论文，2013.

5.1 九寨沟湖泊湿地景观面临的威胁

湖泊湿地是九寨沟湿地的主要代表，也是九寨沟美景的主要载体。与我国湖泊型湿地所面临的主要问题相似，受自然和人为活动的双重影响，九寨沟湖泊湿地面临着泥沙淤积、湖泊面积萎缩、湖泊水质恶化等问题，气候变化和持续的旅游压力是九寨沟湿地景观保育过程中面临的主要威胁。

5.1.1 气候变化对湿地景观保育的威胁

气候变化主要通过降水格局变化、气温升高、蒸发变化、极端气候事件增加和海平面上升等，影响湿地生态系统。九寨沟地质灾害资料显示，受强降雨天气的影响，脆弱的九寨沟生态环境仍然面临着泥石流、洪水等威胁。1984 年丹祖沟发生的 4 次泥石流，使其下游镜海水体透明度严重下降，泥沙淤积镜海上游区，形成沼泽，湖泊水域面积减小；2013 年 7 月景区出现一次降雨量为 29 mm 的降雨，引发藏马龙里沟泥石流，泥水随径流进入草海、天鹅海，造成两湖水色浑浊，浑浊时间持续一周。

5.1.2 旅游等人类活动威胁

九寨沟游客人数从起初的 2.7 万人次/年上升到 2016 年的 500 万余人次/年，增长了 180 多倍。游客人数的快速增长，带来了显著的经济效益和社会效益，但是也加大了对九寨沟湿地生态环境的压力。研究表明，旅游活动引起地表径流中氮、磷向湖泊的输入加大；旅游干扰使林下耐阴喜湿的乡土植物局部消失，而喜旱耐扰动的植物种群扩大，外来和伴人植物种群侵入；以交通为主的旅游活动使景区内道路灰尘的重金属含量增高；区域大气污染和旅游活动对九寨沟大气环境有着负面的影响。旅游活动造成的上述变化，对九寨沟湖泊湿地造成了直接或间接的影响。

5.2 九寨沟湿地景观退化的关键驱动因子

受自然和人为活动的双重影响，九寨沟湿地已经出现了退化现象。根据多年的观察及监测，引起九寨沟湿地退化的驱动因子主要包括环境因素和人为因素两个方面。

5.2.1 环境因素

近百年来，全球平均温度升高了（0.6±0.2)℃，我国升高了（0.4±0.5)℃。气温升高会引起湖泊蒸发量、水温、生物活动等发生改变，从而影响整个湖泊生态系统。九寨沟是一个独立的岩溶水文地质结构单元，降水是九寨沟水资源的根本保障。研究表明，九寨沟地区 1959—2002 年期间降水呈减少趋势，1997 年水位最低，熊猫海瀑布全年断流，火花海见底。

5.2.2 人为因素

九寨沟景区内没有工业生产，区内少数耕地于 2000 年响应国家“退耕还林（草)”政策，全部退耕还林、还草，居民收入直接或间接地来源于旅游服务业。干扰九寨沟湿地景观生态系统的人类活动主要与旅游服务业相关，表现在基础设施改扩建、观光车运行、游客旅游活动等。此外，1966—1978 年的森林采伐也对湿地生态系统产生了一定的影响。大规模的森林砍伐，直接破坏了涵养水源的森林生态系统及地表植被，造成环境退化，使得水土流失加剧。自 20 世纪 70 年代以来，九寨沟泥石流活动趋于强烈，仅 1980—1985 年就发生大型泥石流 10 次，泥石流发生趋于活跃。大量的陆地物质随着地表径流进入湖泊，造成湖泊淤积，水草蔓延加速，水位下降，库容减小等危害。

5.3 构建湿地景观保育技术体系

为了保护九寨沟湿地生态系统，充分发挥湿地的生态功能、景观功能，减少地质灾害等自然活动和旅游等人为活动对湿地生态系统的干扰，九寨沟采取了一系列景观保育措施，构建了九寨沟湿地景观保育技术体系，有效地缓解了湿地生态系统的退化，降低了九寨沟湿地生态系统退化驱动因子的干扰程度。

5.3.1 水土流失监测及防治体系

5.3.1.1 建立、健全地质灾害巡查、监测制度

九寨沟湖泊湿地主要分布在沟谷谷底，沟谷两侧山体坡度大，断层发育，强降雨等极端天气不但会使已治理的滑坡、崩塌、泥石流等灾害点活动加剧，还会诱发新的灾害点形成。九寨沟制定实施地质灾害巡查、监测制度，落实地质灾害防治责任制，充分发动居民和一线工作人员，群策群防，及时掌握灾害点动态，填报灾害巡查、监测台账等，为灾害治理工程建设等提供可靠资料和科学依据。

5.3.1.2 建立年度地质灾害隐患点排查制度

每年一次的地质灾害隐患点排查工作的时间安排在汛期来临前的3~5月，由管理局组织地质灾害监测员、居民，并委托具有资质的单位对威胁湖泊湿地周边区域和村寨进行拉网式排查，编写年度排查报告，提出治理建议。

5.3.1.3 加强泥石流治理等工程设施的建设和日常管理

1984年以来，九寨沟与中国科学院成都山地灾害与环境研究所合作，对区域内的14条泥石流沟进行了综合研究及工程治理，有效地缓减了泥石流等自然灾害对湖泊湿地生态系统和陆地生态系统的危害，保障了游客和景区居民的安全。为了充分发挥治理工程作用，管理局开展了泥石流治理工程日常巡护制度，建立了治理工程档案，包括工程建设时间、规模、泥石流等灾害发生情况（泥石流有或无及其规模），是否需要维护，维修建议等。

5.3.2 植被恢复保育技术体系

植被结构的改良和植被盖度的提高，不但可以增加土壤中有机质的含量水平，提高土壤肥力，还可以改善土壤的孔隙状况，防止水土流失，缓解九寨沟湖泊湿地生态系统向陆地生态系统的演变进程。

5.3.2.1 湖岸带植被恢复

为规范游客的旅游行为，有效保护和恢复湖岸带植被，九寨沟采取了一系列措施。这些措施主要包括：①通过旅游巴士的科学调度，合理分配栈道及景点游客的数量，充分发挥景区容量，避免游客离开栈道对湖岸带植被的破坏；②利用图文宣传、导游宣讲等方式，宣传文明游览规范；③工作人员直接干预不文明旅游行为（如离开栈道留影拍照，绿地上野餐等行为），减少对环境的压力；④对正在遭受影响或已遭受影响的湖岸带植被采取修复措施。

5.3.2.2 公路边坡植被恢复

公路边坡滑坡是九寨沟地质灾害类型之一。由于公路沿湿地景点建设，滑坡物质易随着径流进入湖泊湿地。公路边坡植被恢复措施主要包括：①加强公路边坡滑坡监测，及时进行滑坡带植被绿化；②在靠近山体的公路一侧修建挡墙，防止公路边坡固态物质移位；③边坡通过工程处理培育适合植物固着的基面，以利植物种子的固着和生长；④植被绿化种子资源为本地乔木、灌木及多年生草本植物；⑤在植被恢复过程中，早期草本种子比例占70％以上，利于快速绿化，后期以自然恢复为主；⑥在植物生长期，通过“人工打草”手段，增加植株的生长期，促进草本植物根系的生长。

5.3.2.3 雨水沟的修复与日常管理

为了防止公路路面积水，提高路面和路基的稳定性，减少交通工具污染物及公路滑坡物质随着径流流入湖泊湿地，公路两侧修建了雨水沟。雨水沟要求两面水泥硬化，底面为原土结构（便于雨水自然下渗），配有便捷的带孔水泥盖，雨水沟开口不能直接通向湖泊，防止泥沙、污染物随着流水进入水体。同时，建立了雨水沟定期巡查、清理制度。

5.3.3 构建湖泊湿地生态环境监测体系

湿地生态环境监测指标体系主要是一系列能敏感清晰地反映

生态系统基本特征及生态环境变化趋势的相互印证的项目，是生态环境监测的主要内容和基础，其指标涉及面广，包括湿地水质、水文监测；湿地生物多样性及珍稀濒危野生动植物和鸟类监测；湿地周边社会经济发展状况和湿地利用状况监测等。九寨沟景区是以湖泊湿地景观为核心的景点，建立湖泊湿地生态环境监测体系，正确评价湿地系统健康状况，分析湿地系统的变化趋势，是科学管理景区资源，制定并实施景观保育措施的重要保障。

5.3.3.1 泥沙沉积监测

泥沙沉积是湖泊演化过程中的自然现象，不合理的人为活动也会增加入湖泥沙量，加速湖泊湿地系统向陆地系统发展的进程。为掌握九寨沟湖泊湿地泥沙沉积速率，分析湖泊上游泥石流、洪水等自然灾害活动情况，评估工程治理效果等，九寨沟管理局开展了泥沙沉积速率的监测。在有泥石流等地质灾害活动影响的芳草海、箭竹海、镜海、犀牛海等湖泊上游设置观测点，在每个观测湖泊断面水平方向设置 3 个固定观测桩，垂直于断面每 10 m 做一个重复，共做 3 个重复，即每个监测点设置 9 个固定桩进行长期监测，监测时间为每年 5 月（汛期来临前）和 11 月（汛期结束），各观测记录一次。

5.3.3.2 挺水植物监测

为有效管理湖泊湿地，发挥湖泊湿地的生态功能和景观功能，九寨沟管理局在箭竹海、镜海、犀牛海及芦苇海等湖泊开展了挺水植物生长监测，包括挺水植物向湖心生长速度监测，湿地植物种类及丰度调查，3S 手段宏观分析湖泊水位变化、泥沙沉积及沼泽化进程现状等。

5.3.3.3 湖泊湿地植物管理

水生维管束植物与微生物、基质、水体及动物相互协同，使得整个湿地生态系统平衡运转，发挥良好的净化功能。同时，这些植物与水体景观共同构成了九寨沟的美景资源。由于挺水植物基本上为多年生草本，地上植株死亡后年复一年沉积在湖底，造成湖底淤积与营养盐分富集，加速了湖泊富营养化与沼泽化进程。芦苇海等湖泊湿地植物收割实验结果显示，科学合理地收割香蒲等水生维管束植物，既能充分发挥湿地系统的生态服务功能，又能减缓湖泊湿地沼泽化进程。以芦苇海、犀牛海为例，收割植物种类为芦苇和香蒲；收割方式为收割地上植株部分；收割时间为冬季霜降期前后。

5.3.3.4 水文水质监测

水是九寨沟湿地景观的灵魂，水环境质量的好坏除了直接影响湿地的生态功能，还严重影响了九寨沟的景观功能。2003 年九寨沟管理局设置了环境监测站，开展以水体监测为主的环境监测工作，及时掌握景区水文、水质现状，建立监测数据库，积累基础数据，为制定景区管理决策提供科学依据。

5.3.3.5 气象监测

降水是九寨沟湖泊湿地水量补给的最重要来源，同时局部强降水天气也可能诱发泥石流、洪水等灾害的发生，所以对降水等气象要素的监测是九寨沟湿地景观保育监测体系的重要内容。九寨沟在景区内的长海、则查洼、日则保护站、原始森林、扎如 5 个点建有气象自动观测站，数据实现远程传输。

5.3.4 建立长期的科学研究机制，搭建科研合作平台

九寨沟于 1996 年成立了科研部门，广泛开展森林、湿地、水文、水质、大气等基础数据的收集与分析工作。2006 年，九寨沟管理局与我国四川大学、美国加利福尼亚大学、华盛顿大学、约塞米蒂国家公园开始科研合作，成立了九寨沟生态环境与可持续发展国际联合实验室。2012 年，九寨沟风景名胜区管理局的生态保护国际联合研究中心申报为国家国际科技合作基地。2016 年，九寨沟与中国科学院成都山地所合作，成立了九寨沟院士工作站。各种科研平台的搭建，更加充分地整合了国内外科研机构、大学等科研力量与技术优势为九寨沟旅游可持续发展和保护事业服务，通过课题研究发现问题，解决问题。

5.4 加强对九寨沟生态水层的研究，保护好九寨沟地区的生态水系统

作为水资源系统，生态水层较易为人类加以控制、破坏和改造。生态水层不但能直接储存降水的一部分，而且更重要的是能对小气候环境起到缓冲调节的作用。如对暴雨截流缓冲，避免形成洪水与洪峰；在干旱季节能补充地表水与地下水，避免土地、河谷迅速干旱或断流；维系植被本身的生存。生态水发育良好区，水资源较丰富，生态环境运转良好；相反，生态水发育贫乏区，水资源则较贫乏，生态环境出现恶化趋势。因此，加强对九寨沟生态水层的研究及保护，对保护九寨沟景观水资源及生态环境有着重要的意义。

景观水量恢复，钙华则得以保护。钙华具有“与岩溶水共存亡”之独特的水文地质特性，对其修复只有从恢复“其形成的水文地质条件”入手，即工程堵漏，抬高地下水水位。可选择两种方案进行保护：一是采用物理方法在漏失区段形成防水帷幕，阻断地下水的径流途径；二是采用化学方法堵塞地下孔洞，改变含水层的透水性。需要特别指出的是，所采用的任何手段都应以不破坏景观为前提条件，并与景观相协调。因此，需在充分论证景观钙华的成因与发展演化并进行室内试验、计算机数字模拟的基础上，提出科学、合理、可行、易操作的景观钙华保护和修复措施及技术方法，先选点试验，再逐步推开，以使九寨沟旅游资源得到科学保护，充分保持九寨沟地区生态地质环境的原始性与景观的可持续开发性，实现九寨沟地区经济的可持续发展。

5.5 科学规范管理，开发与保护协调

5.5.1 坚持先保护后开发的原则

九寨沟层湖叠瀑景观资源是全人类的宝贵财富，具有珍稀性、不可再生性。因此，在开发利用时必须坚持在保护的前提下进行。

5.5.2 坚持科学的原则

景区开发利用和保护必须坚持在科学的指导下进行，依据科学成果进行合理的开发与保护，做到人与自然的和谐统一。以期获得最大的生态、社会和经济效益。

5.5.3 制定保护法规

人类多种活动均可能对环境造成破坏，如在景区内乱搭乱建，施工时就地采石取土，旅游者在景区内乱扔生活垃圾，超负荷接待游客等行为。因此，应制定保护法规，使管理走上法制的轨道，同时加强宣传力度，增强保护意识，使公民自觉加入保护环境行列。

5.5.4 实行分级保护

在景区内划分出核心保护区、实验区和缓冲区三级。在核心保护区内，禁止砍伐森林、狩猎以及规划建筑各种旅游设施，不能开展旅游活动，只能接待少量科技人员进行科学考察研究；实验区为主要的旅游活动区，区内的各种建设必须做到以不破坏景区的局部景观资源和整体的旅游环境为准则，并与自然景观协调一致，同时限制景区内的游客数量，实行预约旅游，营造一个良好的旅游环境；在缓冲区则可以开展回归自然的生态旅游。

5.5.5 对景区实行统筹管理、限量分流的管理办法

随着目前旅游热的升温，九寨沟景区内三条沟在旅游高峰期接待的游客量已远远超过其客容量，严重危及景观资源和景观环境。因此，必须对已开发的景区实行限量旅游（日容量小于12000人/日），积极开辟新景区，缓解环境容量压力，以保护九寨沟水体景观。

5.5.6 加强系统的科学研究

九寨沟有世界“水景之王”的美誉，湿地生态系统是九寨沟水景的主要载体，只有保护好九寨沟的湿地景观资源，才能使九寨美景长存。随着九寨沟交通环境的改善，未来将形成由高速公路、高铁和航空组成的现代化立体交通网络，游客进入景区更加便捷，大量的游客涌入必然会对九寨沟湿地景观保育带来新的挑战。应分析九寨沟湿地景观退化的关键驱动因子，建立健全湿地景观保育关键技术体系，利用科研平台，通过课题研究去发现和解决旅游活动对湿地生态系统的影响，不断提升景区的科学管理水平。

6　九寨沟旅游的可持续发展分析

6.1　九寨沟的环境政策和可持续发展分析

6.1.1　九寨沟资源保护理念的形成与措施

自从1979年建立南坪县自然保护区对九寨沟实施管理后，到1984年正式开展旅游业之前，这一阶段的工作基本上是“保护”森林。1984年以后，保护区和风景名胜区合而为一，在开展旅游业的同时，注重对森林的保护，但是局限于对“保护”的片面理解，对旅游管理的经验也不足。从1984年到20世纪90年代中期，管理局对旅游业经营处于放任的态度，对“保护”限于单纯地禁止砍伐林木。1992年申报世界自然遗产成功以后，管理级别提高，管理经验逐渐丰富，九寨沟管理局逐渐形成了“严格保护、统一管理、合理开发、永续利用”的管理理念，对旅游经营实行了统一管理和经营，制定了系列环境保护政策，采取了一系列严格的生态环境保护措施。在发展旅游的同时，处理好保护与开发的关系。其经验可归结为以下几点：

6.1.1.1　按照国际标准将旅游活动对生态环境的影响降低到最低限度

按照世界遗产保护条例、绿色环球 21 可持续发展标准体系、ISO14001 环境管理体系的要求开展各项工作，使旅游活动对其生态系统或当地社会产生的影响或损害降低到最低限度。九寨沟管理局在旅游活动中对遗产地的保护主要采取了以下措施：

（1）实施沟内经营活动外迁，实行“沟内游、沟外住”的政策。1984 年保护区开放时，提出了“沟内游、沟外住”的规划，1987 年国务院批准同意。2001 年，关闭了景区内的所有宾馆，每年拨专款 800 多万元作为景区居民生活保障费。这样，降低游人食宿等对遗产地的影响，同时保障了社区居民的既得利益。

（2）开通绿色环保观光车。1999 年，开通了以石油液化气为燃料的绿色环保观光车，降低了汽车尾气对保护区的污染，保证了九寨沟的空气质量。同时，观光车实行统一调度，规范了景区内的车辆秩序。

（3）实施“限量旅游”。自 2001 年 7 月起，每日进沟的游客限制在 12000 人以内，以缓解脆弱的生态环境与大量人为活动之间的矛盾。

（4）停止租牛租马活动。九寨沟为保护生态，保证水源的清洁，取缔了景区内租牛租马的经营活动。

（5）修建“环保免冲厕所”。在 2001 年 10 月前拆除了保护区内的所有旱厕、水厕，在整个保护区内新建了 5 座国内先进的智能型全自动免水冲环保型厕所，共计 635 个厕位，并购进了 8 辆车载式流动厕所。厕所污物封装后，运出沟外处理，不在景区滞留。

（6）修建生态旅游栈道，实行人车分流。这种栈道采用经药水处理过的防火木质材料，悬空绕树而行，能够最大限度地与周围环境相协调。生态栈道的修建，对环境破坏较少。人车分流一方面确保了旅游安全；另一方面规范了人流的方向和路径，减少了游人肆意行动对旅游生态系统造成的影响。

6.1.1.2 积极进行环境建设，对遗产地真实性和完整性进行保护和维持

（1）泥石流工程治理。九寨沟景区曾发生过几次大的泥石流，威胁着遗产地的安全。近年来，九寨沟已完成对山地灾害严重的14条泥石流沟的治理工程，成效显著。

（2）改善能源利用结构，保护森林资源。为保护好九寨沟的森林资源，九寨沟管理局自1993年以来投资350万元，在景区修建了4座小型电站，保护区居民“以电代柴”，同时辅以“以气代柴”，结束了“松灯照明”的原始生活历史，每年可节约1400立方米的薪炭用木材。

（3）恢复自然生态。1999年启动了退耕还林（草）工程，计划完成退耕还林（草）6000亩。从2004年至今已调运云杉、沙棘等苗木246720万株。为管护好林地和草地不被破坏，对景区牲畜（牛、马、羊）进行了全面处理。

6.1.1.3 在生态旅游开发和生态保护中，正确处理好景区内居民与生态保护的矛盾，将他们作为遗产地保护的主力军

开展生态型旅游过程中，九寨沟管理机构把当地居民当作主人而不是管理对象，具体措施有：①让居民从旅游经营活动中受益，使群众自觉地珍视遗产地，成为遗产保护者。九寨沟每年拨专款800多万元作为景区居民生活保障费，同时，通过各种形式让职工入股旅游经营活动而受益。如餐厅入股分红；诺日朗旅游服务中心设置的195个旅游商品专柜，被195名本地居民租赁经

营并获利。②吸收本地居民参加遗产地管理。吸收景区居民进入管理局，用当地人管理当地，激发他们的主人翁意识，自觉地保护遗产地；主要采用沟内居民担当景区的环保人员，人与自然和谐共处。

6.1.1.4 重视保护与科研投入

林业部门从1993年起停止了对九寨沟每年20万元的拨款。十多年来，九寨沟的经费主要是自收自支型。通过开展适度的旅游来获取保护资金。随着对保护重视程度的加深，用于保护的经费也在逐年增加。1992年以来，九寨沟在科研、保护方面投入的资金占总资金的40%左右，如2001年，保护、科研投入共计2630万元。另外，国家对九寨沟的泥石流治理非常重视，每年投入40万元作为专项资金。

九寨沟管理局对科研工作非常重视，与外界科研机构展开合作，研究景区保护和环境治理。近年来，九寨沟越来越引起国际上和社会各界的关注，一系列科研活动随之开展，如四川省政府将九寨沟作为可持续发展的重要试点地，投入200万元设立“九寨沟黄龙水循环可持续性研究”项目；联合国“人与生物圈”计划委托中国委员会以九寨沟为试点，开展了为期一年多的“九寨沟生物保护区质量经济研究”；美国加利福尼亚大学和我国四川大学在九寨沟设立实验室，等等。

6.1.2 旅游环境容量分析

对于生态敏感区，近年来的旅游实践和可持续发展旅游的理论研究表明，借助生态旅游方式，通过严格按环境容量限制旅游人数的小规模旅游，可以较好地实现既能保护世界自然遗产，又能通过发展旅游业促进当地经济发展和原住民脱贫致富。但是生态旅游这一理念，对于九寨沟这样世间罕见的自然杰作，在实践中受到大众旅游的挑战。长期旅游实践证明，随着基础设施的日益完善和管理水平的提高，景区现实容量会在一定范围内增大。过去学者们往往用传统的或某种单一的方法对环境容量进行分析，而在综合前人研究的基础上，针对当前大众观光旅游特点，采用多种不同的测算方法，从不同视角来探讨九寨沟旅游环境容量问题，对一定范围内的九寨沟环境容量应用管理实践具有重要意义。

6.1.2.1 国内外研究现状及评价

6.1.2.1.1 国外研究概况

第二次世界大战后，旅游开始向大众化发展，各种旅游胜地接待的游客数量逐年增加。在旅游高峰季节，一些旅游地开始显得拥挤。20 世纪 60 年代，旅游学者和旅游规划人员开始意识到，为保证使绝大多数游客满意的旅游环境质量，旅游地或区域在一定时间内接待的游客数量应有一定的限度，于是环境容量的概念开始应用到游憩和旅游研究中。从 20 世纪 70 年代开始，学术界和产业界，包括联合国环境规划署在内，开始重视对旅游环境容量这一领域的研究。到了 20 世纪 80 年代，全球有更多的机构和学者开始研究旅游环境容量问题。到目前为止，尽管尚有少数国家对旅游环境容量没有明确的认识，但旅游业发展过程的饱和与超载概念已为学术界和旅游规划人员所接受。

20 世纪六七十年代，国际上许多学者从生态观点出发建立相应的数值模型，试图给出一套生态方面的经验数值以供旅游规划管理时参考。此后学者更多地从社会心理方面研究旅游环境。旅游环境容量是迄今为止世界上在旅游研究中争议最多，尚无定论的重要问题之一。尽管在理论上还存在很大的学术争论，也缺少系统的实证研究，但是旅游容量这一概念还是被广泛地应用于多数国家的旅游规划和管理中。

6.1.2.1.2 国内研究概况

我国具有现代意义的旅游业的发展只有20多年的历史，因此对旅游环境容量的研究滞后于旅游发达国家。但是由于广泛吸收了国外已有的成果，国内旅游环境容量研究的起点较高。近年来由于我国经济高速发展，人民生活水平稳步提高，人们拥有的闲暇时间也在不断增加。这些因素都使得国内旅游需求绝对量的爆炸性增长。与此相反，我国旅游业的基础却非常薄弱，很难满足急速发展的旅游需求，供需矛盾日益突出，许多旅游胜地在旅游旺季人满为患，交通设施不堪重负，设施损坏，环境退化，也常有因拥挤等造成游客伤亡的事故发生，旅游环境问题逐年显化。目前，关于环境容量问题的研究随着国内旅游业发展面临的严峻形势逐渐得到了重视，开始出现理论研究和实践应用层面上的个案研究。一些学者的相关论文也为这一领域的发展起到了积极的推动作用。

6.1.2.2 旅游环境容量的概念

6.1.2.2.1 旅游环境容量概念体系

旅游环境容量，是指在可接受的环境质量和游客体验不下降的情况下，一个旅游地所能容纳的最大旅游人数。旅游容量研究的角度不同，就有不同的旅游容量概念①。旅游环境容量一般可分为基本容量概念与非基本容量概念。

基本容量概念包括：①旅游心理容量，或称旅游感知容量，是指旅游者于某一地域从事旅游活动时，在不降低旅游活动质量（保持最佳游兴）的条件下，该地域所能容纳的最大旅游活动量。

①章小平，朱忠福．九寨沟景区旅游环境容量研究［J］．旅游学刊，2007，22（9）：50—57.

此概念所关注的是旅游者的旅游活动质量，它是从旅游需求角度阐述的一个容量概念。②旅游资源容量，是指在保持旅游资源质量的前提下，一定时间内某一地域旅游资源所能容纳的最大旅游活动量。③旅游生态容量，是指一定时间内某一地域的自然生态环境在不至退化的前提下，所能容纳的最大旅游活动量。④旅游经济容量，是指在一定的经济条件和经济环境下，某一旅游地域能达到的最大旅游规模。⑤旅游社会容量，是指旅游接待地区的人口构成、宗教信仰、风俗民情、生活方式和社会开化程度所决定的当地居民可以容忍的旅游者数量。

非基本容量概念是在基本旅游容量基础上导出的一些极端状况、特定条件下的旅游容量概念。它包括：①现有旅游容量和期望旅游容量。前者是当前已经存在的旅游容量，后者是在未来某一时间可能达到的旅游容量，一般指规划旅游容量。通常期望容量要比现有容量大，如通过开发新的旅游资源，改善旅游接待条件，改善生态系统，增加人工排污设施，采用污水处理、污物外运等措施，使旅游地域增加旅游容量。但规划旅游容量并不都是大于现有旅游容量，当一个已成熟的旅游区需要加大资源和环境保护力度时，反而要减少旅游容量。②按照旅游地域的空间规模，可以有景点旅游容量、景区旅游容量、旅游地旅游容量、区域旅游容量。景点旅游容量指游人活动的基本单元——景点的容纳能力，景区旅游容量指景区内各景点的容量与景点间道路容量之和，旅游地旅游容量指各旅游景区容量与景区间道路容量的总和。以此类推，可得区域旅游容量。

6.1.2.2.2 不同环境容量间的关系

不同的环境容量虽然着眼点各不相同，但是它们之间也有一定的内在联系。一般认为，旅游经济发展容量与旅游地地域社会容量有比较明显的正相关关系，经济越发达的地区，社区居民对旅游者的接纳程度越高；旅游感知容量与其他四个容量成程度不同的正相关。一般而言，旅游地资源容量越大，则其生态容量也越大。值得注意的是，旅游地可接待的旅游流量，取决于五个容量中最小的容量值，即通常所说的木桶效应。

6.1.2.2.3 旅游环境容量与旅游环境承载力的关系

关于旅游环境容量与旅游环境承载力的关系，学术界存在不同的看法。旅游业迅猛发展，旅游环境问题日益突出。产生这一问题的原因除部分旅游者的不文明行为外，多数情况是过多旅游者的涌入，超出了旅游地（或景区、景点）的环境承载能力，使旅游地的生态系统失衡、环境资源遭到破坏造成的。为避免旅游业重蹈工业发展“先污染后治理”的覆辙，必须合理确定旅游地的旅游环境容量，研究旅游地发生“多大的改变才是可接受的”，将旅游者的数量严格限制在环境承载能力的范围之内。

6.1.2.3 九寨沟旅游环境容量分类评价与分析

6.1.2.3.1 旅游生态容量

旅游生态容量，是指一定时间内在某一旅游地域的自然生态环境不至退化的前提下，所能容纳的最大旅游活动量。旅游生态容量包括水质、大气质量对旅游及相关活动的承受能力；土壤、植被、野生动物对旅游及相关活动的承受能力；滑坡、崩塌、泥石流等自然灾害对旅游及相关活动的承受能力。

（1）水环境承载力。

水环境承载力是特定水体在一定环境目标条件下某种污染物的容许排放量，它可以定量地说明这种水体对污染物的承载能力。河流的容许排放量为河流对污染物的稀释容量和自净容量之和。自净容量是指水体的自净能力，其自净系数一般取实验数据或经验数据，需确定污染源和排污地点才能计算，在这里，暂不考虑此情况。

对人均水体污染程度的考虑：九寨沟景区居民总人数和生活

方式稳定；自 2001 年 5 月 1 日起全面实行“沟内游、沟外住”的规定；景区垃圾日产日清；环保免冲厕所产生的污物全部打包运出沟外；景区内唯一的就餐点诺日朗餐厅的废水全部罐装运出沟外；景区内人车分流，游览路径规范，因此，原则上游客似乎并没有污染水体的条件。理论上，游客人数与对景区内水体的影响程度呈正相关。这与游客素质、个人行为、管理水平等诸多方面有关系。通过科研部门长期对水环境监测数据的分析，考虑到特殊事件、季节因素、雨情、水情等水文变化规律，得出结论进沟人数与生物需氧量（BOD）之间的关系不敏感，换句话说，人均 BOD 影响趋近于零。

如果通过精密仪器定量监测人均影响变化值来进行容许人数的计算，则九寨沟水环境总容量在现有管理水平下将会是一个天文数字。

（2）生态容量综合分析。

在九寨沟现有基础设施和管理水平下，其水环境容量是很大的。九寨沟的生态承载量在计算时应遵循《风景名胜区规划规范》中的生态原则，如针叶林地每公顷 2～3 人，阔叶林地每公顷 4～8 人，城镇公园每公顷 30～200 人。

关于生态容量的测定，一般应以旅游区为基本空间单元。由于旅游活动直接导致的对自然环境的消极影响可以通过严格管理措施而予以控制、限制或者基本可以杜绝，如践踏、采撷、折损等，在生态容量测定中一般不予考虑，而只考虑对污染物的吸收、净化，因此，一个旅游地区生态容量的测定因子主要考虑自然生态环境净化与吸收旅游污染物的能力，以及一定时间内每个游客所产出的污染物总量。在绝大多数旅游区，旅游污染物的产出量都会超出旅游区生态系统的净化与吸收能力，因此一般都需要对污染物进行人工处理。在用人工方法处理污染物的情况下，旅游区可以接待旅游量的能力会明显扩大许多。具体的容量还受到其他因素的影响，如季节、资源规模和管理方式等，在计算遗产地旅游容量时应当进行综合考虑。

九寨沟景区的基础数据如下：沟内厕所有 636 个蹲位，如果人平均使用 10 分钟，则一天 8 个小时内可供 3 万人使用。九寨沟景区拟建日污水处理能力为 2000 吨的污水处理场，每人平均每天产生污水约 0.13 吨，则容量为 15348 人。沟内垃圾日产日清，故暂不在考虑之中。综合考虑，生态环境容量取最小值 15000 人。在影响生态容量的几个因子，如水环境容量、森林容量、污水处理能力、厕所蹲位、垃圾处理等因子中，其单因素考虑的容量有大有小，但决定其容量的应是最小值。

6.1.2.3.2 旅游资源容量

旅游资源容量指在保持旅游资源质量的前提下，一定时间内某一旅游地域旅游资源所能容纳的最大旅游活动量，包括设施环境容量和空间环境容量。

（1）设施环境容量。

基础设施：给排水设施对旅游及相关活动的承受能力；供电对旅游及相关活动的承受能力；通信对旅游及相关活动的承受能力；交通对旅游及相关活动的承受能力。

服务设施：住宿设施对旅游及相关活动的承受能力；餐饮设施对旅游及相关活动的承受能力；其他设施对旅游及相关活动的承受能力。

九寨沟 2005 年宾馆共有 18019 个床位。观光车共有座位 6342 个，瞬时运载能力为 6342 人，每天平均运转 3 次，则容量为 19026 人。沟内唯一餐厅可同时容纳 4000 人吃饭，按人均就餐时间 40 分钟计算，则 11：00—14：00 就餐人数可达 18000 人。供水供电、通信等设施对容量不很敏感。故设施环境容量在此取最小值 18000 人。

（2）空间环境容量。

空间环境容量，是指旅游者对旅游资源的欣赏，具有时间、空间占有的需求而形成的某一时段内（如一天）的游客承受量。它是旅游资源对旅游者的空间限制与旅游者自身的感知容量的复合概念，可以采用传统的线路容量计算法加以估测。

从生态旅游的角度考虑，景区内人与人之间应保持相当的距离。在早期九寨沟的总体规划（如1996年总体规划）中，采用线路法，取人均占有面积为10 m乘以栈道宽。景区内现已实行人车分流，从理论上讲游人只能在60 km长的栈道上行走。显然，仅以6000人作为九寨沟的游客容量是不符合现实的，但随着基础设施和管理水平的进一步完善，为6000人的空间环境容量赋予一定权重进而为总容量做贡献并综合考虑是必要的。

6.1.2.3.3 经济发展容量

经济发展容量，是指在一定时间、一定区域范围内经济发展程度（诸如饭店床位、食物供给、水电供应等）所决定的能够接纳的旅游活动量。它包括五个方面的因素：基础设施与旅游专用设施的容纳能力，投资和接受投资用于旅游开发的能力，当地产业中与旅游相关的产业所能满足旅游需要的程度及区域外调入的可能和可行性，旅游业与利益冲突产业的利益关系，该区域的旅游业人力资源状况等。一般认为，旅游经济发展容量与旅游地地域社会容量有比较明显的正相关性，经济越发达的地区，社区居民对旅游者的接纳程度越高。

6.1.2.3.4 旅游地地域社会容量

（1）社会环境容量。

九寨沟旅游社会环境容量主要由居民的感知容量与民俗风情、宗教信仰、人文景观等对旅游者的限制数量以及旅游区管理水平限制容量组成。对于旅游业占绝对主体的地域，居民所能承受的游客密度要远大于不同产业结构特征的地域。九寨沟旅游业为该区域主导产业，旅游收入是其主要收入来源，因此在计算旅游社会环境容量时，居民感知容量可以取无穷大。同时，九寨沟是以自然景观为主的旅游区域，人文景观也具有一定的吸引力，旅游者对当地的民俗风情、居民生活方式有一定的冲击，使该区藏民存在一定程度上的“汉化”现象。但旅游业发展到一定程度后，反而会促进对当地民俗文化风情的保护。目前，从政府到居民个人都在尽力维护与发扬民族文化与特色，因此在计算人文环境所决定的旅游容量分值时也可以取无穷大。

（2）管理水平容量。

社会环境容量在以管理水平的限制加以衡量时，一般情况按100名游客需要一位正式管理人员，50名游客需要一位临时管理人员计算。管理局正式人员500人（可参与管理人员按55%算），临时人员300人，则现有管理容量为42500人。但现实情况是游客达到20000人时管理人员就主观感觉满负荷了，这是受到了空间环境容量和旅游基础设施的限制。管理容量应当与管理人员的数量和质量成正比。当然，由于受空间基础设施的限制，管理人员数量达到一定程度时，管理容量将不再与其成正相关。但九寨沟的面积是如此大，在相当大的范围内管理人员的数量与管理容量是呈正相关的。

6.1.2.3.5 旅游心理容量（旅游感知容量）

旅游心理容量，或称旅游感知容量，是指旅游者于某一地域从事旅游活动时，在不降低旅游活动质量（保持最佳游兴）的条件下，该地域所能容纳的最大旅游活动量。该指标所关注的是旅游者的旅游活动质量，它是从旅游需求角度阐述的一个容量概念。

6.1.2.4 容量权重的确定与总容量的计算

根据旅游区的自然、社会、经济特征及旅游业的概况，将旅游环境体系分为生态容量、空间环境容量、设施容量、社会环境容量四个部分。确定旅游环境容量的各个方面的权重时，要减少随意性，提高权重的客观性和准确性，又要具有灵活性和可操作性。

6.1.2.5 九寨沟特定条件下旅游环境容量分类计算

6.1.2.5.1 现有日容量18000人的确定

九寨沟风景区的游人容量计算方法应根据沟内的游览结构来制定。沟内游览结构特点明确，即绝大多数游人是乘坐景区交通车到达各景点，然后步游观景。而风景区内游人实际步行到达的地方基本上就是各个景点的范围。因此风景区内各景点的容量之和即为风景区的游人容量。九寨沟各景点的合理摄影场地、观景场地、休息场地现已配备完整，步行游道已能充分发挥作用。因此景点的容量按线路法计算不失为一个好方法。

九寨沟木栈道长60 km，宽2 m，但铺设防滑铁丝网的宽度平均只有1.5 m，从游人安全和心理因素考虑，其步行活动面积为60000×1.5（m^2）。

九寨沟的其他服务设施水平是与时俱进的，在此只考虑步行景区的容量，而不考虑诸多服务设施的情况，如观光车、餐厅、卫生间、休息亭等。人均占有步游道面积按5 m^2 计算，那么，九寨沟景区日环境最佳容量就应该为60000×1.5÷5 m^2。不考虑季节因素，风景区的游人日容量为18000人次，按全年360天，游人平均游程1.5天计算，则风景区年容量为432万人次。

小结：由本计算方法得出，九寨沟现有日容量为18000人，年容量为438万人次。

6.1.2.5.2 旅游心理日容量的确定

旅游心理容量是一个由很多变量组成的函数，这些变量主要有旅游地的性质、旅游者的社会文化背景、旅游组织形式等类别。与旅游地性质相关的因素主要有旅游活动的形式、旅游地域空间结构、土地利用强度和旅游地的开发程度等。与旅游者的社会文化背景相关的因素主要有年龄、性别、种族、社会经济地位、个性心理特征、审美观、受教育程度和来源地（如城市与农村、东方与西方、南方与北方等传统地域概念）等。与旅游组织形式相关的因素主要有团队组织形式、游客间的亲密关系、旅游线路组织形式、旅游时间安排等。

旅游心理容量是一个多变量函数，各单变量都具有社会性，很难进行定量分析并进行计算机建模。因此，学者大都将各单变量组合成为一个单一变量函数，构成游客满意度与游客人数之间的相关函数，来计算旅游心理容量。满意度可以通过实际问卷调查得出，游客人数可以通过航片、实际点数得出，两者之间的函数关系比较容易得到。在高强度的特定旅游区内，一般随着旅游者人数的增加，游客的满意度呈下降趋势。

为简化难度，我们从游客普遍心理与感知角度出发，通过游客问卷调查，充分考虑九寨沟景区环境的季节变化和游客的安全需求，建立不同的心理容量标准，并以全新的角度来探讨景区心理容量。

6.2 九寨沟生态旅游管理

6.2.1 九寨沟县生态旅游管理现状

生态旅游是九寨沟县的特种旅游项目之一，近年来，九寨沟县不断加大投入，改进完善旅游管理措施，取得了可喜业绩。具体而言，九寨沟县生态旅游管理可以从生态规划、活动对环境影响评价体系、生态旅游地环境管理及检测、生态旅游游客服务和管理、生态旅游经营管理以及社区教育和参与六个方面进行概括。

6.2.1.1 旅游规划注重生态基础建设

在生态旅游规划方面，九寨沟县注重从整体生态环境建设入手，为生态旅游提供坚实的基础。长期以来，九寨沟县委县政府重视生态发展战略，将“生态立县”作为全县工作的基本要求，通过培育和依托生态资源，大力发展以旅游业、服务业、有机农业和循环工业等为代表的生态经济，实现了生产发展、生活改善、生态良好的有机统一。在2013年县委三届六次全会上，县委秉承历届县委县政府的工作思路，顺势而为，确立了以生态建设为支撑，建设川西北生态经济“示范区”的伟大目标，为县域经济发展指明了路径。2003年以来，全县先后荣获生态示范区建设试点县、全国生态示范区、四川省省级生态县和省级环境保护模范县等殊荣。同时，全面铺开了生态乡镇、生态村、生态家园创建工作，目前已成功创建国家级环境优美乡镇1个，国家级生态乡镇9个，省级生态乡镇15个，省级生态村4个，州级生态村91个，县级生态家园9758户。漳扎镇国家级生态文明示范镇建设扎实推进。白河自然保护区晋升“国家级”保护区即将开展评审。治理地质灾害隐患7处，治理水土流失面积38.4平方千米。强化节能减排和环境治理，完成COD削减426.1吨，氨氮削减51.6吨，城乡生活垃圾、生活污水处理率分别达93.0%和94.9%，高分通过全省2013年度城市环境综合定量考核。深化退耕还林等生态保护工程，全面落实草原生态奖补等政策，实现连续27年无重特大森林草原火灾。

生态旅游管理思维寻找创新路径，全力构建生态旅游管理新格局。九寨沟县坚持把发展生态旅游作为县域经济的支柱产业，围绕打造“世界休闲度假旅游目的地”，紧扣“一廊、三点、五区、一环线”布局，加快构建巨型旅游综合体。2014 年，九寨沟县启动生态经济“1+4”规划编制工作，即围绕“生态经济实验区”规划为核心，统筹全域旅游、文化产业、有机农业、服务产业四项活动，于 2015 年内完成编制评审。在生态旅游规划中，主要坚持的原则是深入了解旅游地生态环境容量，坚持绝不污染生态环境，在此前提下合理开发和建设，开发和建设必须以规划的科学性和合理性为基础。整体规划围绕打造“世界休闲度假旅游目的地”。这一规划包含两方面的内容，即生态旅游规划和生态旅游产品规划。生态旅游规划包括神仙池、甲勿池、太平沟等自然观光景区、漳扎镇创建“国际旅游名镇”“五大民俗乡村旅游区”等人文景观的开发规划。生态旅游产品规划包括精品景区、旅游线路、特色文化和跨区域旅游产品的梳理和开发计划。

6.2.1.2 环境影响评价覆盖面广

依照总体规划的方案，九寨沟县在对具体项目的实施中坚持以科学性数据观测为依据，通过对游客数量、企业数量以及旅游区群体消费等数据与环境变化的监测，采取相应行动，以降低旅游对生态及环境的影响，取得了一定的成效。

以林业保护为出发点，构建自然生态系统保护评价指标体系。作为四川省第二大林区县，九寨沟县积极推进天然林保护工作，巩固和扩大退耕还林、退牧还草成果，304.53 万亩天然林得到有效管护，退耕还林、退牧还草面积达到 7.38 万亩。加强野生动植物和生物多样性保护，2011 年在贡杠岭地区新成立以大熊猫、森林生态系统为保护对象的省级自然保护区。全面开展小流域综合治理、土地整理、天然林保护、退耕还林、城周绿化、通道绿化等生态治理工程。2009 年以来，组织实施完成地质灾害预测和防治工程 99 个，完成投资 1.28 亿元；实施人工造林 166.17 平方千米，异地飞播造林 44.04 平方千米，封山育林

499.97平方千米，森林抚育499.06平方千米，全县森林覆盖率接近70%。九寨沟林业数据能够较好反映监测的力度，退耕还林还草面积为六千余亩，增加了森林、植被覆盖率，分别达到63.5%和85.5%。九寨沟县通过统筹游玩与居住分开工程，恢复植被两万余平方米。九寨沟县退耕地目前恢复较好，植被盖度明显升高，物种丰富度及多样性植物指数较高，大量乡土区系已侵入，演替正朝着正向发展，是比较好的进展演替。

考虑到游客量对本地生态环境的影响，九寨沟县严格监控游客承载量，减少景区内人流量。一是“限量旅游，合理分流”政策的实行，缓解了承载压力；二是对生态脆弱地区居民进行易地移地搬迁，2006年以来对15个行政村进行整村易地移民搬迁。三是对县内的具有民族特征的建筑、自然风貌等进行监察，对于需要外迁的工程，严格执行相关标准，小心谨慎迁移，维持原有的民族文化特色。

基础设施的完善有助于缓冲旅游业对生态的破坏性，九寨沟县加强环境保护设施建设，在全州率先建成日处理污水10000吨的漳扎镇生活污水处理厂，2013年又建成了日处理污水10000吨的县城污水处理厂；投资2500多万元建成城市生活垃圾处理场，投资130万元修建医疗废物处理中心，投资1700万元完善了县城污水处理厂截污管网，城镇生活污水集中处理率达到45%以上；生活垃圾实行“村收集、乡（镇）运输、县处理”运行机制建设，建成乡镇生活垃圾收集池231座，城镇生活垃圾无害化处理率达60%以上。

设定能源消耗评价指标，改善能源结构。为改善和优化能源结构，九寨沟县积极推广使用清洁能源和可再生能源。县城和漳扎镇、中心镇的居民、饮食服务企业均使用天然气、液化气和电等清洁燃料，分别在广场和办公区安装太阳能、风能等绿色能源设施。县城清洁燃料普及率达97%。在农村推广沼气、太阳能、电等清洁能源，安装太阳能设备 8051 套，建成沼气池 6315 口，沼气适宜地区户户均建有沼气池，普及率居全省首位，荣获国家首批“绿色能源示范县”称号。九寨沟县还设定景观生态指标，优化景观设施。景区修建了近 60 千米的生态公路，绿化边坡 37 万平方米；总共建成大约 70 千米的木质栈道，将人行与车行道进行分离，建造绿色观景平台 40 处，绿色凉亭和卫生间 27 座。

6.2.1.3 环境管理及监测多部门协同治理

九寨沟县的环境管理及监测主要由县环保局执行。其主要职责包括：对全县区域内污染物的监督管理；对水体、大气、土壤、光、固体废物等的污染防治，对水源（包括饮用水）地的环境保护工作；对于企业污染排放登记、排污许可证管理和排污收费管理工作；组织开展主要污染物排放权交易工作。

鉴于九寨沟县景区众多，除了县环保局对九寨沟环境的监督和管理，阿坝州环保局专门设有自然生态保护科以加强九寨沟县的环境监测和管理。自然生态保护科的主要职责是：“贯彻执行自然生态保护法律、法规和规章，草拟生态保护的相关规定，对生态环境进行质量监督和管理，重点监督重点区位的环境恢复和开发利用工作；协调监督管理风景、保护区等日常环境维护工作，监督和协调沙化防治、湿地保护等工作；负责生物多样性保护、生物技术环境安全的监督管理工作；指导有机食品发展、生态示范创建与生态农业建设。”

在县政府领导部门的决策和指引下，九寨沟县主要在环保专项执法、环境监测系统、环境安全管理等方面开展行动。其一，开展环保专项执法行动。按照相关要求，积极开展饮用水源保护区专项整治以及重金属污染、油烟类执法检查专项行动，累计出动执法人员 1300 人次，对辖区企业及宾馆进行检查。完善环境执法监测系统。其二，建立重点污染源在线监测监控系统、大气自动监测站、大气辐射自动监测站，配备噪声监测仪、流量计、COD监测仪等快速监测设备，委托有资质的监测站对全县地表水、饮用水源保护地按季度进行监测，并及时发布环境质量信息。其三，加强环境安全工作检查力度。督导各企业制定完善《突发环境事件应急预案》、配套应急设施，提高企业和管理人员的意识和处置突发环境事件的能力。严把项目准入关、审批关。对不符合环保要求的项目坚决给予否定，2013年共完成项目环保审批登记表45个、报告表3个，完成建设项目竣工环境保护验收20个。

6.2.1.4 游客服务和管理质量不断提升

九寨沟县围绕生态旅游理念，注重从提升“产品质量”层面提升游客服务质量，在提升旅游服务中提高管理质量。一是景区集群，充分发挥旅游服务的规模效应。九寨沟县的旅游服务以“全域、全时、全民”理念，通过整体规划、立体架构，以九寨沟景区为核心，以县城、勿角等度假区为支撑，以生态观光、休闲度假、会议会展、民俗风情为内涵，发展多极多点、差异互补的景区集群旅游。九寨沟县结合县域发展特征和资源禀赋，着力构建以九寨沟风景区为核心，以大录神仙池、漳扎中查沟、白河太平沟、勿角甲勿池等生态旅游度假区为支撑，以白马藏族风情园、大录藏寨等民俗文化资源为依托，以县城、漳扎等旅游集镇和特色乡村旅游为辅助的“全域景区”格局。二是开发民俗文化产品。按照“多点多极发展，文旅交融提升”的理念，将文化产业发展作为旅游转型升级的重要抓手，不断壮大文化产业，丰富文化产品。如“伯舞”、《南坪曲子》等非物质文化遗产的深度挖掘，以及原生态大型歌舞“九寨千古情”等，充分展现了白马藏族等少数民族文化传统，让游客体验当地的文化底蕴和特色魅力。九寨沟县注重文旅“产品”相融互动。重点建设文化演艺集群、文化创意基地、勿角白马文化促进交流中心、大录藏寨文化原生态展示区、神仙池游牧文化体验区，几个大型旅游中心和基地的建设是建立在发扬民俗文化区域活动的基础上，对九寨沟的生态旅游管理具有宏大的战略指导价值。九寨沟县的旅游意在开创一个世界性的格局，通过推进产业园区发展，实现文化的“旅游化”与旅游的“文化化”。同时，通过发展壮大演艺团体、建设完善的演出网络体系和壮大民间文化队伍，致力把民族文化融入演艺市场中，这将为九寨沟非物质文化遗产的宣传与推广创造新的动力源。三是村落旅游。着力发展高端乡村旅游，充分展示田园景观、农耕文化，开发具有休闲性、参与性和特色化的旅游产品，满足不同类型游客的消费需求。按照“以产兴城、以城带乡、产业互动、城乡共融”的思路，以创建“国际休闲度假名镇”为契机，不断优化漳扎镇旅游环境，同步加快新城区完善和旧城区改造步伐，抓好勿角、郭元、玉瓦、双河等特色旅游集镇建设，着力打造川西北特色民居和藏族文化元素有机结合的城镇风貌，全面提升城镇旅游品质。同时，重点在县城、漳扎镇和九环旅游沿线打造一批特色乡村旅游带，全力抓好“五大民俗文化体验区”建设，积极丰富旅游文化业态。围绕“全域发展”总体战略，着力构建以九寨沟风景名胜区为核心，以县城、大录神仙池、漳扎中查沟、白河太平沟、勿角甲勿池为支撑的“全域景区”格局。

6.2.1.5　生态旅游经营规范性得到增强

（1）九寨沟县生态旅游管理在经营方面有多种主体。其中，国有企业是主要的参与主体。自从九寨沟县旅游资源开发以来，为了推动本地旅游事业的加速发展，九寨沟县采用国有和集体双运作的模式，在当时背景下发挥了极大的推动作用。国有企业经营由于具备了较好的资源优势和先发优势，在政府管理部门的监督和管理下能够有效地解决不健康市场行为。此外，在九寨沟管理局（以下简称九管局）的有效规划下，对当地居民也采用了股份制联营的方式进行企业化运作，其涉及的领域包括餐饮和住宿等，逐步发展到一些娱乐、文化领域。随着管理制度的完善，市场经营规范性也得到自主性的加强。

（2）规范管理本地民营企业。九寨沟县的社区群众联合成立旅游组织，进行公司化运作，大部分实行股份制，社区的居民通过资金方式入股，总体上社区占有49%份额，九管局占51%份额；在利润分配上，为了照顾社区居民的公平性和参与性，居民占77%，九管局占23%。为了强化企业运作规范性，公司的各类机构都十分健全：董事会、监事会、股东代表大会都已成型。针对农业观光旅游，规范乡村旅游行业的经营管理，按照“四有五统一”的总要求，先后出台《乡村旅游管理办法》《九寨沟县乡村旅游服务规范》《九寨沟县乡村旅游客房服务规范》《九寨沟县乡村旅游餐厅服务规范》，对安全和卫生不达标的进行三个月以上停业整顿处理，直到达标后才能重新经营。

（3）合理引入资本和投资。由鲁能集团投资40亿元开发的漳扎中查沟生态旅游区、由上海太一集团投资兴建的白河太平沟生态旅游区，正加紧推进项目前期工作，即将全面开工建设；融入白马藏族文化的勿角甲勿池生态旅游区、以高端休闲度假为载体的陵江羌河沟生态旅游区正开展前期招商引资等工作，生态旅游已成为九寨沟县域发展的支柱产业。

6.2.1.6 社区教育和居民参与度加大

九寨沟县鼓励和引导社区居民参与，主要体现在经济参与和社会服务参与两个方面。在经济参与层面，为了规范化运作和强化生态旅游管理的可控性，县政府部门鼓励联合运营公司的股份制改革，即通过政府、国企和居民的参股，提升多方利益协调和运作的生态化管控。通常情况下，社区居民参股比重略低于管理机构（49∶50），而在分红上则占有较大的比重（77∶23）。这种运作方式有效地提高了社区居民的参与积极性。经济的参与提高了旅游地居民的生活水平，同时也提高了社区居民的责任感。"为了弥补简单经济参与模式的不足，另外一种模式是文化参与模式也渐渐发挥出作用，社区居民在文化宣传和文化传承方面的活动受到了鼓励和引导。"例如建设了广场和文化展览中心，居民可以按照相关规定免费地融合进来，鼓励集体文艺的锻炼和表演，等等。这些活动不仅有助于本地文化的发扬和延续，同时给游客带来了更强烈更丰富的旅游体验。在社区居民参与的倡导中，九寨沟县政府加强了宣传和教育活动，通过开展一系列的宣传活动，让更多的社区居民积极投入与游客的互动中，加入帮助游客的行列，表现出了"地主之谊"与粗朴热情的新气象。社区居民的参与也难免出现矛盾，特别是在生态保护和经营的平衡性问题上，随着教育和宣传的推广，政府和居民交流的加深，居民参与越来越体现出大格局，集体主义精神。例如一些传统的活动（具有盈利性，但有破坏性）如长海骑牛、五花海跑马灯，都顺利地取消，居民的主人翁和环境保护意识都在增强。

6.2.2　九寨沟县生态旅游管理存在的问题

尽管九寨沟县早已重视生态旅游的开发与管理，但在实践中尚存在一定的问题，包括在旅游规划、环境评价、旅游地环境管理与监测、游客服务和管理、经营管理以及社区教育和参与方面仍然有诸多的不足。

6.2.2.1 规划论证的科学性与重心不明

九寨沟县由于其地理环境的特殊性，以及当地经济、交通等因素的限制，生态旅游的规划与执行具有一定的复杂性。尽管国家及省级相关的宏观规划确定了基本方向和战略，但九寨沟县生态旅游的具体规划仍难细化完善。随着我国的经济发展，人民生活水平提高，近十几年来旅游产业迅猛发展，在没有完善并实施规划的情况下，当地的旅游就已经快速发展起来。九寨沟县目前的情况是边发展边规划，而全域生态旅游规划的制定不够完善和科学。九寨沟县的县域经济发展规划是以生态经济为核心，生态旅游发展规划是其中最核心的部分。

目前，九寨沟县的生态旅游规划虽然已经有了整体的框架，但还存在着不少问题。由于九寨沟县的资源、环境、文化、经济发展条件的特殊性，进行生态旅游规划的难度非常大，包括：规划的科学性问题、规划的系统性问题、规划的可行性问题等。

（1）规划的科学性问题。科学的规划要建立在长期深入的科学研究和论证基础上，对九寨沟县很多旅游资源的调查研究还不够全面深入，有些规划缺少科学的数据支持。目前，旅游对环境生态的影响到底如何，市场需求的情况到底如何，等等，都还需要更深入的科学论证。九寨沟县的旅游开发由于位置特殊，对于长江上游水资源保护和可持续发展具有重要的作用，加上地形地貌复杂，规划设计的方案有多种选择，难以有生态价值与经济价值均衡考虑的科学规划。另外，由于地区自然灾害时常发生，规划方案难以得到持续执行，常常是出现意外性事件时，整个规划的科学性就得到质疑并终止执行。

（2）规划的系统性问题。旅游规划涉及自然、环境、经济、社会等众多因素，既要考虑旅游规划与其他规划的关系和协调，又要考虑旅游规划内部各个板块之间的关系和协调；既要与现有的发展相适应，又要有前瞻性；各个子规划也涉及旅游本身与旅游之外的相关因素的关系和协调问题。这些都是需要考虑的，而现实中有些规划难以做到系统协调。特别是在人文旅游与自然旅游协同发展方面，九寨沟县当前过于重视自然资源，对人文旅游的发掘尚不够深入。人文旅游也是生态旅游的重要组成部分，通过发掘民族文化中人与自然和谐发展的活动，在人文旅游文化宣传中进行教育是一项十分有效的生态旅游教育举措。

（3）规划的可行性问题。规划的落实和实施需要众多条件，除了旅游资源本身及相关资金、物资、人力、设施等条件，还包括对市场前景的分析判断等。九寨沟县现有的规划思路更多的是从资源出发，对未来旅游市场及旅游产业的前景分析不足。如果没有市场，那么规划就不具备可行性。九寨沟县生态旅游管理存在的最大问题是怎样依托自然生态系统以及与之共生的人文生态系统，突出环境责任、社会责任和文化责任。

6.2.2.2 环境影响评价不系统，难以跟进

旅游业在带来显著经济效益的同时，也不可避免地带来负面影响。其中最重要的是人们追逐利益的同时，忽视了伴随而来的环境问题。九寨沟目前旅游业对环境的影响也存在着这样的问题，在具体的环境影响评价方面并没有做到细化，执行效果不理想。九寨沟县对于旅游与本地环境的评价体系建构尚未完成。尽管在对污染物排放量、游客数量控制、水污染控制等方面都有所涉及，但是一个完整而又科学系统的评价体系缺失会造成极大的人力、财力浪费，最终难以达到生态保护的目标。举例而言，九寨沟县特别是在景区，每人每天排放多少废水、粪便或垃圾会对环境造成影响？电视剧组到九寨沟县拍摄后，水池钙化、拍摄地植被减少等是不是直接的影响？对于这些问题的质疑，正是对环境评价系统缺失的拷问。

另外，旅游对环境影响的科学评价的建立健全不是一个县城管理部门或者一个州的力量就能完成好的。事实上，在美国、日本等发达国家和地区，影响评价需要动员全省甚至全国的专家、学者等进行论证。与发达国家相比，九寨沟县尽管具有全国知名的景区，但在保护上并没有得到应有的重视。更多的评价体系是依据显性的指标来进行判断，事实上类似于水污染指标、大气污染指标和游客承载量的数据，已经对环境造成了污染。考虑到环境变化的特征，评价体系的建立是一个长期的过程，而这种变化也导致评价执行难的困境。从九寨沟县环保局的网站信息来看，当前对于环境的监测并无信息公布，环保部门的职责体系也不成形。这为公众和研究者了解监测信息带来极大的不便。

环境影响评价是一项相对复杂的活动。例如，在生物多样性方面，有些地方抗干扰能力强，植被和生态系统具有较强的自我修复能力；而在另一些区域则出现相反的情况，评价选择点的差异出现问题，或者是对评价指标的选择出现偏差，都可能造成生态能力较差的地段出现恶化。九寨沟县的自然景观生态较为复杂，地区差异性显著，因此，评价体系的覆盖面必须广，地点的选择也应该得到合理的论证。

6.2.2.3 游客服务和管理质量亟待提高

尽管九寨沟景区的旅游服务和管理已经达到了国内较高水平，但是从整个九寨沟县的旅游服务和管理情况来看，政府部门在提升全县游客服务和管理质量上仍旧有不少工作需要做。

从游客服务来看，主要包括服务态度、食住行的便捷性、服务时间、游客体验等。九寨沟县对于服务从业人员举办过公益性的宣传和培训，从整个县区的游客服务反馈来看，很多游客并没有感到景区服务态度的友好。整体上看，开发较早的景区服务水平较高，开发落后的地方服务态度普遍较低。在食住行方面，旅游旺季的方便指数能够反映出一个地区对游客服务质量的高低，九寨沟县在旅游旺季时，依旧难以提供足够的食住行服务，往往有些商家坐地起价，对本地旅游服务带来了负面影响。游客对于生态旅游体验的感知尽管是主观层面的判断，但缺少此类调研和信息，政府部门尽管在倡导生态旅游，认同游客生态旅游体验的重要性，却没有设计相关调查，收集游客对生态旅游的认知，这就不利于工作的改进，更多时候，生态旅游体验还是体现在意识层面，实践操作性不强。

在生态旅游管理层面上，除了日常的执法和建设外，政府相关部门的主要行为包括文明规则的制定、生态行为的宣传教育、紧急事件的处理等，这些政府行为体现了管理质量的高低。在文明规则的制定和宣传教育上，与大多数景区管理模式一样，九寨沟县的相关部门也将宣传和教育作为生态旅游管理的重心，通过柔性管理来引起游客和相关经营者对生态旅游的重视。这种做法难以保障实效性，事实上，很多地方的柔性管理都注重在细节上创新，而不是简单的标语和影片宣传。在话语的转变、网络工具的使用上，九寨沟县还欠缺与时俱进的管理工具。紧急事件的处理是考验旅游管理质量的重要方法，在实践中，九寨沟县很多应急管理方案仅仅作为一种摆设，并没有得到演练。是否能够有效处理紧急事件，仍然考验着当地政府部门的管理能力。生态旅游管理的一个重要目标是提升游客的满意度。但目前的游客服务能力还不足，交通设施设备、通信设备达不到无障碍，游客接待能力欠缺，对老弱病残游客关怀不够，救助还做不到24小时及时到达，对突发事件全面及时协同管理能力还不足，旅游环保宣传不够，对突发事件处理能力不足，服务和管理需要进一步提升。与传统游客满意度提升不同的是，生态旅游的游客满意度的标准更高，不仅要让游客感知旅游景区风景和文化的优越性，而且要让游客切实感受到生态的真正内涵和价值，这是服务和管理的巨大挑战。

6.2.2.4 生态旅游经营管理欠缺原则性

从整个九寨沟县域旅游经济发展来看，还缺乏严重的旅游管理资源配置不足与旅游管理资源配置不合理现象，使得全县旅游发展不均衡，甚至有些不协调。造成这一问题的原因是九寨沟景区外的其他景区开发不及时和配套不够完善，或者整个协同发展宣传不够，给游客留下九寨沟就只有九寨沟一个景区的印象或是到九寨沟就只能看九寨沟的印象。同时，公平性照顾不足。在九寨沟县有些区位优势好的地方（例如漳扎镇沟口），当地竞争优势明显，从而可以获得更多的经济收入，而在地理位置较差、较偏僻的区域（例如中查沟等），当地很多人也依靠旅游资源创业，但其经济效益明显不足，呈现出巨大的差距。还有很多人依靠农业收入生活，区域经济和社会发展不够协调。

目前的经营管理行为难以契合生态旅游要求。生态旅游的发展原则在经济效益面前总是显得弱化。在县域内很多旅游项目的开发中，常常出现论证不充分，生态条件不具备就开始实施的现象。此类违背生态建设根本原则的项目难以取缔的根源也在于政府执行中不但难以做到平衡经济与生态，而且还将天平向经济一方倾斜。

经营管理欠缺原则性的另一个表现是县域经营管理缺乏制度安排。制度安排的重要价值在于规范性。从当前县内的各项经营管理制度来看，很多管理制度要么陈旧，要么过于宏观，并且缺少对外公开。一些管理部门的网站处于空白状态，在网络信息时代的管理中，此类制度的缺失不利于经营管理的合理性和公平性。

6.2.2.5 社区教育与居民参与动力不足

社区居民参与的动力缺失主要表现在：除了经济激励的参与，大多数参与并没有主动性。具体而言，参与动力不足体现在决策参与、服务参与和环保参与的不足。

在决策参与层面，县域管理中，九寨沟县延续了传统的科层管理模式，即上层决策，下层执行，政府决策，民众知情。这种决策惯性深深影响到社会居民参与的热情。从开放决策参与角度来看，政府机关也缺乏开放参与的窗口。例如在意见反馈、座谈会议中，社区居民鲜能有效传达个人的意愿。在服务参与中，社会居民的惯性思维是服务收费。这在传统旅游管理中是较为合理的市场思维，但在生态旅游管理中，生态服务涉及每一位参与者的利益，而且社区居民在生态服务中所得到的效用远远大于其服务行为的支出，也大于其他参与群体的效益，传统的服务付费模式亟待改变。九寨沟县在推进社区居民参与的活动中，也缺乏激励举措，仅仅依靠宣传难以达到预期目的。在具体的环保参与中，大多数参与行为是在强制性制度安排下进行的，如果没有一定的奖惩举措，居民参与的行为会大打折扣。此外，尽管政府部门通常采用说服教育等宣传性举措来实行管理，但其成效并不显著，投入和产出不成正比。在此情势下，应该关注的核心在于如何提升社区居民参与的积极性，参与后的成效问题也是值得跟踪的议题。

6.2.3 生态旅游管理的环境态势

当前生态旅游面临着大好机遇，同时也迎来了管理上巨大的挑战。世界各国在强调生态重要的同时，也面临着如何平衡经济发展与生态保护的困境。总体上看，生态旅游者持续增加，生态旅游在世界旅游业体系中地位日益重要，生态旅游业逐步完善，生态旅游产品趋向于个性化和多样化。在建设生态文明的战略规划下，我国的生态旅游业也受到了前所未有的重视。一些政策、标准和规范相继出台，有助于促进生态旅游健康快速发展。结合当前生态旅游管理态势，九管局提出了以生态建设为核心，兼顾县域经济协同发展的规划思路；环境评价系统化，构建生态保障网络；建构全覆盖监测系统，强化监管执行力；创新管理与服务模式，提升游客满意度；规范管理标准，推动经营思路转变；经济与文化双层激励，挖掘社区参与动力。

6.2.3.1　总体形势

创新生态旅游模式成为探索生态旅游管理的重要出路。在这种局势下，认清大的环境态势变得尤为重要。总体来看，生态旅游管理的环境形势呈现如下特征。

（1）生态旅游者持续增加。由于各种环境问题十分突出，各国对环境保护日益重视，以保护环境为导向的生态旅游还以开展生态教育为特色，必然会引起越来越多的旅游者的兴趣。“回归自然”已成为一种时尚，为生态旅游发展营造了良好的社会氛围，生态旅游的精品性和可参与性也是旅游业消费升级的一个方向，未来会有越来越多的旅游者加入生态旅游者的队伍，生态旅游客源市场将进一步拓宽。

（2）生态旅游在世界旅游业体系中的地位日益重要。生态旅游作为一种新的旅游方式和旅游开发思路最早出现在西方国家，随着生态旅游理念的发展和普及，越来越多的国家和旅游开发者以及游客开始认同这一新型的旅游方式。生态旅游既作为一项高端专项旅游产品，又有逐渐向大众化旅游产品发展的趋势。随着生态旅游的原则和理念逐渐被政府、开发商和旅游者认同，生态旅游已经被不同国家市场所认可和接受，日益成为大众旅游的基本内涵。从数值上看，不论是旅游者数量还是产业收入都在世界旅游业中占据重要地位。

（3）生态旅游业逐步完善。由于生态旅游不断发展以及地位的提升，生态旅游所涉及的吃、住、行、游、购、娱将能吸引越来越多的投资者提供相应的服务，生态旅游产业体系必将进一步完善。旅行社也将出现“生态导游”，甚至出现专门化的生态旅行社，交通与餐饮业更加符合环保要求，打出绿色招牌，各种各样的生态旅游纪念品也将出现，并会出现更多的生态旅游规划公司和生态旅游景区。

（4）生态旅游产品趋向于个性化和多样化。由于生态旅游者的经历不断丰富，对产品的多样化和个性化要求越来越高。生态旅游市场的增长也使得游客需求越来越多样化，而承载力较小的特征又让游客必须分散，生态旅游者较高的消费能力也可以承担较高价格的旅游产品。因此，有关生态旅游的产品具有多样化、个性化的发展条件，必须针对不同的资源精心设计，使生态旅游进入“投入少、加工深、收益高”的新模式，进而推动生态旅游健康、可持续发展。

6.2.3.2 中国生态旅游发展的态势

中国生态旅游的主要承载者是各种各样的自然风景，包括保护区、名胜区等。当前，中国生态旅游开发的模式开始从纯粹的自然风景转向了融合更多文化与技术的新生态景致。生态旅游的管理也从简单、粗放的管理，逐渐走向集开发与保护于一体，政府与开发展商、居民协同的集约化、多样化管理模式。生态旅游作为一种观念，正渗透到各种旅游产品的开发设计中。国民经济和社会发展“十二五”规划明确指出要“全面推动生态旅游”，在“十二五”规划纲要中，国家对生态旅游做出了系统的战略安排。文化和旅游部与生态环境部制定了《国家生态旅游示范区建设与运营规范》《国家生态旅游示范区管理规程》以及《国家生态旅游示范区建设与运营规范评分实施细则》等，出台的政策文件足以证明国家对生态旅游开发的重视，而这些文件的执行也将大力推进中国生态旅游事业的发展。

目前，可持续发展战略已成为我国基本国策，生态环境问题更是受到了极大的重视，在全国范围内进行生态文明建设，并建设各级生态示范区。同时，旅游业也受到了前所未有的重视，已被确立为战略支柱性产业，因此，以保护为目标的生态旅游受到了各级政府的重视。文化和旅游部在 1999 年和 2009 年两次将主题年定为“生态旅游年”。在生态旅游开展较好的四川、云南、浙江等省，生态旅游实践和研究活动都得到了政府的大力支持。目前，各级政府非常重视生态旅游的发展，一些政策、标准和规范相继出台，将促进生态旅游健康快速发展。

6.2.4 九寨沟生态旅游管理相关对策

6.2.4.1 以生态建设为核心，兼顾县域经济协调发展

九寨沟县的资源、环境、文化、经济发展条件的特殊性，决定其生态旅游规划的难度非常大，虽然整体上有国家与省级的相关宏观规划确定基本方向和战略，但九寨沟县生态旅游的具体规划仍存在很多不适应性。面临这种不适应性，九寨沟县生态旅游管理应该主动适应旅游业的快速发展。生态规划要强调生态特色原则，保留传统文化和景致。在规划中首先要做到集思广益，多方参与。生态规划的复杂性决定了规划必然涉及多群体的利益，鼓励多方参与。一方面是要在争议中寻找出路；另一方面有助于做出科学的判断，制定出合理的战略。其次，要坚持保护优先的原则。要明确生态的底线，即使限制生态旅游业的发展规模和速

度，也不要以破坏生态环境为代价。最后则是注重规划的整体协作。协调好生态旅游建设项目和服务设施与生态旅游资源的关系，以保证生态旅游业在开发的时候不会顾此失彼，尤其是生态效益和环境承载力问题。

具体而言就是将自然生态和人文生态融合发展，形成真正的生态旅游管理模式。对九寨沟县的生态旅游规划应该借鉴或参考《中华人民共和国生态旅游管理技术规范（讨论稿）》，组织申请国际性的生态旅游大会或研讨会在九寨沟县召开，从而获得海量的生态旅游发展和国际友好型生态旅游发展专家人才库。九寨沟县可以利用这些契机更好地介绍九寨沟县的特色。还应组织国家相关主管部门协同调研，参与共同规划。这样不仅能对九寨沟县全域生态旅游管理进行相对科学的总体规划，还将为九寨沟县发展生态旅游或规范我国生态旅游管理模式起到积极推动作用，在旅游规划、环境影响评价、旅游地环境管理及监测、游客服务和管理、经营管理、社区参与等多个方面给出更加科学的具体规划。

6.2.4.2　环境评价系统化，构建生态保障网络

（1）环境评价系统的建立需要以法律法规为蓝本。当前有《风景名胜区暂行管理条例》《中华人民共和国自然保护区条例》等行政法规，还有《环境保护法》等，技术性规定诸如《自然保护区生态旅游规划技术规定》以及《国家级自然保护区规范化建设和管理导则》，这些法律法规和技术性规定事实上已为环境评价设定了基本的范畴，但是在具体的操作上仍然存在一定的模糊地带，很多评价难以执行。

（2）加强环境评价管理团队和技术团队建设。环境评价既是一个管理活动，也是一个技术活动，需要建立一支灵活高效的执行队伍。一方面，在缺少专家和管理人才的当前，可以通过高薪

引进，九寨沟县优良的生态资源的吸引力随着社会的发展会越来越大。另一方面，从长远来看，九寨沟县需要培养自己的环境评价和管理人员，通过吸引和留住高校相关专业毕业生，建立持续可靠的激励制度，建构一支优秀的团队。

（3）关注生态建设的社会评价。除了生态环境的评价，还要关注生态建设的社会评价。并不是所有生态建设都是和谐的。生态旅游开发可能会引发社会矛盾。开发旅游面临复杂土地所有权转让问题，可能引起开发商和社区冲突以及社区内部冲突。社区居民也可以自己开发景点和旅游项目，出售纪念品和土特产品，开办自己的旅游公司，一定程度上和外来开发商存在竞争，他们可能开发同质的旅游项目，出售同类产品，在价格方面恶性竞争或是争抢客人，也可能在一些资源利用上产生矛盾，如道路通行、水源利用等。由于旅游者的示范效应以及生态旅游社区商业机会的增加，生态旅游的开发也会带来社会方面的负面影响，如道德失范，商业化和庸俗化等现象。在一些地区，由于土地缺乏，需要在保护区域种植粮食作物和经济林果以及药材和食用菌，还有的需要放牧。开发生态旅游在一定程度上需要改变社区对资源尤其是对脆弱资源的依赖。除此之外，旅游开发后由于游客涌入会导致物价上涨，造成当地居民生活成本增加。

6.2.4.3 建构全覆盖监测系统，强化监管执行力

首先是要建立健全全覆盖的监测系统。生态管理的系统性决定了其监管的难度和复杂性。建立全覆盖的监测系统一方面要扩大监测面，另一方面则是要选取合理的监测点。任何监测都难以细化到每一方土地，旅游地的监测更是如此，在监测系统中科学制定点和面结合的测量，不仅可以节约成本，还能达到预期的监测效果。建立全覆盖监测系统也需要提升监测工具和方法的科学性，监测数据要寻找专家论证，探讨科学权威的解释。监测面和

监测力度的增加需要加大财政投入，不能因为监测难以创造效益而轻视监测的重要性。

其次，要改善工作制度，加大监管的有效性。建立县委例会制度，定期听取重点项目进展情况，研究存在的问题，部署推进措施；成立重点项目“建设推进、要素保障、督查考核”三方面的领导小组，负责重点项目的调度协调、要素保障、政策研究和考核督促等工作；统筹确定中查沟开发、南坪古镇等20个年度重点项目，确定生态经济规划、全域旅游产业规划等重点工作，并实行“团队负责制”，各重点项目应由“四大家”主要领导同志或县委常委任组长，“四大家”相关领导同志任副组长，一个乡镇或单位为责任单位，具体负责重点项目推进。召开重点项目和重点工作汇报会，听取各工作组工作推进情况，进一步明确年度任务，细化工作举措，倒排工程工期，确保推进效果。

最后，加大监督执行的力度要从提高监测人员地位，提高其工作积极性入手；建立目标责任制度，加强能力建设。提高监测人员的地位一方面是从宣传教育、职位责任设定上面提高；另一方面则通过薪酬激励，要让监测人员的特色发挥出来，给予更多展现其技术监测本领的机会。目标责任制度的建立是要明确监测的任务。由于监测活动是一种显性的活动，能够做到指标的量化，可以通过绩效考核实现这一制度。提高监测能力有两方面的要求，其一是整个监测机构运作机制的调整，综合调整部门之间的职责，明确部门的核心任务，提高部门的执行力；其二是加大对监测技术人员的培训，通过实验教学或交流学习，进一步了解最新技术发展趋势，提高监测的敏锐性。

6.2.4.4　创新管理与服务模式，提升游客满意度

旅游地的服务和管理是生态旅游最直接的价值体现，提升九寨沟县生态旅游的竞争力需要从提升游客对服务和管理的满意度

开始。

6.2.4.4.1 要创新管理和服务模式

旅游管理的创新是在探索生态管理中摸索出的一条路，管理创新最为迫切的是技术化和网络化管理。通过建立移动互联服务站，在同一时间不同区域实现统一管理操作。也可以通过开发App管理软件，建立管理团队公众信息服务微信号或微博号，更便捷享有网络管理。通过开发面对公众的旅游App也能实现与游客的互动参与，以参与活动带动管理效率。在服务层面上，值得关注的是对服务质量反馈信息的收集，注意从不同的评价平台收集游客服务反馈信息，分析不同身份的游客对服务质量的需求，了解不同游客对生态旅游体验的认知，从而建立大众反馈信息的大数据管理系统，为旅游服务质量的提高打下坚实基础。另外，需要注意的是一种以满足游客自助需求的管理模式逐渐兴起，在这一模式下，管理者通过提供更多的生态服务选择，让游客体验旅游区“做主”的新式旅游管理，在这方面值得关注的是“自助”提供的都是绿色产品和服务，不会产生浪费。

6.2.4.4.2 要依照生态系统管理的框架，建立全流程的服务管理系统

生态系统管理强调系统性，即从基础建设、规划执行、教育培训、评价与反馈等方面全面建立服务体系。在基层建设方面，以满足游客便捷性、生态体验为标准；在规划和执行中，注重服务方案的设计，关注游客的切身体验，提供多种备选方案，比如以食宿为核心的生态体验方案，或是以交通通信为核心的方案等；在教育培训方面则更加关注当地服务人员的礼仪和态度的培训，提高服务质量；在评价和反馈信息方面，关注游客对服务的评价，通过分析反馈的各类信息，有针对性地进行改进。

6.2.4.5 规范管理标准，推动经营思路转变

对于企业和旅游市场的规范化管理，需要拟定新的标准，以标准化来解决不公正、投机性问题。标准主要涵盖经营参与的标准、经营惩处的标准与经营竞争的标准。

6.2.4.5.1 制定经营参与的标准

除了身份平等性和生态保护性，制定参与的标准需要转向一个新的思路，即扩大居民的深入参与，居民可以参与旅游项目的开发，参加生态旅游资源的调查评估，制定产品开发策略、产品的规划设计、实际产品的开发、产品营销以及产品开发后的生态环境影响评估。在外部力量的支持下，居民还可以独立开发一些旅游项目。此外，居民还可以参与接待、旅游商品制作与出售、一些特色服务项目经营等，居民参与经营可以以个体形式，也可以以企业形式，其中企业形式可以和政府企业或外来投资企业联合经营，也可以是社区单独成立企业经营。

6.2.4.5.2 制定经营惩处的标准

生态旅游管理中必然要面对的一个矛盾是经营的企业行为与环境保护，面对常常出现经营“越界”的行为，必然要对违规现象进行惩处。对于以损害生态利益获得经济利益的行为要出台最严格的惩处策略，对于“打擦边球”的企业亦要给予相应处罚，并将惩处的规定尽快修订完善，严格执行。

6.2.4.5.3 制定经营竞争的标准

县内经济竞争有其有利的一面，同时也产生了弊端。以宾馆服务为例，不同环境标准下的宾馆建设考虑到成本问题，必然出现价格差异，但由于竞争模式下，价格下降所带来的影响使得更多的宾馆放弃了原有生态排放标准，使用不达标的产品和乱排放。这些竞争不仅带来竞争秩序的混乱，更加关键的是对生态产生影响。经营竞争的标准要设立一个核心，即任何违背生态原则

的立即淘汰出局。这些标准一方面是对市场主体的约束，另一方面则是对政府管理工作的规范，对于双方而言都具有重要的价值和意义。

6.2.4.5.4　转变经营重点与思路

对九寨沟县而言，人文旅游极具底蕴与特色，应该积极提倡将文化兴县作为切入点，发展全域旅游。从文化传承发展入手，深入挖掘县史，弘扬传统文化，发展乡村旅游，让群众充分认识到：日子是过明天的，那明天就不能重复昨天的不足，要想每天都精彩，那就必须创新，创新不是为了创新而创新，一定是为了创造价值，所以创新是一种承前启后。要发展九寨沟人来做九寨沟文化，也就是说要做自己的文化，使游客能在享受乡村旅游发展中找到历史的印记和厚重的文化底蕴，感受九寨沟县的历史变迁；记载九寨沟县为推动发展全域旅游，展示新农村建设成果史，让游客入住菜园村寨时能体村寨风情，听九寨民乐，绣九寨生活，弹唱九寨琵琶，悟九寨人文。要使村民们明白乡村旅游的发展不是跟着别人一样走了多久，而是要靠自己的特色独自走了多远；明白文化与旅游、文化与发展之间的和谐共荣关系。

6.2.4.6　经济与文化双层激励，挖掘社区参与动力

为使社区积极保护资源和环境，必须要以社区为出发点，将社区利益和保护资源环境联系在一起。生态旅游开发中可以吸纳社区居民从事具体的保护工作，还可以让他们承担生态旅游环境解说职责，并通过开发旅游项目使民俗文化和手工艺得到传承。

6.2.4.6.1　社区居民参与积极性的提高要采用循序渐进的方式

首先，要让社区居民知道生态旅游的开发对本地未来发展的影响，对旅游开发的必要性、开发的时间、开发领域以及对当地资源与环境的保护提出自己的意见，决策要有社区大多数居民的意见。其次，要建立评估、反馈机制，定期组织座谈会或设置意

见箱，广泛倾听当地居民对旅游业发展的一些看法和要求，及时调整生态旅游开发中的某些策略。第三，居民要参与讨论重大旅游项目的设计立项工作，对于重大项目必须保证社区知情权和协商制度，并对一些旅游重大决策实行否决制度。第四，社区必须参与制订利益分配方案，保证居民在利益分配过程中的优先和公平。社区参与旅游决策分为被动参与和主动参与两种，前者由政府主导，后者由社区主导，随着社区意识的提高，社区将会更加积极地参与旅游决策。

6.2.4.6.2　要提高社区居民的参与技能

社区居民的文化程度和参与技能较低也是生态旅游社区参与水平较低的重要原因，促进社区成熟参与必须通过培训和教育来提高居民的参与技能。主要需采取以下措施：一是要进行基本服务技能、经营技能的培训，使社区能够参与到旅游业中；二是要对社区居民进行生态教育和环境教育，结合社区居民自身的经验参与资源与环境保护；三是选拔社区年轻人到高等院校接受专门教育，以培养他们参与管理工作。另外，还要提高他们对生态旅游的认识水平，使其具备主观意愿和客观条件参与到旅游经营、管理和服务中。

6.2.4.7　为促进生态旅游可持续发展的有关生态旅游者的建议

6.2.4.7.1　加紧培养严格的生态旅游者

严格的生态旅游者不但有强烈的生态意识、深刻的环境责任感，愿意主动接近大自然，关注和思考环境问题，而且他们对自身旅游舒适度要求很低，不会为了自身方便而损害当地的生态环境。要想促进生态旅游可持续发展，维护社会与自然的和谐，就应该加紧培养严格的生态旅游者。如学校可以开设生态旅游教育课程，从孩子抓起，培养生态旅游主力军；报纸期刊、电视网络等社会媒体可以加强生态旅游者的宣传，提高大众的环境保护意识，为专业生态旅游者的培养打下基础；还可以成立专门组织，倡导知识阶层、环保主义者等加入，推动生态旅游；另外，旅游行政管理部门还可以建立培训班等，进行生态旅游教育，让更多的人体验生态旅游内容，明白生态旅游者的义务和责任。只有严格的生态旅游者才会在旅游中将环境保护时刻作为自己行动的指南，尊重目的地生命和生态过程，将促进目的地文化和经济发展看作是自己分内的责任，在旅游的过程中保护自然，推动旅游区和社区共同生存，促进生态旅游可持续发展。

6.2.4.7.2　强化生态旅游者的环境和责任意识

生态旅游者的环境和责任意识对其行为起着指示引导的关键作用。生态旅游者只有树立起良好的环境和责任意识，才能在旅游实践中做到保护自然环境，将生态保护和经济推进看作自己的义务。因此，学校、社会媒体、景区或各种教育管理机构等要对生态旅游者进行环境教育，让其理解人与自然和谐相处的重要性，自然对人类发展的巨大作用，理解生态美的内涵和特点，理解可持续发展是要保持自然生态的平衡性、永续性以及人类与自然万物有着共同的根本利益；要帮助生态旅游者树立起对自然的责任意识，使他们在旅游中为当地的环境保护和可持续发展做贡献，协助旅游管理部门进行资源保护；加强对生态旅游者的教育，使他们具备充分的生态意识和生态道德，促进生态旅游的可持续发展。

6.2.4.7.3　改善外部环境，激发生态旅游者的旅游动机

要造就一个优秀的生态旅游者，使生态旅游者秉承保护环境和促进发展的理念进行生态旅游，身体力行维护生态的稳定以及自然与社会的和谐，社会环境条件同样至关重要。现今生态旅游发展的环境条件仍然不够完善，对生态旅游者队伍的发展壮大会产生或多或少的不利影响。因此，各级政府管理部门可增加社会

保障、福利，以经济发展为中心，增加人们可自由支配收入，促使更多的旅游者能够支付生态旅游消费；调整工作日制度，增加带薪休假时间和人数，使更多的人有休闲时间进行生态旅游；完善交通、住宿等与旅游业密切相关的产业，增强生态旅游便捷度，吸引更多的人加入生态旅游者的队伍中来。另外，旅游行政管理部门还可以对各个生态旅游景区的制度进行调整，如九寨沟门票费用中就可以取消必须购买观光大巴车票一项，鼓励和引导生态旅游者选择更原始、更环保的食宿行游方式。因此，通过外部环境的调整，使越来越多的生态旅游者迫切希望回归大自然、了解古老的民族礼仪习俗、追寻和谐的自然人文生态美，就能够更有效地促进自然保护和生态旅游的可持续发展。

6.3 九寨沟发展低碳旅游

6.3.1 发展低碳旅游的重要性

6.3.1.1 低碳旅游的概念

“低碳旅游”这一概念，最早出现于2009年5月的世界经济论坛发表的“走向低碳的旅行及旅游业”报告中。低碳旅游是指在旅游系统运行中，秉承低污染、低排放、低能耗的基本原则，在对旅游资源和环境的开发利用过程中，实现资源开发利用的高效率、低能耗和对环境损害最小化的旅游发展方式。通过尽量减少碳足迹和二氧化碳排放，达到保护旅游地的自然和文化环境，包括保护植物、野生动物和其他资源的目的，这也是环保旅游的深层次表现。

6.3.1.2 发展低碳旅游的重要性

低碳旅游作为一种可循环、高效率、绿色环保的可持续的旅游产品生产和消费方式，不仅响应了国家的号召，而且有利于旅游业自身的长足发展。

首先，发展低碳旅游，是贯彻落实文化和旅游部关于《国务院关于加快发展旅游业的意见》（国发〔2009〕41 号）的通知。该文件中明确提出："推进节能环保。实施旅游节能节水减排工程。支持宾馆饭店、景区景点、乡村旅游经营户和其他旅游经营单位积极利用新能源新材料，广泛运用节能节水减排技术，实行合同能源管理，实施高效照明改造，减少温室气体排放，积极发展循环经济，创建绿色环保企业。五年内将星级饭店、A 级景区用水用电量降低 20%。合理确定景区游客容量，严格执行旅游项目环境影响评价制度，加强水资源保护和水土保持。倡导低碳旅游方式。"

其次，作为低碳产业的旅游业，具有很大的节能减排空间。2005 年世界旅游组织研究表明，全球旅游业带来的二氧化碳排放量大约占全球二氧化碳排放总量的 5%，其中旅游航空运输的二氧化碳排放量占 2%。尽管这与大约占二氧化碳总排放量 65% 的工业碳排放和约占总量 1/3 的农业碳排放来说，旅游业的排放量微不足道，然而，旅游业属于服务业范畴，提供的是一种环境和文化服务，应该属于低碳产业，因此即使是在这 5%的排放量中，我们仍然有很大的节能减排空间。例如，仅 2005 年，全球由旅游产生的交通和住宿排放的二氧化碳总量分别为 1192 MT 和 284 MT，如果旅游业的二氧化碳排放量以每年 2.5%的年均速度增长，到 2035 年，由旅游产生的交通和住宿排放的二氧化碳总量将达到 2436 MT 和 728 MT。最后，加大旅游景区的环境保护力度，发展低碳旅游，才能实现旅游业的可持续发展。在

《2011年全球旅游业竞争力报告》中，提到了由于对基础设施建设和旅游业的大力投入，中国旅游业竞争力排名相比四年前的全球第62名，已经上升到第39名。同时，报告强调了旅游业的可持续发展，建议中国在大力发展旅游业的同时，还应该继续加强环境保护。“在经过了严峻的经济动荡期后，旅游和观光业正表现出积极的复苏迹象，特别是拉美、亚洲等新兴市场，尤其是中国。为了适应新的情况，旅游观光业和旅游胜地需要改变传统经营方式，以应对新的危险，特别是安全和环境方面。”世界经济论坛航空及旅游总监吉萨如是说。

由此可见，推动建立在低碳环保平台上的低碳旅游，不仅是一种责任，也是企业降低运营成本和促进产业持续发展的必由之路。

6.3.2 九寨沟低碳旅游的发展现状

九寨沟地处四川西北部的阿坝藏族、羌族自治州九寨沟县境内，是我国著名的国家级风景名胜区。九寨沟风景区曾先后获得全国优秀自然保护区、中国旅游胜地四十佳、全国保护旅游消费者权益示范单位、首批国家5A级景区和世界生物圈保护区等多项荣誉。并于1992年与黄龙一同列入《世界自然遗产名录》。2011年初，中华环保联合会与文化和旅游部中国旅游景区协会联合举办的“全国低碳旅游实验区工作会议暨授牌仪式”上，包括九寨沟在内的50个著名旅游景区荣获“全国低碳旅游实验区”称号。

然而，早在20世纪80年代，黄龙—九寨沟景区曾一度因为旅游者数量剧增以及相应的景区内行驶车辆过多，而给景区局部的生态气候带来了干扰。随着人民生活水平的提升，旅游业发展日益繁盛，大规模的外来游客活动超出了原本稳定却脆弱的景区生态圈的承受范围。正因为如此，九寨沟管理层和专家开始关注景区内的小生态圈平衡，着力研究九寨沟旅游的可持续发展和游客的流动性管理问题。通过不断地努力探索，九寨沟景区编制完成了《智慧九寨专项规划》，并打算在此基础上编制出中国首个《低碳旅游发展专项规划》。力图通过规划指导来发展低碳旅游，打造低碳产品，促进景区内设施的低碳化，优化低碳服务和塑造九寨沟的低碳品牌。近年来，九寨沟风景区发展低碳旅游的措施主要可以归纳为以下三个方面：第一，减少景区内的环境污染和二氧化碳排放量。九寨沟于 1999 年开始在景区内使用以天然气为燃料的观光巴士，并且禁止外界车辆进入。这样一来，在减少沟内汽车尾气污染排放量的同时，也能够保证沟内道路交通顺畅。在减少景区汽车流量的同时，景区内还大量修建了旅游栈道，鼓励游客通过徒步这种更健康的绿色旅游方式，减轻游客给景区内生态环境带来的压力。2001 年，为了缓解外部大量游客涌入给九寨沟自然生态环境带来的巨大冲击，景区开始实施游客流量限制政策，此举较大程度上缓解了原始生态区脆弱的环境与大量游客现代活动之间的冲突。2010 年国庆，九寨沟首期投入了 100 辆自行车，在扎如沟启动了“自行车骑游”项目，进一步推进了景区内低碳旅游的发展。第二，节约景区内相关旅游设施的能耗。2001 年，九寨沟管理局拆除了景区内所有的公共卫生间，并引入了智能型全自动免水冲环保型厕所，实现了公厕排放的减量化、无害化和资源化。同时，景区内的路灯、厕所照明以及环境监测仪器设备等除了使用普通的水电，还辅以太阳能和风能。在景区的管理层级，九寨沟管理局以身作则，减少办公用纸，督察节能减排活动，并且将各个部门签订的节能减排协议纳入每年的绩效考核中。第三，将景区内的碳排放转移到景区外。为了减少游客食宿对景区生态环境的影响，以及因此而带来的生活垃圾对景区内生态环境的污染和破坏，九寨沟管理局于 2001

年关闭了景区内所有的宾馆酒店。目前，所有的宾馆酒店都集中在沟口上下 7 千米范围内。同时，九寨沟景区内所有的垃圾采用打包外运集中处理的方式。

6.3.3　对我国全面推行低碳旅游发展的建议

6.3.3.1　大力倡导旅游企业节能减排

旅游企业主要分为直接旅游企业、辅助旅游企业和开发性组织三类。对于现代旅游业而言，在为旅游者提供各种服务的企业中，起重要作用的是旅行社、交通和以饭店为代表的住宿业。

旅行社的主要作用包括旅游产品的开发、旅游产品的销售、旅游服务的采购和旅游接待。因此，在一定程度上，旅行社对游客旅游方式的选择具有重要的引导作用。选择低碳环保的旅游路线和交通模式，推广诸如徒步旅游、自行车骑游的低碳旅游项目，都有利于景区节能减排。

交通不仅是旅游业发展进程的一个重要标志，还可以成为一种旅游方式（如乘船游览长江三峡、乘车观光景区风景等）。对于一个旅游景区来说，集散、运送和疏导游客都是依赖于交通的。就九寨沟而言，由于其地处偏远，没有直通的铁路，而公路盘山曲折，危险系数极大。因此，如果能够用更方便安全的公路运输或者修建连接九寨沟与主要城镇间的铁路，来代替高能耗高碳排放量的昂贵的航空运输，那么就能够降低由于九寨沟旅游线路带来的产生于景区外的大量二氧化碳排放。

九寨沟在低碳保护区建设中首要的任务就是实现低碳交通，通过对运输结构和运输效率的优化最大限度地减少碳排放总量。旅游交通的低碳化可以通过采用替代性能源，减少汽车尾气的碳排放；倡导环保的交通方式，在沟内提倡步行；在交通规划设计中，尽量缩短交通换乘中心到各保护区点的距离，游客能够通过步行到达目的地，避免过分依赖机动车。其次，节能减排从根本上来说是生活方式的转变。游客的行为直接关系到能源的消耗，尽量少安排、不安排高碳排放的旅游项目。

以饭店为代表的餐饮住宿业在旅游中发挥着不可或缺的作用。景区内的餐饮住宿不仅能给景区带来巨额的收益，而且由此产生的能源消耗和生活垃圾也会给景区带来负面影响。对于该项旅游企业可能产生的高能耗，政府应该正面地引导环保节能工作的开展，如制定对级别不同的绿色企业给予不同的税赋减免和补贴政策，在水电费收取上采取阶梯性定价政策等。对于该项旅游企业产生的生活垃圾，可以借鉴九寨沟管理部门的相关做法，对景区内所有的垃圾采用打包外运集中处理的方式，减少游客活动对景区特殊生态系统造成的影响。

6.3.3.2 加强低碳旅游宣传，倡导低碳旅游方式

我国经济发展水平相对较低，人民对于保护环境的重要性认识还不够全面，环保意识也比较薄弱。例如，旅客在交通工具的选择上，往往会选择飞机，很大程度上是因为方便、舒适、快捷，部分游客放弃飞机而选择火车、汽车的原因则是便宜，而非环保。类似的，在短途旅游中，大部分游客为了方便，选择了会带来更多碳排放的自驾出游模式。正是由于我国公民环保观念的薄弱，就更需要政府、媒体以及企业加大对低碳旅游的宣传力度，让践行低碳旅游不仅成为公民对自然环境保护的一种责任，更让其成为一种流行时尚。

九寨沟在发展低碳旅游之初，便在景区内强制推行以天然气为燃料的绿色环保观光巴士；在倡导低碳旅游方面，九寨沟景区内修建了徒步栈道，又推广了自行车骑游项目，丰富了景区内旅游方式的选择，增加了低碳旅游的乐趣；在编制《智慧九寨专项

规划》过程中，又在九寨沟景区内先后举办智慧景区研讨会、发展低碳旅游和如何进行低碳管理的专题讲座以及发展低碳旅游国际论坛，通过这样的形式，一方面研究探讨了低碳旅游模式，另一方面对低碳旅游知识进行了宣传普及。

因此，为了强化旅游者的节能减排意识，提高其低碳化的能力，一方面可以按照旅游的“食、住、行、游、购、娱”六个方面来收集和整理国内外低碳旅游小窍门和实用方法，并进行分门别类的总结，制作成便于旅游者携带和识读的小手册。另一方面可以通过开发、推广和普及低碳旅游节能减排的计算软件，让游客在每次旅游结束后，计算此次低碳旅游与以往的一般旅游模式相比减少的碳排放量，从而激发旅游者对于节能减排的兴趣和积极性，让游客进一步自发地挖掘节能减排的潜力。

旅游业碳排放多来自能源消耗，九寨沟能源碳排放占碳排放总量的81.86%，其中大半来自燃油、1/3来自电力，其余来自天然气和木炭。在几类能源中，木炭和柴油、汽油的碳排放系数大，因此应该尽量减少这几类能源的消耗，甚至在可能的情况下替代该种能源消耗。二次能源与新能源比一次能源单位产出的碳排放更低，上述几类能源中电力的碳排放系数最小。因此，九寨沟交通方式、餐饮、住宿等商业经营中应尽量使用二次能源与新能源；旅游设施和活动尽量采用自然光源和自然游览及娱乐；旅游建设要采用节能建筑材料，缩短交通距离，采用环保新能源。总之，要改变以煤炭、石油等化石资源为主的能源结构，发展风能、太阳能、核能等清洁能源以实现低碳旅游。在能源供应方面，旅游产业能源供应向分散式、可持续的能源供应转型：鼓励垃圾发电及其应用；本地化可再生能源；建设大型可再生能源发电站等。

6.3.3.3 出台相关规章制度，为城市（景区）低碳旅游的发展提供法律保障

目前，我国还没有出台与低碳旅游相对应的法律法规。对于九寨沟景区而言，除了《国务院关于加快发展旅游业的意见》和九寨沟景区自行编制完成的《智慧九寨专项规划》这两部公开却不具有法律效力的规划指导，相关的法规主要有《中华人民共和国环境保护法》《森林法》以及《大气污染防治法》等。

由于没有相关的规章制度来督促和约束该行业的节能减排，导致了九寨沟景区与同行业之间的不公平竞争。九寨沟在发展低碳旅游初期，在基础设施方面投入大量的资金。与此同时，九寨沟为了保护景区的生态平衡，强制将宾馆酒店等餐饮住宿场所迁至沟外，除了需要补贴食宿经营者的损失，这样的不便利还会使景区丧失一部分游客群体，由此带来的巨额经济损失给九寨沟的运营管理带来了压力和挑战。

因此，国家牵头制定相关的规章制度，不仅能为旅游业提供一个行为指导依据，促进各城市（景区）加快推行低碳旅游项目，同时也能为城市（景区）的低碳旅游发展提供必要的法律保障。

九寨沟管理局可以探索性地推出一些措施，鼓励低碳生产和消费，引导公众和企业的积极参与。

首先，在鼓励企业减碳方面，旅游企业是实施低碳旅游的重要保证，应积极推进自然保护区、宾馆酒店和餐饮娱乐场所采取节能减排措施。九寨沟可以通过考核积点奖励方式，一方面鼓励企业加入生态旅游产品和绿色饭店认证、绿色环球“21 可持续旅游标准体系”、ISO14000 认证体系、Smar Voyager 认证体系和澳大利亚 NEAP 认证体系等国际上较为成熟的相关认证体系；另一方面鼓励企业开发不仅要符合低碳功能，更要有引领低碳时

尚的潮流，开发能发挥市场驱动力和价值效应的低碳旅游产品，号召旅游企业在低碳化发展过程中相互借鉴学习，进行探索性建设。

其次，采取措施对公众的低碳旅游行为进行相应的激励，使公众体验到低碳行为带给自身的福利。九寨沟可以在人流高峰时期开展“带走我的垃圾”活动，提倡游客自身自运垃圾出沟，给后来人留下一个美好的环境，在旅游活动结束后给游客颁发“碳减排证书”，吸引广大公众参与受益，深刻体验低碳旅游行为带来的社会、环境和经济的综合效益。

第三，九寨沟需要加强低碳公共服务体系的建设，推动自然保护区设施和服务低碳化发展，如提高清洁能源使用的比例，实现旅游交通系统、旅游接待设施系统和公共卫生系统的低碳技术装备，营造公共游憩场所的低碳旅游体验环境。

第四，九寨沟可以从政府部门争取对该自然保护区在低碳保护区建设中的政策支持，争取多种经济手段（如减免税收、补贴和设立减排贡献奖等）来为九寨沟企业营造良好的低碳环境，促进九寨沟自然保护区的可持续发展。

6.3.3.4　土地利用的优化与保持

九寨沟碳汇主要来自林地，尤其是原始森林。1975—2012年九寨沟碳储存量的增加，主要得益于九寨沟林地的保护与恢复。九寨沟土地利用的优化就是要优先保持林地面积的稳定和增长。建设用地是九寨沟旅游和居民的活动区域，也是碳排放产生区域，建设用地扩大不但会减少其他土地类型面积以致碳储存量减少，也会使得土壤储藏的碳因为土地利用变化而释放，因此，应当严格控制九寨沟建设用地的面积和规模。

6.3.3.5　居民人数控制与游客分流限制

九寨沟居民人数和游客人数增长是九寨沟碳排放增长的根本原因。虽然居民碳排放在整个碳排放中的比例在不断减少，但总量则因居民人数增长而稳定增长。居民人数控制可以通过新生人口的外迁和非保护区内就业人口的外迁来逐步进行，最终实现保护区居民的保护区外部安置。游客规模增长促进了九寨沟碳排放的快速增长，从长远趋势看，前来九寨沟旅游的游客数量还会继续增加，游客碳足迹增加也可以预测得到。九寨沟可以采用错峰方法来减少个别天数游客集中旅游出行对保护区环境的负面影响，具体方法可以通过延长门票的有效期、实行预约奖励制的保护区团队游客准入、实行散客预约进入、每日游客数量上限等措施。

6.3.3.6　不同利益相关者的减排责任分担

九寨沟碳足迹产生的主体有居民、游客、保护区经营性公司、管理局。保护区经营性公司的碳足迹最大，占碳足迹总量的56.78%，其次为保护区游客、保护区居民和管理局。从保护区经营性公司碳足迹分析来看，7.00%为保护区交通碳足迹，19.99%为沟口餐饮、住宿、购物的碳足迹，2.94%为诺日朗餐饮碳足迹。保护区交通是辅助游客游览活动、提高游客在沟内游览效率所必需的；诺日朗餐饮商业是为满足游客在沟内饮食需要所提供的，其存在也有必要性，因此减排可以通过改进能源结构（如将诺日朗餐饮柴油炉灶改为电力炉灶）、提高能源效率（如提高车辆载客率）、提高车辆排放标准（将观光车辆升格为欧Ⅳ、欧Ⅴ排放标准）等。

保护区游客碳排放主要来自游览过程中的废弃物遗弃。游客碳减排主要是通过针对游客的环境教育，鼓励游客“带走的只有照片，留下的只有脚印”，倡导游客节水节能，告诫游客不能在沟内留宿等。管理局碳排放主要来自沟口管理局日常办公与管理活动，其他来自管理局工作用车和保护区建设。管理局减碳责任主要可以通过减少办公垃圾、提倡办公室节能、减少加班及提高轮休效率等措施进行分担。

居民的日常生活也是九寨沟自然保护区碳排放的主要来源之一，保护区居民碳排放来自电力使用、木炭燃烧、垃圾排放和私家车驾驶，保护区居民碳减排责任可以通过减少甚至杜绝高碳排放的木炭使用，推广垃圾回收处理，减少私家车使用等办法进行分担。提高居民参与程度也是建设低碳保护区不可或缺的一个方面，可通过提供信息、咨询和培训来提高公众的低碳意识。具体包括：提供免费的家庭节能与循环利用咨询；专门建立气候科学中心，以儿童和青少年为对象开展以气候为主题的教育活动；建立完善的废弃物回收分类体系，鼓励回收利用废弃物品。

6.3.3.7 加强环境教育，转变公众观念和消费方式

九寨沟减碳过程中除了采取设计减碳环境和完善减碳措施，引导游客、居民、从业人员、管理者主动参与减碳也是非常重要的。一方面，通过环境教育，可以增进公众对低碳旅游和低碳保护区建设的理解，提升公众对减碳意义重要性的认识，拉近公众对低碳减碳的实践参与，澄清公众认识中存在的误区，向大家阐明如何既不降低旅游过程的舒适性，又能够有效实施低碳行为，最终增强公众低碳旅游的消费观念与意识。另一方面，通过环境教育使公众认识到人类行为对环境的影响，通过新闻媒体、宣传栏、公告牌等让公众了解不负责任的旅游行为对环境的影响方式、途径及后果，认识到个人行为改变所能产生的社会、经济和环境效益，切实提高公民的社会道德素质和环保意识，强化“低碳旅游，从我做起”的理念。

提倡资源节约型消费，才能形成生活消费与生产供应的良性循环。九寨沟在采取政策引导调控的同时，可以采取环境教育的方式倡导资源节约型消费，参考2007年国家科技部公布的《全民节能减排手册》，鼓励游客、居民、工作人员积极参与工作和生活方式的改变，倡导36项生活行为，如减少粮食浪费、合理使用空调、每月少开一天车、减少一次性筷子使用等。九寨沟应尝试开发适合各阶层公众的低碳旅游行为示范准则，并开展教育推广活动，为公众提供改变行为的途径和具体指导。

6.4 九寨沟景区的文化保护与旅游再开发

6.4.1 文化保护与旅游开发的历程

6.4.1.1 忽视文化保护引发传统文化的缺失

令人惋惜的是，在2000年以前，九寨沟因全力打造自然观光旅游、完善旅游服务设施等原因而忽略了遗产的文化价值，文化保护工作一直是不系统、不全面和不自觉的。文化缺失直接导致九寨沟的传统文化面临危机。

危机首先表现在民族文化的载体——母语逐渐遗失，文化传承后继乏人。由于九寨沟内的孩子大多被送到外地求学，他们长期远离家乡，逐渐淡忘母语。九寨沟藏语又属于无文字方言，即使是学习藏语的孩子，学的也不是当地藏语。这使得九寨人千百年热烈生动的人生和朴实深邃的智慧面临因母语失传而无法薪火相传的绝境。其次是宗教信仰逐渐淡化，参加宗教活动和去寺院的人数减少，部分居民用布施更多的钱证明他们的信仰。相比于老年人，年轻人很少去寺庙，对转山等其他宗教活动也大多缺乏热情，更不愿意做僧侣。

危机还表现在传统文化加速变迁。旅游是文化权力的延伸：民族旅游者一般都生活在自己的文化圈中，只能委屈土著居民来适应自己。以沟内九个特色各异的藏寨为例，它们原本依山而建、错落有致。1984 年家庭旅馆兴起后，村民陆续下山选址建房，景区主干道旁很快矗立起街道格局的新房。民居装饰风格也逐渐改变：游客希望藏寨装饰有他们认知中的泛藏化特征，为了迎合游客需求，招揽其前去消费，有能力美化居所的村民纷纷淘汰掉过去简单朴素的装饰风格，代之以更加丰富的图案和更为鲜艳的色彩，赶时髦般将新居内外涂画一新。由于聘请的画匠大多来自文化各异的周边地区，图案装饰经常出现违背传统乱嫁接的现象，宗教与民间绘画题材相混淆的情况也越来越突出，以至于不少游客将涂画过度的民居误认为是寺庙。如今的藏寨虽然外观艳丽，但在少数口岸人家获得商机的同时，整个藏寨却早已失去昔日朴素自然、与环境和谐统一的原始风貌，传统建筑文化被损害殆尽。正如一位当地老人所说，除了房前屋后的竖帽外，路旁的藏寨几无本土特色。

文化缺失还表现在九寨沟的自然风光早已有了极具市场号召力的品牌定位，如“水景之王”“童话世界”，其旅游宣传也借此一味宣扬遗产的观赏性，而在很长一段时间几乎完全忽略了遗产的文化意义。这造成旅游对自然资源过分依赖，影响游客对九寨沟旅游环境与功能的感知评价。

6.4.1.2 启动文化保护和开发工作

九寨沟的旅游再开发急需弘扬和利用文化。2000 年，九寨沟管理局第一次明确提出要对景区文化进行保护、挖掘、开发、利用，随即展开有组织的文化工作：一是收集了部分民俗宗教物品，供游客中心展出；寻访民间说唱老人，录音保存口述史《九寨沟格萨尔王的传说》；收集编撰《九寨沟民间故事集》，正式出版《九寨沟藏族文化散论》和部分山歌、酒歌、劳动歌的磁带。二是建设了树正民俗文化村；恢复了部分民俗活动，如树正、则查洼和热西寨的舞龙、盘亚寨的舞牦牛、尖盘寨的舞狮活动，村寨春节集体活动等；开展了一些宗教活动；在沟口陆续增加了民族风情歌舞晚会、以烤全羊为主的藏家乐等。

这些举措有助于保存有形或无形的文化资源，丰富游客的审美知觉和旅游体验，在一定程度上弥补了九寨沟文化保护与旅游开发方面的缺陷，对提升遗产价值起到了积极作用。但必须指出的是，由于对文化资源现状缺少调研，没有系统科学的文化开发及社区参与方案，加之文化建设是一项长期工程，所以目前九寨文化的保护仍然停留在初级阶段，已有的文化开发也局限在表层，缺乏文化主题的统领，文化特色被淡化和遮蔽，文化危机远未解决，游客对九寨文化的感知依旧模糊。

6.4.2 文化保护与旅游开发的展望

6.4.2.1 遗产地文化保护的措施

在居民和旅游从业人员中做好遗产保护教育和传统文化培训，提升他们对本土文化的认同感，重塑文化主体的自觉与主动，这是文化保护的关键。居民对此亦十分支持，大部分居民认为应加强自身的本土文化教育。另外，“民众的文化品位、认识水平、时尚潮流是需要正确地加以引导的，需要长期的文化熏陶才能对特定文化遗产的价值有一定的识别能力①。”因此，遗产保护教育和传统文化培训迫在眉睫。

九寨沟的文化资源至今缺乏清楚认识和准确定位，有必要开展一次全面详细的文化资源调查，摸清自己的家底。以九寨历史为例，九寨沟很少有现成的历史文献，九寨沟的历史更多留存于当地人的生活、传说中，通过调查走访和发掘文化遗址等工作，找出九寨沟历史文化的渊源，推进九寨沟历史文化的研究。在调查研究的基础上，使用录音、录像等工具，运用3S等科技手段，建起九寨沟的文化资源数据库，并形成及时补充和完善的机制。

6.4.2.2 文化保护与旅游开发的协作互补

九寨沟是世界自然遗产，观赏水景一直是绝大多数游客的首要目的，因此在未来的旅游开发中，仍要保持水体景观的稳定性和开发的优势地位，但文化建设必须融进观光旅游，使单一的自然观光变为以自然生态为形、地域文化为神的复合旅游模式。

（1）“九寨归来不看水”——以独有的喀斯特水景为例，它固然是九寨沟的核心，但如果纯粹局限于自然，就妨碍了其他资源的利用。从文化意义剖析，“水”正好是高原文化和山水林文化的直接载体。青藏高原东缘特有的水文化与平原水文化有本质不同：高原的水离不开相依相伴的山，高原水文化的本质是人与山水的和谐共生。这一文化本质应该贯穿到九寨旅游的宣传资料、网络信息、解说词、导视系统中，通过文字介绍和导游宣讲来传播“水文化”，实现世界遗产地最主要的教育和宣传功能。以“水文化”为核心，依托高山峡谷中散布的湖泊叠瀑为主体，以水的色彩美和动态美为主线，以丰富多样的生态系统为自然背

①杨福泉．从丽江古城谈遗产地文化保护和发展的一些想法［J］．西南民族大学学报，2007（9）：32—37.

景，可供开发的旅游产品除了观光旅游外，还有重在体验参与的藏族民俗旅游、重在体验欣赏的冬季冰瀑旅游以及科考、摄影等各类专题旅游。

（2）宗教旅游产品。扎如寺是九寨沟唯一的本教寺院，具有宗教、教育、文化三大功能。九寨民族文化的精华大多集中在扎如寺，如文献、音乐、美术、舞蹈、服饰、建筑、雕塑、面具等。它是游人了解九寨文化的主要窗口。有选择地开放扎如寺，同时开发游客能自愿参与进来的本教文化旅游项目，如转本教灵塔、观摩麻孜节等，增加游客对九寨沟宗教文化的了解。

（3）郭都寨文化博物馆。依照“修旧如旧”的原则，在郭都寨复原九寨藏寨原貌，包括房屋外观及内外部陈设。开发居民传统生活的体验项目，做文化动态展示的尝试。游客可以亲自尝试背水、挖药材等生产劳动，参与制作土豆糍粑、青稞匝酒等特色饮食和羊毛毡帽、裕裤等手工纺织，成品有的可以当场品尝，有的可作为旅游商品供游客购买收藏。

（4）中查村文化休闲度假地。景区外围的中查村文化资源品位高，可作为展示安多藏族原生态生活的文化休闲度假地。此举既能推进旅游方式由单一观光型向观光和休闲度假并举的转变，又能将景区内创建的文化品牌向景区外拓展。这里还可作为印象九寨大型实景演出的场所。目前九寨沟口诸多的藏羌歌舞晚会虽然欢庆热闹但缺少文化灵魂，给游客传达的仅是一些表层、片面甚至误导的信息。中查村大型实景演出要用广阔的思路和创新的思维深刻揭示九寨文化的内核，打造极具艺术震撼力的文化精品和九寨旅游的文化品牌。

6.4.2.3 文化保护与开发的空间布局

依据自然文化遗产“功能分区”原则①和“前台、帷幕、后台”② 的文化保护与开发模式来规划布局。对开发已基本定型的树正寨采取轻硬件重策划的软性开发，增加其文化内涵；在可进入性好又尚未开发的村寨，如离沟口十分钟车程的扎如寨，开辟或选取特色线路作为文化旅游的主线；将位于高山之上的尖盘老寨子作为文化遗产区和生态保育区加以保护，只接待少数高端游客和科研工作者。这样既拓展了游客游览线路，增加了新的游客吸引点，满足了游客的多样化需求，又使游客适当分流，减缓重点景区的环境生态压力。

随着树正寨民俗文化村的优化改造，扎如沟内扎如寺的宗教旅游的开展、郭都寨文化博物馆方案的制订，中查村休闲度假规划以及大型实景演出项目的筹建，九寨沟景区文化保护与旅游开发的空间布局渐趋成熟。

6.5 九寨沟县的全域旅游实践

6.5.1 全域旅游

纵观人类发展历程，资源贡献无足轻重。无论是大国崛起还是地区强盛，起决定作用的不是自然资源的多寡甚至政治制度的

①谢凝高. 关于风景区自然文化遗产的保护利用 [J]. 旅游学刊. 2002，17 (6)：8-9.

②杨振之. 前台、帷幕、后台——民族文化保护与旅游开发的新模式探索 [J]. 民族研究，2006 (2)：39-46.

好坏，而是文化传承。但文化本身没有好坏之分，科技却有进步与落后之别。如果差距过大，贫穷、落后、无序、抗拒将是其必然结果。观念是衔接文化与科技的纽带，观念的先进与落后决定文化跟随科技步伐的幅度与节奏。因此，国外经济学家对财富的定义不是占有资源多寡和资本数量，而是观念覆盖资源或资本的能力，简言之，财富就是观念流。

中国旅游业发展无论研究理论、景区管理、旅游规划、硬件设计、软件打造还是投融资体制都无法适应现代旅游业发展要求，尤其是共享经济、大众旅游、自驾游等模式的产生，传统景点概念作为旅游业的初级阶段已不能与新型的旅游模式对接。旅游是一个吃、住、行、游、购、娱的完整链条，而单一、条块分割的景区管理无法完成景区外的服务整合，通常出现“一流景区、二流住宿、三流服务”的旅游链条失衡现象，无法提供全链条化的旅游产品。因此，从单一的景点景区建设管理向综合目的地统筹发展，“全域旅游”概念被提出来，标志着旅游开发从“围景建区、设门收费”向“区景一体、产游融合”转变。

6.5.2 九寨沟为什么要做全域旅游

6.5.2.1 九寨沟现有旅游市场发展困境

6.5.2.1.1 九寨沟现有旅游总人数众多，但消费总额很低

九寨沟 2015 年接待游客量达到峰值，总数达 650 万人次，客流主要集中在 8 月份，人均消费约 400 元，自助游比例超过团队游。如此大的客流量，而当地宾馆、餐饮业总收入不足 9 亿元，通过走访发现九寨沟旅游的游客住宿比例较低，主要原因是九寨沟为自然生态景观景区，以文化景观项目为主，单一的文化景观类项目不足以吸引游客长时间逗留，许多来九寨沟旅游的游

客很大一部分选择多地组合旅游进行消费，造成九寨沟一日游盛行，九寨沟旅游市场潜力急需进一步挖掘。

6.5.2.1.2　九寨沟未来旅游市场巨大，转型势在必行

九寨沟2015年旅游人口总数为650万人次，按照传统景区15%递增估算年接待游客量，至2020年，九寨沟最大接待游客可达到1300万人次左右。同时随着国家《景区最大承载量核定导则》颁布，根据文化和旅游部公布的5A景区最大承载量，核定九寨沟景区旺季（4月1日至11月15日）最大承载量4.1万人次，淡季（11月16日至3月31日）2.3万人次。经过统计计算可确定九寨沟景区理论最大接待游客量也为1300万人次。因此，可以确定，九寨沟未来仍将有650万人的旅游市场机遇等待进一步开发。

在目前九寨沟年接待游客量中，75%～80%为九寨沟景区，15%～20%为漳扎镇附近参与演艺等活动，只有约5%会参与到其他线路。未来大交通框架形成后，尤其成都—兰州高铁开通，两大城市到九寨沟的时间约2～3小时，郊区化特征明显，旅游容时量进一步下降，游客完全可以在1日内完成多个景区的旅游，如1日完成九寨沟、黄龙两个景点旅游，然后乘高铁选择成都、兰州住宿，这样将造成九寨沟宾馆、旅馆空置率进一步提高，住宿、餐饮收入持续下降；优势景区更热，边缘景点更边缘，九寨沟景区以外的景区更难吸引到游客。

因此，九寨沟旅游转型升级迫在眉睫，需要进一步提升。

6.5.2.2　九寨沟旅游发展破局之路

6.5.2.2.1　文化人才+支柱产业

九寨沟景区每年旅游接待人次已超过面积达8900多平方千米的美国黄石公园，但是文化和景观资源没有成为拉动县域经济的引擎，资源的丰富与发展的窘境依然存在矛盾。旅游业、文化

产业不是创造利润的源泉，盈利来自整个延伸的产业链特别是支柱产业。

因此，九寨沟文化景观走廊建设项目应当从人才吸纳和产业构建出发，跳出九寨沟县域空间和资源依赖模式，提出一条具有投入产出效果好、可持续的发展线路图。

6.5.2.2.2 跳出九寨，谋划九寨

从国家战略层面，成兰铁路、绵九高速等交通大动脉使九寨沟县成为链接长江经济走廊和陆路丝绸之路成都至兰州的中心点，地处中国经济重心与欧亚大陆交流的大通道，九寨沟从内陆相对封闭的地理单元跃升为对接国际市场的外贸前沿位置，未来几十年将成为人流、物流、信息流密集的通道，也是多种文化与技术交融的节点。

从区域战略层面看，九寨沟与甘南文县、绵阳平武县历史上是白马氐的故地，也是中国藏羌民族走廊的重要节点，淀积了丰富的民族文化资源。当前，游客对“到处是喇嘛、遍地仁波切”式的藏羌旅游产生反感，更期望深入藏区体验原汁原味的藏文化。

九寨沟文化景观走廊的建设不仅是文化景观的空间布局，更重要的是重构县域产业序列的平台。规划的精髓是理清产业发展规律和市场规律顺势而为，而不是简单地将文化资源分配到设定的空间框架中。

6.5.2.2.3 供给改革，统筹全域

九寨沟65％的游客活动与消费在景点外发生，单一、条块分割的景区管理无法完成景区外的服务整合，出现“一流景区、二流住宿、三流服务”的旅游链条失衡现象。“全域旅游”不是旅游资源的简单外延，传统以旅游资源评价为基础的景点景区规划＋线路串联的模式不是“全域旅游”的本质。

“全域旅游”是旅游业供给侧改革，是从单一的景点景区建设管理向综合目的地发展，从区域角度统筹旅游、文化及相关产业、其他产业、基础设施、服务中心。这标志着旅游开发从“围景建区、设门收费”向“区景一体、产游融合”转变。大交通格局的变化，为“全域旅游”赋予更大的规划空间。

《九寨沟县文化景观走廊规划设计》需要将九寨沟县作为整体系统，将旅游、文化与其他产业协同、协调、融合，催生新业态，构建世界级休闲度假目的地，让国外民间近距离感知中国自然景观与藏羌文化。

6.5.2.2.4　构建可持续、可盈利的文化产业链

（1）产业优选：根据《文化及相关产业分类》，结合投入—产出表技术矩阵，符合要求的文化产业包括“视听设备的制造”“游艺器材及娱乐用品的制造”“文化专用设备的生产”“首饰、工艺品及收藏品”“工艺美术品的制造”“文化贸易代理与拍卖服务”“文化用油墨颜料的制造”等。

（2）产业链规划：藏羌特色作物（植物颜料、藏医药、藏饮食作物）种植；藏颜料制作，藏医药加工，藏羌作物加工；藏羌文化工艺品制造；藏工艺品、食品、医药的贸易、流通、销售和体验；藏羌文化与生活体验，旅游服务。

（3）产业定位：藏羌文化工艺生产与商贸中心，工艺人才憩息地。

6.5.3　九寨沟如何落实全域旅游规划

6.5.3.1　文化产业的推动方式

（1）以内容为本质。文化产业需打破文化资源简单挖掘、工业化制造、审美艺术简单模仿、形成再创新的关键要素，如影视作品《大长今》中的服饰、医药、饮食文化的成功打造。九寨沟

若在文化项目上进一步提升，需避免文化开发中的千篇一律、盲目编造，发掘藏文化、藏医药、藏工艺品制造的巨大潜力，并参照国内成功的文化小镇引入作家、画家及剧本制作者等创作人才。创作人才是实现文化内容提升的根本。

（2）以技术为驱动。技术驱动是文化产业发展的动力。目前由互联网、大数据、云计算、区块链、VR等技术推动引发新一轮文化产业变革，其影响要远大于前几次的技术驱动，不仅对传统产业发起颠覆，同时其技术产生迭代效应。九寨沟每年近650万人次游客信息本身就是一笔很大的财富，无论景观旅游还是文化游，如果没有互联网融入，无论对市场信息的把握还是对产业效率的提升，都会滞后于同行。尤其是必须引进技术人才，建立大学生创业基地，引入大型技术公司。人才是实现技术驱动文化产业的根本。

（3）以明星效应规避风险。文化产业是高风险的准公共物品，如美国每年制作大约350部电影，能卖座的只有10部左右。2018年美国票房超过1亿美元的126部电影中有41部由著名的7位影星主演。在文化产业中引入“明星机制”是规避高风险手段，目前九寨沟演艺文化项目还未包装出知名的明星，民族艺术也未有广为人知的表演者。“明星机制”的缺失是造成九寨沟文化项目游客参与率低的重要因素。

6.5.3.2 文化策划

九寨沟是藏羌文化走廊最东侧的前沿区域；是卫藏地区、安多地区、康巴地区等区域藏羌文化的输出地和汇集区；是青稞文化、牦牛文化、嘉绒文化、梁茹文化、木雅文化、山岩文化、扎坝文化等多重文化的聚集地；是萨格尔史诗、藏医药、碉楼造艺、塔尔寺酥油花制作技艺、拉萨囊玛音乐舞蹈艺术等藏文化非物质文化遗产的对外传播地；是青稞酒、酥油茶、糌粑、牦牛肉、奶制品等藏文化特色餐饮的品鉴区；是唐卡、擦擦、匝尕等藏传工艺品的艺术殿堂。

6.5.3.3 特色旅游服务与业态

6.5.3.3.1 藏羌饮食品鉴

通过整治村庄风貌，提升村庄环境，规范操作工艺，在九寨沟县村庄特别是藏族村寨开发藏羌饮食品鉴，为中外游客提供美食体验。

6.5.3.3.2 藏羌工艺制作体验

（1）唐卡教习制作。唐卡是藏文化的典型代表，安多地区为热贡画派（也称青孜派），人物造型呈现印度造像夸张优美的舞态，人体修长、手足优美，金刚须眉图案化。近年来兴起“新曼唐”之风，还创新出写真度堪比照片的“超写实主义”唐卡。唐卡绘制包括颜料制作、选材（选画布）、起稿（打底稿）、布色（着色）、渲染、勾复线、金色布设（描金）、修饰、裱装等步骤。

（2）擦擦教习制作。擦擦是梵语的音译，意指“小型的模制泥佛像”，擦擦不是雕刻出来的，而是出自模具。擦擦用途是为大佛塔填藏制作，藏传佛教信徒也根据需要请人制作，复制数量根据财力确定，制成后请僧人开光，放置在吉祥的地方祈福。也有擦擦作为护身符或装在嘎乌（小佛盒）中随身携带。

（3）匝尕推广教习和制作。匝尕的形制与唐卡相似，是藏传佛教采用的一种持修观想图，都是用天然矿物与植物颜料手绘的，大小通常为2～20 cm见方，画面都是藏传佛教修习方法中密宗修法的相关内容，将单要素提取进行表达，以成套方式出现，少则几张，多则几百张，有时作替代佛像或唐卡的朝拜对象，有时作讲经之用，也有作护身符之用，多在藏传佛教喇嘛手中流传。匝尕绘制者多为艺僧，画风与运笔与画师个人有很大关系，有些甚至是失传的地方小众宗教内容。现在存世的老匝尕极少，一些收藏爱好者已开始整理匝尕资料。

（4）牦牛绒采集与牦牛绒线编织。牦牛有一层被藏民称为“Khullu”的牦牛绒，牦牛每年采毛一次，成年牦牛产毛量为1.17～2.62 kg，牦牛绒直径小于20 μm，长度3.4～4.5 cm，有不规则弯曲，鳞片显环状紧密抱合，弹性强，手感滑糯。牦牛绒成为比羊毛更保暖、柔软且不易刺激皮肤的高档面料。牦牛绒比羊绒更稀缺、更珍贵，市场认可度更高。法国人Marie在甘南仁多玛村建立手工牦牛绒围巾编织厂，其牦牛绒制品已成为爱马仕、路易威登等奢侈品牌的货源。国内已认识到牦牛绒的价值，在上海等地建立牦牛绒制品生产基地。牦牛绒成为当地人收入来源使牦牛不再以屠宰获取收入。牦牛绒线的编织成为时尚游客的追求与爱好。

6.5.3.3.3　藏羌民间艺术品交易

利用旅游商业服务设施搭建藏羌民间传统艺术品、首饰品交易市场，推广藏羌文化，提升游客文化体验与消费层次。

6.5.3.4　以机制激活供给主体，以改革优化供给制度

（1）深化旅游综合管理体制改革。九寨沟县党政领导高度重视发展全域旅游，成立了九寨沟县全域旅游发展领导小组，形成党政主导、部门协同、整体联动、齐抓共管的工作机制。组建由九寨沟县、九寨沟管理局、南坪林业局、大九寨旅游股份有限公司四方共同参与的全域旅游发展议事协调机构，共同打造旅游产品，共同开展市场营销以及人才交流与共享，实现从行业管理向综合管理转型。大力推行“1+3+N”监管体制改革，完成了旅游巡回法庭、九寨沟旅游公安分局、漳扎旅游工商质量技术和食品药品监督管理所组建工作，及时解决旅游治安、旅游群发性和突发性事件、旅游消费投诉等问题。

（2）科学编制产业发展总体规划。用全域旅游思维、生态旅

游理念编制完成了《“全域九寨”世界休闲度假旅游目的地总体规划及五年行动计划》，做好旅游规划与城乡发展总体规划、土地利用总体规划等上位规划及生态、文化、交通等专项规划的有效衔接，统筹各类资源和公共服务配置，实现旅游空间布局与土地利用、城市景观、生态环境、历史文化保护等方面的协调统一，增强宜居宜业宜游功能。

（3）优化政策保障机制。完善资金保障机制，设立每年不少于3000万元的旅游发展专项资金，支持全域旅游发展。优化投融资机制，加大招商引资力度，吸引国内外知名品牌企业、大型投资公司等投资旅游产业。目前已成功引进鲁能集团、四川能投集团、四川铁投集团、四川交投集团、宋城集团等知名企业，成功推动悦榕庄、丽思卡尔顿、希尔顿等知名品牌在九寨沟县落户，努力通过近百亿级的投资促九寨沟县旅游转型，不断增强旅游产业的发展动力、竞争能力和市场活力。积极推动在线旅游平台企业发展壮大，支持有条件的旅游企业进行互联网金融探索，放宽在线度假租赁、旅游网络购物、在线旅游租车等新业态的准入许可和经营许可制度，推动互联网旅游企业发展落地。

6.5.3.5 以精品提高供给水平，以新品做大供给总量

（1）积极创建世界级旅游品牌。发展全域旅游，需要做精旅游供给质量。精品景区、度假区等是发展全域旅游的重要引擎，以打造世界休闲度假旅游目的地为契机，九寨沟县重点打造九寨沟国家5A级旅游景区。采用新技术、新理念，不断提升智慧九寨建设水平；通过依法治景，实现景区和社区共建共享，妥善处理景区内原住民矛盾，加快建设和谐景区；标准化与个性化相结合，不断提升景区服务水平；不断完善基础设施和旅游服务设施，进一步提高游客接待能力；继续加强国内外合作和科学研究工作，提高旅游资源和生态环境保护能力。以建设大熊猫国家公

园为契机，九寨沟县密切同中国熊猫研究中心合作，加快筹建“九寨沟甲勿海大熊猫保护研究园”，规划建设大熊猫野驯设施和科普教育场馆，努力将其建设成为九寨沟县新的旅游增长极。以推进生态文明建设为契机，大力推进白河金丝猴自然保护区建设，成功推动白河金丝猴自然保护区晋升为国家级自然保护区。

（2）努力推进国家4A级旅游景区和国家级旅游度假区创建。发展全域旅游，需要不断做大旅游供给总量。九寨沟县精心组织了旅游资源大普查，将普查成果与旅游扶贫战略相结合，提出“三廊四区”全域旅游发展格局，启动甘海子、神仙池旅游景区创建国家4A级旅游景区计划。九寨沟县通过招商引资，大力发展度假旅游产品，集聚休闲度假业态和设施，配套国际标准服务品质，积极创建国家级旅游度假区。通过九寨·鲁能胜地项目、四川能投九寨云顶项目以及九寨天堂等发展度假休闲旅游产品。

（3）大力开发新兴旅游产品。针对游客日益多元化的需求，积极推进自驾车、房车露营、生态庄园、精品度假酒店、民宿、研学、休闲养生、探险、户外拓展、冰雪游等多种形式的旅游精品项目建设。针对养老服务、医疗康体，积极开发老年休闲康养产品。积极探索低空观光旅游，鼓励企业开发直升机、滑翔机（伞）、低空摄影等低空域观光休闲旅游产品。

6.5.3.6 以创新优化供给结构，以融合提高供给效率

（1）推动旅游与农业融合发展。九寨沟县因地制宜，大力推进农业供给侧结构性改革，将农业与旅游业融合发展。以培育九寨沟县休闲农业示范点为突破口，依托刀党参、甜樱桃、百合、葡萄、油牡丹、薰衣草等特色农业基地，大力发展乡村旅游，推出农业生态观光游、农耕农事体验游、浪漫赏花游、水果采摘游，努力建设乡村旅游创客示范基地。依托九寨沟景区庞大的游

客市场，努力发展“后备厢农业”，让游客既能在九寨沟县放心消费绿色农产品，又能装入汽车后备厢带回家与亲朋好友分享。利用九寨沟景区淡季门票价格低廉，探索门票与九寨沟特色农产品捆绑机制，提高游客旅游的附加值。

（2）推动旅游与文化融合发展。推动旅游与文化融合发展，不仅有利于推动旅游业转型升级，而且能够推动优秀传统文化的传承与创新。依托九寨沟水文化、大熊猫、川金丝猴等珍稀动物资源以及南坪曲子、伯舞等非遗特色文化，努力打造九寨沟县文化旅游品牌。积极保护、深入挖掘和开发利用民族文化、非遗文化、历史文化，全面打造“国家级文化产业演艺集群中心”。依托非物质文化遗产，推动非遗传习所、传习基地项目建设，合理利用表演类非遗项目，发展非遗文化体验游。努力引进文化产业项目，扶持文化创意小微企业，打造九寨沟县专属文创衍生产品、手信研创、微电影等，形成新的文化旅游发展业态，拓展文化市场空间，促进文化消费和文化传播。建设大熊猫科普教育展示中心，开发健康文化、高端养生、探险体验、户外拓展等新业态，满足游客多层次、多元化需求。

（3）推动旅游与交通融合发展。当前，多元的出游方式让过程尤其是路程也成为旅游体验的重要环节。九寨沟县在完善“快进慢游”旅游交通网络时，努力探索“运游一体化”模式。依托路网建设及资源整合，构建“车＋X”基础旅游要素动态打包产品，满足用户个性化定制需求；依托九寨沟县非遗等特色文化和大熊猫、川金丝猴等珍稀动物资源，开发九寨沟地区主题文化巴士；提升旅游交通服务质量，完善旅游集散中心功能，在公路侧富余路段建设旅游服务站、自驾房车营地、观景设施和厕所，补充完善旅游交通标识标牌。

（4）推动旅游与康养产业融合发展。依托九寨沟生态气候优势，努力引进优质医疗服务资源，发展集观光、休闲、疗养和房地产于一体的养老度假产业，吸引候鸟式居住的养生老年群体。大力发展藏医藏药、生物制药、健康食品业，培育民族文化中医药健康旅游项目，打造中医药健康旅游示范基地，提高健康旅游附加值和吸引力。

6.5.3.7 以配套补足供给短板，以集聚延长供给链条

（1）提升旅游传统六要素。围绕旅游传统六要素“吃、住、行、游、购、娱”进行市场配套，努力补齐供给短板。以漳扎镇、九寨沟县城为载体，依法通过系列优惠政策，吸引中国名小吃、老字号、餐企、私人厨房等来此设店，培育若干九寨沟县美食。依托民航、高铁、高等级公路构建九寨沟县快进交通网络，提高旅游通达性和便捷性；规划建设自行车道、步行道、绿道等慢游设施，打造具有通达、游憩、健身、教育等功能的主题线路。打造九寨沟县特色旅游商品，做大做强祥巴文化等民族艺术品企业，开发打造具有地域标识的“九寨沟印象”“九寨沟礼物”等文创产品。以九寨天堂口、九寨沟边边街、九寨沟县城等为中心，引入酒馆、书店、酒吧、剧院等业态，打造九寨沟多彩不夜城。

（2）打造旅游新的六要素。围绕“商、养、学、闲、情、奇”新的旅游六要素丰富旅游业态，延长旅游供给链条。根据商务旅游、会议会展、奖励旅游等旅游新需求，完善九寨天堂、九寨鲁能度假区的会议服务设施；依托九寨沟县优越的气候条件和美丽的生态环境，大力发展养生旅游；依托九寨沟独特地质地貌和生态水文、南坪曲子等非遗文化以及大熊猫、川金丝猴等珍稀动物相关知识开展研学旅游；针对新时期游客对休闲的需求，挖掘九寨沟休闲度假资源，开发乡村休闲、都市休闲、度假等各类休闲旅游新产品；依托罗依、神仙池、大录藏寨情感资源发展情感旅游；根据游客猎奇心理需求，开发探索、探险、探秘、新奇

体验等探索性的旅游新产品。

（3）推进厕所革命。全面加强旅游景区景点、特色小镇、重点乡村旅游点、重要交通集散点、旅游娱乐场所等重要节点厕所的建设管理工作，持续推进社会厕所资源向游客和市民开放，实现“数量充足、干净无味、使用免费、管理有效”目标。与技术公司合作，将九寨沟县所有厕所列入电子地图，便于游客通过手机查询就近如厕。

6.5.3.8 以宣传强化供给成果，以营销拓展供给市场

（1）完善旅游市场营销整合机制。经过磋商，初步建立起九寨沟管理局、阿坝州大九旅集团、九寨沟县全域旅游营销的整合机制，统一旅游形象标识和宣传口号，共享营销渠道和平台，共同举办节事活动，共同开辟客源市场，努力塑造九寨沟整体旅游形象。除九寨沟景区外，共同宣传神仙池—大录藏寨、甲勿池—勿角大熊猫保护区、白河金丝猴保护区、九寨云顶、中查鲁能胜地生态旅游度假区，逐步树立“九寨沟景区”和“大熊猫”两块世界品牌。

（2）创新旅游市场营销模式。组建九寨沟全域旅游投融资平台公司，构建新媒体营销平台，通过搜索引擎、社交媒体、旅游电商网站等加强对外宣传，展示九寨沟全域旅游形象。利用微信、微博、头条号、新闻网站、旅游门户网站等公众平台创造细分社群粉丝，及时发布九寨沟县全域旅游相关信息，围绕春、夏、秋、冬四季不同主题和节事活动进行宣传，图片、游记、段子、动漫、卡通、故事等宣传介质形式多样，紧随时代潮流。围绕大熊猫、川金丝猴、非遗文化、九寨沟民俗文化、美食餐饮、乡村休闲创作网络微电影、短视频，积极同电影制片商合作，创作经典影视作品。

（3）精心策划节庆活动。成功举办九寨沟冰瀑节、嘛智文化

节和日桑文化节，有效拓展了九寨沟在国内外的知名度。精心策划九寨沟大熊猫涂墨狂欢节，有效融入九寨沟半程山地马拉松比赛、九寨沟山地自行车赛事、九寨沟美食节、九寨沟南坪音乐节，努力将九寨沟大熊猫涂墨狂欢节办成品牌节庆。

（4）开展精准营销活动。先后参加重庆都市旅游节暨城际旅游交易会，前往西安、兰州部分大学院校参加“你的学分里还差一次旅行”市集路演活动，赴深圳、上海、南京、北京目标市场实施精准营销，在成都举行首个大熊猫主题文化全球推广活动——“熊猫文化·世界共享”首届中国大熊猫保护研究“九寨”杯国际摄影大赛。

6.5.3.9 以服务营造供给氛围，以整治改善供给环境

（1）推进标准化体系建设，提高信息化服务水平。从游客满意度出发，全面推进旅行社、旅游购物、旅游景区、餐饮、住宿等行业服务标准化建设。大力引进国际知名旅游品牌管理集团，通过国际化旅游服务标准管理，引领九寨沟县旅游服务质量提升；以“互联网+”网络平台为支撑，实施全域旅游咨询与指挥中心、旅游电子地图、旅游门户网站、旅游电子票务系统、旅游电子商务系统、旅游咨询投诉及服务热线、电子语音解说及互动终端等智慧旅游工程建设，实现有线宽带镇、村全覆盖，无线网络全域全覆盖，重要景区节点 WiFi 全免费，全面建成智慧旅游服务体系。

（2）强化旅游从业人员培训，提升服务质量和水平。不断强化旅游咨询服务，完善九寨沟县 3 个游客服务中心的功能，构建网上咨询服务平台，加大旅游从业人员能力培训，努力提高智慧化服务水平。深入开展“文明在行动·满意在九寨”主题活动，积极引导市民和游客自觉维护环境卫生、遵守公共秩序、爱护生态环境，抵制旅游不文明行为。倡导市民友好接待游客，培养良

好的礼仪习俗和文明习惯，全面提升市民文明素养，营造文明、和谐、友好的国际旅游人文环境。有效开展九寨沟县优秀导游讲解员、优秀饭店、旅游购物场所推荐点、最受游客喜爱的十类旅游商品等旅游评比活动；组织全县旅游从业人员开展文明礼仪、职业道德、服务技能等方面的培训，提升旅游从业人员的服务能力。

（3）畅通旅游投诉渠道，加强旅游市场整治。建立健全旅游部门牵头，发改、工商、公安、消防、卫生、食药监、质监等部门配合的旅游综合执法机制，加强对景区、宾馆饭店、机场车站等场所的动态督查和常态管理，提高综合服务质量和水平，形成各负其责、依法行政、协同管理、规范有序的旅游市场秩序。在旅游市场综合执法局原有架构下，加强重点区域旅游市场综合监管，结合漳扎镇“扩权强镇”试点改革，进行执法力量下沉，组建漳扎镇旅游市场综合执法大队，将 39 名涉旅执法人员派驻漳扎镇，由漳扎镇党委、政府统一领导、统一管理、统一考评。

（4）加强应急服务体系建设，确保游客生命财产安全。建立并完善“县、局、司、镇”旅游高峰应急响应机制，为实现九寨沟旅游产业平稳运行打下坚实基础。推进旅游景区安全监控系统建设，设置警示标识、安全提示牌和必要的防护设施，完善防火、防洪、防垮塌等设施。完善景区紧急救护救助系统，提供紧急医疗、紧急情况快速救助等服务。

6.6 九寨沟景区旅游高峰管理机制

20 世纪 60 年代以来，旅游业以持续高于世界经济增长的速度快速发展，逐渐成为全球最大的新兴产业。就中国而言，旅游业对于我国经济增长、结构调整、民生改善等都发挥了积极的作用。2009年和2014年，国务院先后出台了《关于加快发展旅游业的意见》和《关于促进旅游业改革发展的若干意见》等文件，从国家层面将旅游业列入“战略性支柱产业”，指出发展旅游业的重要意义，并为旅游业今后的发展指明了方向。旅游业作为“有特色的优势产业”，受到国家和地方政府的广泛重视，得到了快速发展，旅游规模逐年扩大。

然而，旅游业的快速发展在有效推动地区经济发展的同时，也给当地的生态环境、社会文化带来一系列的负面影响。旅游高峰期间的影响可以说更为严重。另外，在后现代思潮的影响下，旅游市场结构发生了很明显的变化，越来越多的游客选择自助游和自驾游的方式，旅游市场呈现“散客化”趋势，全国旅游市场散客比例已经接近50%。与此同时，随着宽带互联、移动通信、物联网等技术的日趋成熟，现代信息技术的迅猛发展和广泛运用对旅游管理、旅游营销和旅游服务等方面都产生了革命性影响，以互联网、物联网、4G通信、大数据、云计算、多媒体等技术为代表的新技术，为各地旅游信息化营销、旅游文化传播、旅游资源保护、旅游各环节信息综合服务等领域的发展创新提供了新的强大技术支撑和动力。如何基于现代信息技术，将移动互联网和大数据等技术手段运用于景区旅游高峰期管理是很多旅游研究者和实践者所共同关心的问题。

持续的旅游高峰，给景区旅游接待和服务工作等带来极大压力，迫使景区不断探索对旅游高峰管理的新模式，逐步由过去的异态应急管理向常态管理过渡。本书正是在这样的背景下，提出了建立九寨沟旅游高峰管理机制。

6.6.1 九寨沟旅游高峰管理机制

为全面提高景区整体应对旅游高峰的能力，保障旅游高峰期及重大节假日九寨沟景区沿线经济社会正常运行，维护健康良好的旅游环境，塑造九寨沟品质旅游国际化形象，本着“统一指挥、归口管理、信息对称、整体联动、不出差错”的宗旨，成立了九寨沟旅游高峰保障联合指挥中心（以下简称“联指中心”）来进行统一的协调调度。

6.6.1.1 建立统一协调指挥机制

6.6.1.1.1 机构设置

九寨沟旅游高峰保障联合指挥中心，由九寨沟县、九寨沟管理局、大九旅集团三方组成。该中心共同决策、层层分工、分级管理、通力合作，下设 7 个职能小组，根据响应等级，切实做好景区内旅游秩序管控、游客量确定、旅游高峰保障、观光车辆及工作人员动态调度，以及游客远端管控、景区外围交通保畅、旅游市场治理及质量提升等工作。此外，“联指中心”还设有信息工作组和舆论应对组，负责信息、舆情的收集整理和妥善应对。

6.6.1.1.2 运行方式

“联指中心”采取县局司三方联席会商办法，集中研判旅游形势，协调解决突出问题，安排部署下一步工作，及时通报工作情况。“联指中心”通过微信群、电话系统、对讲系统实时传达指挥命令。通过“中国·九寨沟”门户网站、“九寨沟”旅游网站、九寨沟官方微博、微信、短信、乐行九寨 App、景区电子显示屏、辖区旅游沿线电子显示屏等平台向外界发布旅游相关信息，引导游客合理安排行程，缓解九寨沟景区压力。

6.6.1.2 客流预测机制

为了使旅游高峰管理更加科学，使旅游资源调配更加精准有效，在旅游高峰管理中，加大力度进行精确预测十分必要。九寨沟景区在旅游高峰预测管理中，由执行指挥长和分管副指挥长牵头，创建了微信次日游客人数预测群，该群由旅游市场分析、网络预订、本地预售、交通运输等单位人员组成。

每天两次预测次日游客量。一是在每天下午5点预测，由执行指挥长决策次日景区游客接待办法，并通过指挥中心微信指挥群进行通报。此次预测，使次日景区运营管理做到早布置、早安排。二是在晚上10点前，根据数据变化进行再次测算和通报。此次预测，提升上次预测的精准度，使预测值更加接近真实数据。

6.6.1.3 游客安全秩序保障机制

一是坚持“工作效率最大化、人员配置最优化”的原则，建立统一指挥、快速反应、协调有序、运转高效的高峰管理机制，对各种突发事件做到“早发现、早报告、早处置”，保障景区游客安全和游览秩序。二是根据预测游客量启动的旅游高峰响应级别及现场实际情况，科学布置各类管理力量（县、局、司及公安、武警、森警等工作人员）。三是实行时空错开分布，通过售验票控制、观光车运行调度等，对景区游客在三条沟内实行错时分布、错峰游览。四是创建和完善景区运营综合指挥平台，结合北斗卫星项目和高清视频监控，实时掌握景区内游客分布、观光车运行、环境承载量、工作人员布置、旅游基础设施配置等态势，进行智能化管控。

6.6.1.3.1 车辆调度机制

一是要确保景区内各类管理和秩序维护队伍用车。二是根据游客量调配足量运行的观光车，确保景区观光车运力与游客量之间的平衡。三是根据游客量，对旅游包车运行线路进行动态调整。四是根据游客量对观光车辆是否停放及停放多少在景区内进行动态安排。

6.6.1.3.2 游客服务保障机制

充分应用互联网和新媒体，加强景区的信息发布，扩大景区的宣传力度，有的放矢精准营销，在旅游高峰期，采用反季节营销，最大限度上均衡游客量在季节上的分布。

围绕游客行前、行中、行后的需求，研发集景区智能实景导航、智能官方消息推送、在线互动交流、游客位置轨迹记录、景区一键举报、投诉和呼救等功能于一体的信息产品“乐行九寨App”，为游客提供更加贴心的服务。尤其是在景区智能实景导航中使用的实景 AR 指示和景点介绍，为游客提供了更加智能和便捷的导航服务，同时该 App 也架起了景区与游客之间信息实时互通的桥梁。

此外，还对景区内各景点最大静态承载量进行了研究，以工作人员引导和景区观光车辆科学调度来均衡景区游客量的分布，并动态配置旅游服务资源。在环境方面，按照“清洁化、秩序化、优美化、制度化”标准要求确保景区环境卫生工作制度到位、措施到位、责任到位、落实到位。

在景区内创建无线网络，为游客提供免费的 WiFi 服务；创建了广播系统，在特殊天气等情况下，提醒游客相关注意事项以及向游客公开管理和服务信息；在各个观光车上下车站点，创建了节点型服务终端，为游客提供观光车到站情况、当前景点的服务配套设施和周边景点等信息。

6.6.1.4 经营监管机制

认真开展市场经营监管各项工作，加强组织领导和落实责任分工，增强从业人员法治意识，加强执法，强化景区市场治理，实行明码标价，强力整治乱摆摊设点、尾随兜售和售卖假冒伪劣商品等行为，确保景区旅游市场的规范，最大限度地保障旅游消费者利益和合法权益。

6.6.1.5 社区居民治理机制

景区内有 1200 多名常住居民。这部分人由九寨沟管理局居民综合管理办公室（居管办）进行管理。要求居管办无论是平时还是旅游高峰期，都要对社区的各项管理常抓不懈。通过对社区组织建设、宣传教育、民生服务、综合治理等工作的强化来维护景区社会的和谐，营造平安、祥和的旅游环境。

6.6.1.6 后勤保障机制

一是建立了专门的后勤保障队伍，落实对管理者和游客的各项后勤服务和保障工作（如餐饮、医疗、救助、投诉等）。二是不断完善旅游基础设施，以标准化、精细化、专业化为要求，在旅游淡季加快推进和不断完善各项配套设施，为迎接旅游高峰期提前做准备，保证各项设施设备的安全性和舒适性。

6.6.2 机制成效分析

一是打破边界，统一指挥。“联指中心”的创建，促成了大区域的一盘棋，真正形成了统一指挥、归口管理，大大提高了执行力，避免了政出多门的情况，同时这也是面对大众旅游趋势对发展阿坝州全域旅游的有益探索和实践。

二是灵活响应，强力管理。以互联网为基础，以虚实相结合的形式创建的“联指中心”，不仅节约了运营成本，而且大大增强了决策指挥的快速反应和综合协调能力。

三是并行处理，提高效率。“联指中心”在处理事务上，改变传统的串行处理为并行处理模式，从而实现了快速响应，提高了管理效率。

四是精准预测，有的放矢，知己知彼，百战不殆。在旅游高峰管理中，实现了对次日游客量的精准预测，从而有的放矢地提前安排布置次日的游客接待工作，增强了指挥决策的科学性。

五是信息前置，远端分流。通过信息前置，拉近了景区与游客之间的距离；实行远端分流，不仅化解了矛盾，而且维护了景区的形象和游客的利益。

通过以上各种机制的建立和实施，在最大限度确保旅游服务质量的基础上，保护了环境，增加了旅游收入，促进了社会的稳定与繁荣，成功赢得了长时间旅游高峰的挑战，实现了“安全、质量、秩序、效益”四统一。

6.6.3 未来发展策略

6.6.3.1 大力推进智慧旅游建设

坚持“可持续发展”战略，坚持“以人为本，游客至上”理念，坚持“统一指挥、归口管理、信息对称、整体联动、不出差错”原则，充分应用“互联网+”、移动互联网、物联网、云计算、大数据等技术，加快九寨沟景区的智慧旅游建设，整合各方相关力量，保护游客合法权益、保护生态环境、优化旅游服务，使九寨沟景区的旅游高峰管理真正实现从应急化过渡到常态化。

6.6.3.2 积极建立区域大数据中心

建立以九寨沟景区为核心的九寨沟区域大数据中心基础平台，集成景区外交通卡口车流量数据、宾馆饭店游客入住数据、电商票务预订数据、实际游客量票务数据、游客来源数据、游客结构数据、景区游客量实时分布数据、景区观光车运行数据、景区外停车场数据、景区环境状态数据等，应用科学有效的信息发布办法，实现对旅游的预研预判、精准营销、智能调度和游客个性化服务。

6.6.3.3 继续完善综合运营管理平台

智慧九寨综合运营管理平台，通过可视化（可感知）、可量化、可控制、可互动等措施和各种相关数据的汇聚与整合，提升对景区内的人、车、社区、环境四大管理功能；同时以先进技术促进保护区、风景区的发展，以科技支撑确保景区的运行顺畅，以高效管理提升旅游服务质量，努力实现游客管理、营销、服务、体验的智慧化，并以智慧化、标准化和国际化来不断完善这一综合运营管理平台。

6.6.3.4 不断磨合联合指挥中心

俗话说“单丝不成线，独木不成林”，景区也不例外。由于绝大多数景区是企业或事业性质，缺乏行政和法律手段，遇到游客高峰都不可能独立高效、有序运行。以九寨沟县、九寨沟管理局、大九旅集团三家单位组建联合指挥中心，建立县、局、司三方联席会议制度，定期或不定期召开会议，及时通报工作情况，分析研判发展形势，协调解决突出问题，查找工作薄弱环节，制定应对保障措施，安排部署下步工作等，体现“统一指挥、归口管理、信息对称、整体联动、不出差错”的精要，是九寨沟对“互联网+”技术的一个典型应用。但在实际运行中也还有一些障碍，如响应速度滞后，人员到位迟缓等，需要进一步完善措施，不断磨合各方的协同配合机制。

6.6.3.5　认真优化四级响应级别

目前，九寨沟景区在旅游高峰管理中的四级响应级别划分尚有进一步优化的空间，并且根据不同级别启动快速响应后的力量部署、可能出现的紧急情况和应对办法等，按照流程的再造、优化、重组法则，都有必要再予以细化和完善。

6.7　九寨沟遗产旅游可持续发展建议

从成长期走向成熟期和衰退期的产品能够通过正确的营销战略重获生机。根据科特勒的需求及营销理论，旅游产品“可以通过修正消费者组合、品牌定位和营销组合的方法”加以改善。九寨沟要从传统观光性旅游产品定势中走出，保持较长的生机和活力，实现打造国际旅游精品的目标，必须居安思危，未雨绸缪，从战略发展的眼光，以时间换空间，走提升品牌价值的道路，从而实现旅游的可持续发展。

6.7.1　提高旅游产品质量

2004 年以前，到达九寨沟的途径只有公路，单程耗时 11 个小时左右，抵达性差。出于保护环境和资源承载量的限制，九寨沟实行限量旅游政策，最高生态承载量是 1.8 万人，最佳生态承载量是 1.2 万人（2004 年基础设施未改善之前的数据）。景区外的漳扎镇有床位 2 万多张。长期以来，宾馆供大于求，恶性低价竞争严重，年年都打价格战。2003 年，旅行社最低报价竟只有 320～340 元。虽然景区内的管理非常完善，但是景区外的旅游经营秩序却不理想。九寨沟旅游区的软硬件设施，不但满足不了有高消费需求的消费群体，而且无法保障现实消费者的利益。2002年，游客仅有4%的增幅。九寨沟旅游市场处于一个维持市场份额的状况。

维护现有的市场份额，争取更大的市场份额，旅游目的地必须设法提高产品质量，以消除消费者的期望值与他们实际体验之间的质量差距。无论是旅游产品的正式供给者（当地政府和管理部门）还是非正式供给者（民间投资者）都意识到了这个问题。四川省提出了建设国际旅游精品区的政策，采取的措施主要有两个方面：一是在改善环境与基础设施方面直接投资；二是通过规划对新开发项目进行约束和区域划分。由省、州政府和相关部门投资兴建了川主寺九寨沟黄龙机场和川主寺至九寨沟景区的生态公路，修缮并提高了成都至九寨沟环线公路等级，一系列措施使九寨沟的抵达性大大增强。从2001年开始，九寨沟管理局先后投资数亿元资金兴建和完善景区内基础设施：如环景区循环运行的300多辆绿色观光车；遍布景点的环保厕所；环景区的49千米高等级公路；沿景点铺设的60千米人行栈道，完全实现人车分流；能容纳4000人就餐的诺日朗综合服务中心；改善景区内的旅游环境，沟内经营活动外迁，实行“沟内游、沟外住”管理模式，最大限度地保持自然遗产地的真实性、完整性；景区的最大生态承载量达到2.8万人，最佳生态承载量达到1.8万人。由政府主导拆除了景区外漳扎镇不符合规划的建筑，对基础设施进一步完善和美化。外来投资者投资了一些较高档次的旅游配套项目，如喜来登九寨沟国际大酒店、九寨天堂会议度假中心、梦幻九寨综合购物中心、九寨边边街休闲购物一条街等。在提高产品质量的软件方面，九寨沟管理局近年也在致力于提高管理和服务水平，推行“以人为本”的精细化管理，树立“一切围绕游客，一切为了游客”的服务理念。一些旅行社和旅游服务公司也有意识地针对高端消费者推出VIP旅游服务。

打造九寨沟国际精品旅游区的努力已初见成效，九寨沟的旅游人数和旅游质量都大大提高。源于旅游产品、配套设施供给质量的提高和供给价格的提高，以及消费需求量的增加，到九寨沟旅游的人均消费水平大大提升，高端游客明显增加。九寨沟景区门票于2005年再次提价，旺季门票达到220元/人，车票90元/人；2006年8月，成都到九寨沟的机票提高到1060元/人（单程）。

但是，提高旅游产品和配套设施质量的所有措施，如按照国际旅游市场要求的标准提供交通设施、住宿设施和旅游吸引物，从短期来看可能具有一定的竞争优势，但其本身并不具备长期产品差异化的基础。这种做法很容易被模仿，当潜在消费需求释放完以后，九寨沟又会步入增长速度趋缓或停滞的阶段。对九寨沟而言，要保持和发扬自己的独特魅力，除了提供符合国际标准的旅游设施和服务，还要使自己的产品有别于其他景区，这就要依赖于旅游未开发前的地理、历史和文化特征，这涉及旅游目的地核心竞争力的打造、产品定位和营销方式的选择。

6.7.2 旅游产品创新

旅游产品绝不仅仅是旅游目的地。对旅游者来说，度假旅游要做什么比去哪儿做可能更能激发他们的游兴。

九寨沟的旅游开发较早，几乎是伴随着改革开放的历史而发展的。经济的快速发展使人们对旅游的消费需求相应快速而粗放地增长。为满足这种快速而粗放的增长需求，旅游产品的供给也是快速而粗放的。九寨沟地区的旅游事业就是在这种背景下发展起来的，走过了一条“先开发，后规范”的发展道路。体现在九寨沟景区内的旅游产品单调，偏重被动的观光性旅游，缺少主动的参与性活动；偏重自然景观“沟”的开发保护，缺少人文景观

“寨”的保护开发。游客平均滞留时间短，只有1.4天。景区外宾馆投资缺乏规划，造成了宾馆过剩、旅游配套要素不完善、结构不合理、低价恶性竞争的局面。

世界旅游发展趋势是文化旅游、个性旅游、专题旅游等参与性强的旅游。九寨沟正逐步向这方面发展，如成都嘉州集团投资打造的九寨天堂国际会议中心及甲蕃古城、综合购物广场“梦幻九寨”“九寨边边街”休闲一条街等。这说明，市场投资力量会根据市场需求导向自动演进供给旅游产品。但是，旅游产品的供给仅靠市场力量演进速度较慢，会失去发展的主动权，因为景区资源是国家所有的公共产品，景区内游览性旅游产品由国家委托管理单位“垄断性”供给，属于“市场失灵”的区域。要使九寨沟国际旅游精品保持长时期的“成长性”，管理部门必须有意识地走产品创新的道路，这是最快也是最有效率的。

旅游开发是以旅游产品价值创造为核心，对旅游目的地旅游竞争力的挖掘过程。如前所述，九寨沟要巩固和延续“发展阶段”的生命周期，必须有其独有的特点、形象、旅游吸引物。作为世界自然遗产，须以其自身独特的地理、历史和文化为依托，打造其核心竞争力。核心竞争力必须具有唯一性、独特性、差异性。九寨沟的核心竞争力表现为：其一，具有国际垄断性的地理特点和资源景观，即喀斯特水景观。其二，九寨沟位于大熊猫栖居区域，属于大熊猫生态走廊带，这是不亚于喀斯特水景观的标志。在某种意义上说，国际上大熊猫比九寨沟景区更具有知名度。其三，藏民族有深厚、悠久、独特的历史文化和宗教，在国际上，古老神秘的藏地旅游是最具文化差异性的旅游。因此，根据资源稀缺性排序，九寨沟旅游目的地的定位应该是：以水为代表的景观旅游，以熊猫为代表的生态旅游，以藏文化为代表的文化旅游。在九寨沟的旅游发展中，实际上主要利用的是“水”的核心竞争力，而极少打“熊猫”牌和“藏文化”牌，基本处于细分品牌资源闲置的状态。

在目的地定位的基础上，九寨沟的产品创新和旅游的深度开发可分三个层次推进：第一步，巩固树正沟、日则沟、则查洼沟三条沟已开发成熟的水景观光，以其独一无二的喀斯特水景为核心项目，吸引传统客源也即主要客源。第二步，以水景观光为依托，发展分享客源，尽快开展藏族村寨、苯教寺庙的藏文化民俗宗教旅游和扎如沟生物多样性的生态旅游；九寨沟管理局目前推出了第四条沟——扎如沟，作为体验当地民俗风情的一个项目。第三步，以景区内旅游为依托，逐步将景区和漳扎镇纳为一体考虑，发展以会议、休闲、度假、疗养旅游为主的派生客源。对已开发景点进行深度开发和对新景点进行发掘，只能说有了旅游产品的“半成品”，还需进一步根据有不同需求的特定的“产品市场”，进行“加工”“包装”，将其组合成可以由旅行社销售的“成品”，从而达到改变消费者组合的目的。基于此，需要对景区内景点、路线，景区外旅游配套设施，景区内外各项基本服务和增值服务进行组合包装。例如九寨沟管理局目前推出的“VIP 旅游工程”就是专门针对高端消费者提供的旅游产品。产品体系整合了疗养、会议、商务等多种旅游形态。根据现有的旅游资源和纳入规划和计划的旅游资源开发，九寨沟可推出的旅游产品可以有：观光旅游、商务会议旅游、保健与健身旅游、探险旅游、科考科普旅游、生态旅游等。对旅游产品的包装要逐步形成消费层次多元化的九寨沟旅游产品体系。

6.7.3　细分市场，建立分销渠道

通过创新产品和细分市场、开发新的市场、建立分销渠道是解决过分依赖一个走向衰退的市场的有效方法。其具体策略有：①根据不同的需求细分市场。如九寨沟的旅游市场可以根据年龄

划分为老年市场、青少年市场、青壮年市场；根据功能划分为观光游市场、商务会议市场、生态旅游市场；根据消费层次，可以细分为高端市场、中低端市场等。②开发新的区域市场。一直以来九寨沟以国内市场为主，境外游客占4％～5％，境外客源以东南亚和日韩游客为主，欧美游客很少。但近来有国内游客区域市场半径扩大，境外游客比重上升的趋势。根据现状，开拓区域市场的具体思路是：巩固国内市场，大力开发东南亚市场，尝试开拓欧美市场。国内市场以北京、上海、广州为据点，辐射华北、华东、华南区域。东南亚市场以日本、韩国、中国香港地区、中国台湾地区为重点。虽然东南亚国家或地区对九寨沟有相当的了解，但是需要进一步加大其对九寨沟的认知度；欧美市场对九寨沟的了解较少，但是北美市场潜力巨大，可将北美市场作为突破口，带动欧美市场对九寨沟的了解。九寨沟旅游产品打造和营销诉求，在国内市场要突出四季可游、多日游、休闲度假游；在东南亚市场要突出高端的世界自然遗产旅游；而欧美市场则以世界自然遗产喀斯特水景观、大熊猫故乡、藏民族居住地为宣传重点。

销售渠道的建立，可以考虑以下几点：①旅行社渠道。九寨沟远离中心城市，其游客主要由旅行社组织，这决定了旅游产品的销售渠道主要是旅行社。实际上旅行社扮演了双重角色——对于消费者来说是旅游产品的提供者，对于景区来说则是旅游产品的销售者。因此，九寨沟旅游产品及旅游信息首先要向旅行社提供；在宣传推广方面，要将九寨沟形象宣传和旅行社的旅游产品宣传结合起来。②专业化渠道。在开展生态旅游、科考旅游、专题旅游等特种旅游方面，与国际上相关专业机构、专业网站、专业媒体合作，集结有特殊需求的旅游者；在开展商务旅游时，与社会专业会务公司、行业协会、部门企业合作，对这类旅游者提高特需服务。③共享销售网络。九寨沟招徕游客可以和与景区相关的旅游行业共享其销售渠道和网络。例如，和航空公司共享针对航空旅游的游客资源，和国际连锁酒店共享其销售网络资源。

九寨沟是世界自然遗产，是全人类共同的财产，其发展的首要目标是社会效益和可持续发展。仅从旅游者人数指标来考察其生命周期是不全面的；即使是人数的增长也受最高生态承载量的限制。因此，对九寨沟的生命周期的评估，应该是包括社会效益、生态效益、经济效益的综合评估体系。对九寨沟而言，长久保持生机和魅力，必须从旅游资源优势战略转向旅游竞争优势战略，挖掘旅游目的地旅游竞争力，以旅游产品价值创造为核心，全面提高旅游产品的质量、品牌、服务，完善旅游配套设施，从而达到可持续发展的目的。

6.7.4 环境容量持续调控

根据《九寨沟风景名胜区总体规划修编》，九寨沟的年游客容量为 300 万人，而九寨沟目前的旅游人数早已接近甚至突破其年游客容量，现有容量已不能适应旅游发展的需求。同时，九寨沟游客的时间分布也很不均衡，游客日规模在旺季时大大超过最大日容量（1.8 万人）。因此，九寨沟管理局应加强游客容量的调控。具体措施如下：通过挖掘周边旅游地的冬季优势，配合九寨沟的冰雪节，形成冬季旅游专线，从而增加冬季游客量；旺季时，使九寨沟与周边旅游地组成“一日游”路线，将游客在九寨沟内的停留时间减少到半日，从而减少瞬时游客量。对游客年容量进行调控需要监测游客对九寨沟生态环境和生物多样性的影响并评估，如在可接受范围内，则可以在一定年份适当扩大容量，在生物多样性监测方面，可以借鉴游客体验与资源保护（Visitor Experience and Resource Protection，VERP）框架、游客活动管理程序（Visitor Activity Management Process，VAMP）、游客冲击管理（Visitor Impact Management，VIM）、最优化旅游管理模型（Tourism Optimization Management Model，TOMM）等衍生技术。

6.7.5 优化遗产旅游产品结构

与国外高层次的遗产旅游产品注重遗产价值和游客体验的特点相比，九寨沟的遗产旅游产品结构较为单调，传统的观光旅游仍然占据主要部分，无法满足当代游客深层次的精神需求。为此，需要系统而全面地对九寨沟的遗产旅游资源进行分类和整合，充分调研各类游客需求，加速各种遗产旅游产品的推陈出新，丰富并深化遗产旅游的形式和内涵，提高遗产旅游产品的附加值，促使九寨沟的遗产旅游产品与各类游客精神需求紧密融合。需要注意的是，九寨沟虽然是世界自然遗产，但其深厚的民族文化底蕴不容忽视，拥有九寨沟独具特色的民族文化的旅游产品是九寨沟遗产旅游产品的重要组成部分，文化旅游产品的人文与精神内涵是其他旅游产品无法替代的。合理的旅游产品结构既能突出九寨沟的自然美，也能突出区域文化以及民风民俗，从而全面地促进九寨沟遗产旅游的可持续发展。

6.7.6 提高交通网络通达性，加强配套设施建设

由于九寨沟地理位置偏远，目前还没有火车直达，公路和航空是主要的交通方式。公路运输较为便捷，但由于夏季时九寨沟多雨，容易造成山体滑坡、山石松动等地质灾害，因此存在一定的安全隐患。九黄机场作为九寨沟县唯一的民用机场，其规模较小，年吞吐量不足，并且由于机票价格较贵，机场易受气候变化影响，机场与景区距离仍有 2 小时车程等因素的影响，九黄机场

远远满足不了游客的需求。因此，九寨沟仍需加强交通网络的建设与完善。于2008年规划完成的成兰铁路若建成，可大大提高九寨沟的可进入性，并缓解公路运输的压力。同时，与旅游业相关的其他配套设施，如餐饮、住宿、便利店、旅游中介机构、游客服务中心等方面，也应不断完善，合理规划布局各类配套设施，加强饭店和宾馆等的卫生监管，公开价目和收费信息，提高从业人员服务意识，保持硬件设施完好等。

6.7.7 加快旅游专业综合性人才的培养

人才是当今社会最重要的资源，社会各领域的发展都离不开人才的推动，旅游业也不例外。要促进九寨沟遗产旅游可持续发展，需要建立与遗产旅游相结合的旅游人才培养制度，加强旅游人才培训并完善旅游业发展的促进政策，从而使景区从业人员真正做到先培训后上岗。同时，还需要建立旅游人才的考核认证制度，规范旅游人才的培养与配置工作。另外，应该进一步建立教育与科研政策，不断促进当地旅游培训机构及职业院校实现教育改革，对遗产旅游相关的科研工作应给予政策与资金的大力扶持，完善旅游学科体系的建设，加强高水平青年教师队伍的建设，提高旅游教学与科研业务水平。

6.7.8 加强遗产地合作，实现协同发展

四川省是我国拥有世界遗产种类最齐全的省份，其5大世界遗产地囊括了自然遗产（九寨沟、黄龙和大熊猫栖息地）、文化遗产（青城山—都江堰）与混合遗产（峨眉山—乐山大佛）。因此，九寨沟应充分利用四川省遗产资源集聚的区位优势，加强与省内其他遗产地之间的联动与合作，推动遗产旅游一体化，整合

遗产地优质资源，开展“世界遗产游”专线，将其打造成为集旅游观光、养生休闲、游客学习与体验、感知遗产价值等于一体的高端旅游线路，成为区域乃至国家遗产旅游的“黄金招牌”。

6.7.9 发展低碳旅游

低碳旅游是在低碳经济背景下提出的一种新型旅游概念，其本质是低能耗、低污染的绿色旅游。由于旅游业是一个庞大的行业，涉及食、住、行、游、购、娱多个环节，因此，若能在每一个环节上运用低碳技艺，倡导低碳消费方式可以实现能源的大幅节约、减轻污染，从而实现旅游地的可持续发展。九寨沟作为世界遗产，面临着生态环境压力与资金匮乏等挑战，而资金匮乏已成为世界各地遗产地管理机构面临的首要难题。因此，低碳旅游作为对遗产资源影响相对较小的利用方式，可以在为九寨沟的管理提供资金来源的前提下，确保九寨沟遗产地健康、合理地可持续发展。

6.7.10 变革产品开发方式的理念和途径

由于大众观光游的传统开发方式遵循产业革命的管理思想和方法，对旅游资源采用的是“掠夺式”的开发利用，使得自然保护区的“天然自然”很快退变为“人工自然”，进而造成突出的人地关系矛盾。在这样的背景下，针对传统开发方式对旅游环境的负面影响，一种新的开发理念——生态自然观应运而生。生态自然虽然也是人类的创造，但同人工自然相比有着本质的区别，这是一种新的自然形态。

就九寨沟而言，旅游环境是以水景为灵魂，以自然风貌为主体，同时包括了当地人和旅游者所生存的社会经济环境。依据生态自然观的开发理念，从2000年开始，作为观光型旅游目的地的九寨沟注重推动产品开发方式的变革，景区旅游环境取得显著改善。

6.7.10.1　变革途径一：已开发旅游区域全面引入以“生态自然观”为理念的科学管理，其科学管理主要从“保护性”和“专业性”上体现

科学管理的首要特点是“保护性”，其实质是要求旅游从业者和游客约束自己的行为，保护旅游资源和旅游环境。九寨沟已开发旅游区域是呈“Y”字形分布的树正、日则、则查洼三条总长55.5千米的沟谷，该区域的大众观光游在相当长时间内应是景区旅游的主流。

为实现大众观光游的“保护性”开发，2000年至今，九寨沟自然保护区在生态保护方面在全国景区中创造了多项第一：最早开通限制尾气排放的绿色环保观光车；最先建成以环保教育为主要功能的游客中心；关闭和拆除景区内的所有宾馆及违章建筑，第一个实现“沟内游、沟外住”格局；第一个引入环保型车载式流动厕所，景区内实现游客污染物零排放；科学测定环境承载量，第一个实施“限量旅游”政策。目前景区的最高生态承载量达到2.8万人，最佳生态承载量1.8万人。景区管理者通过门票价格调整、旅游预约等手段严格控制日进沟游客数量，然后利用“数字九寨”系统的智能化监控手段，引导进沟游客在时间和空间上合理布局，以达到保障旅游质量和保护景区生态系统的目的。此外，景区在7年间已累计投入15亿余元，建成了人车分离的生态游道、功能齐全的诺日朗旅游服务中心、居民生活污水处理池、景区电网和农网改造等一大批基础建设项目，配套完善了服务设施，极大提升了景区的环保水平和大众旅游品位。

目前的“保护性”管理仍需继续改进，比如：切实健全生态

环境监测预警系统，保护生态环境的原真性；充分运用科研成果，设立科学完整、通俗易懂的解说系统，向游客进行科普宣传和环保教育，同时在游客和居民中推出“净山、净气、净水”多项保护措施，共同杜绝不良行为，走环境保护可持续发展之路。科学管理的又一特点是专业性，具体体现在旅游设施、项目、路线和服务等方面。在未来的产品开发中，旅游设施的设计建造要遵循自然生态规律、人与自然和谐统一原则。旅游项目和路线设计应在游客调查的基础上，一方面串联和整合旅游吸引物，根据九寨沟四季变化和天气特点，在观光游的基础上推出个性化旅游产品——观光摄影游、观光探险游、徒步观光游、栈道观光游等特种观光旅游项目，以满足游客多元化、多层次的旅游需求；另一方面可选择资源互补型景区合作，串成内容丰富的观光旅游线路推向市场，同时不断挖掘景区亮点以支撑旅行社对热门线路的营销。最后，九寨沟是世界级景区，提供的服务也应该有世界级水平，能让游客在较短时间内获得回归大自然的精神享受和满足，进而自觉保护旅游资源和环境。

6.7.10.2　变革途径二：游客、社区居民、管理人员联合参与，打造九寨特色的生态旅游产品

随着旅游市场的发展，许多游客已不再满足于走走看看的纯粹观光游览，而要求产品富于地域特色和文化内涵，要求单一功能的旅游产品升级为加工型和复合型产品。因此，产品开发方式变革的更重要途径还在于具有景区特色的生态旅游产品的开发。

生态旅游产品把生态保护作为既定前提，把环境教育和自然知识普及作为核心内容。首先，在开发经营和产品策划设计上，生态旅游是科技含量很高的产业，应该在科学技术的密切参与下运作，要求旅游经营者必须对所处地区生态系统的特点非常了解，具有生态环境保护的专门知识。其次，在市场营销方面，要

求生态旅游者具备较高的环保意识。他们有自己确定的旅游目的，而不是被卷入旅游时尚潮流的盲目旅游者，也不是为追求个人的物质享受、认为金钱可以买断自然的旅游者。在生态旅游活动中，身为具有欣赏、探索和认识大自然及当地文化的明确要求的较高层次游客，他们不再仅仅是被动观赏和娱乐，而是参与更多保护旅游环境的实际行动，这与大众旅游形成明显反差。九寨沟已开发区域的旅游产品树立了九寨旅游的知名市场品牌，以此为依托，九寨沟生态旅游开发的目的在于借助其知名度和管理经验，开发一种能全面展示资源特色，促进景区环境保护，关注当地居民经济收益的旅游新形式。通过这种旅游形式的示范作用，提高其他普通游客的环保意识，树立景区新形象，真正实现环境、社会和经济三大效益的协调发展。此外，对于保护区具有不可替代性的旅游环境，仅仅从防止在开发经营中造成资源受损的层面谈保护，这显然是不够的。只有同化性质的保护接纳、顺应旅游地的生境、文化，才能使保护更具效力。当地藏民世居于此，他们的生产生活方式就是这样一种对旅游环境的同化性质的保护，因此可以作为旅游产品开发的借鉴元素。

九寨沟地处岷山大熊猫栖息地的北部边缘地带，地质构造破碎、不连续，其生态旅游的特色定位应是：小容量、精品化。因为小众型生态旅游作为“在自然区域进行的有助于环境保护和旅游地居民福利增长的负责任旅游，兼顾了旅游、环保、扶贫、教育等功能，能将经济活动对环境的影响降至最低限度”。国内外经验证明它是生态脆弱地区一种适宜的旅游开发方式。

九寨沟内的第四条支沟——扎如沟是开展生态旅游的理想区域。“扎如”为藏语发音的音译，意为在靠近林地边的灌木丛中开垦出来的地。它位于九寨沟东北方向，距景区入口约 1.4 千米，海拔高度 2026～4528 米，南北长约 14 千米，东西宽约 18 千米，景区面积 80.1 平方千米。扎如沟的生态本底调查显示，这里是自然保护区生物多样化资源最丰富的地区。作为未开发景区，区内人为干扰少，环境质量上乘，生态环境原始，可以真正满足人们回归大自然的需求。同时，该区的水系流域出口在离九寨沟口 1.5 千米处，在此开展旅游活动不会对主景区的水体带来任何污染。

扎如沟内有两个藏族村寨，村寨里既留存有早已废弃的老寨遗址，又坐落着雕梁画栋的藏式民居。那里生活着百余名原住民，旅游开发以后，受外来文化影响，尤其在退耕还林后，他们传统的生产活动大量停止，很多传统知识随之淡出他们的生活。传统文化后继乏人，面临消亡。要挽救传统文化的衰颓之势，由居民以社区为单位，参与小众型生态旅游是一种值得尝试的开发方式。“社区参与”应该鼓励和引导居民在有选择性地保留传统文化的基础上从事旅游服务，在享受现代生活的同时从事文化的传承和环境保护工作，帮助游客体验九寨沟原生态的生产生活方式。

顺应游客不同需求，结合扎如沟资源情况可开发的生态旅游产品包括：①科考探秘游（3～4 天）。由景区居民或管理人员担任生态导游，带领游客沿设定路线考察。沿途认知花卉鸟类，探寻地质现象，观赏气象景观和高山湖泊景观等。游客和导游借此自觉接受公众环境教育，培养对生物保护的高度责任感，从而实践遗产地的公众教育功能。②天然“氧吧”养生游（1～2 天）。扎如沟生态系统完整，植被良好，其空气负氧离子高达 18400 个/立方厘米，这样的空气可以防治疾病，强身健体。游客可体验步行，也可沿路骑山地自行车或马匹游览，欣赏自然风光，感受野营乐趣。③藏文化寻踪游（2～4 天）。已开发景区经历 20 年大众旅游的影响，传统文化（建筑、饮食、服饰、习俗、语言等）已发生较大改变。而尚未开发的扎如沟却保留着许多藏族文化资源，既有寺院、佛神山、传统民居等静态资源，又有民族节庆、佛事活动、日常生活等动态资源。藏文化寻踪游可寻找古老藏寨，领略神秘文化，分享九寨居民的生活智慧。

扎如沟小众型生态旅游开发以生态多样性和藏族文化体验为主体，以高山峡谷景观为主线，以高山海子为点缀，以科学管理的旅游设施和旅游产品为载体，使景区资源受到保护，游客、居民、景区三方参与，共同获利。在生态保护区内，生态旅游容量应当在规范的前提下设定安全的最小值，日后根据针对性的监测指标进行动态调整。生态旅游收入应按一定比例返回到生态保护中。

7 结论与建议

7.1 结论

九寨沟自然保护区位于青藏高原东缘岷山山脉北端，是联合国世界自然遗产、联合国世界生物保护区、国家级自然保护区、国家级重点风景名胜区，通过了绿色环球 21 认证，是中国最具吸引力的自然风景旅游目的地。目前九寨沟一些湖泊泥沙淤积明显，湖泊沼泽化问题严重。伴随着湖泊泥沙淤积，还有大量营养盐物质的输入，水生植物大量生长，对湖泊和景区产生不利影响，也将直接影响景区景观资源的保护和可持续利用。因此，有必要了解九寨沟水生植物的生长状况，为九寨沟湖泊泥沙治理和生态与环境保护提供科学依据及基础资料；同时为了保护和恢复生态环境，应探索旅游可持续发展模式，以期为九寨沟自然保护区生态环境、社会和经济全面、协调、可持续发展提供依据。

本书以九寨沟的沉水杉叶藻、挺水杉叶藻和水苦荬为研究对象，选择不同温度的三个湖泊（芳草海、箭竹海和五花海）为研究地点，采用植物生态学、植物生理学和水化学等研究方法，测定水生植物叶绿素荧光特性的日变化、叶绿素含量、植株干重和湿重、叶面积以及九寨沟水质环境指标，研究光强和水温等环境因子对水生植物光合作用的影响和水质条件对水生植物生长的影响。主要结论如下：

（1）九寨沟水生植物叶绿素荧光特性。

三个湖泊的研究植物其水上光合有效辐射及水下光合有效辐射无显著性差异。但是，五花海一天中各时刻的水温显著高于芳草海和箭竹海，而芳草海和箭竹海各时刻的水温无显著性差异。

五花海沉水杉叶藻的最大电子传递速率 ETR_{max} 显著大于芳草海和箭竹海；三个湖泊沉水杉叶藻 ETR_{max} 达到一天中最高值时的水温相同，都为 12℃；同时，ETR_{max} 与水温的相关系数（$R^2=0.6849$，$P<0.001$）要明显大于 ETR_{max} 与光强的相关系数（$R^2=0.334$，$P<0.05$），表明水温是影响三个湖泊沉水杉叶藻 ETR_{max} 的主导因素；三个湖泊沉水杉叶藻的最大光化学效率 F_v/F_m 日变化都呈“V”字形。在 17：00，芳草海和箭竹海的沉水杉叶藻 F_v/F_m 未恢复到清晨水平，而五花海 F_v/F_m 恢复到清晨 7：00 的近似值。

五花海挺水杉叶藻的 ETR_{max} 日变化呈双峰型曲线，并且显著大于箭竹海。箭竹海挺水杉叶藻的光能利用效率 α 日变化呈“V”字形，但是五花海的 α 日变化几乎没有波动。17：00 时，箭竹海和五花海挺水杉叶藻 F_v/F_m 能恢复到 7：00 时的近似值。

芳草海的沉水杉叶藻和沉水水苦荬 ETR_{max} 的日变化都呈单峰型曲线，且两种沉水植物的 ETR_{max} 在下午 13：00 时均达到最大值。芳草海沉水杉叶藻的叶绿素 a（$P<0.001$）、叶绿素 b（$P<0.05$）、叶绿素（a+b）（$F_{1,11}=35.048$，$P<0.001$）显著大于沉水水苦荬。

（2）九寨沟水生植物荧光淬灭研究。

芳草海和箭竹海沉水杉叶藻光化学耗散 qP 的日变化均为明显的单峰型曲线。但五花海 qP 的日变化表现出明显的双峰型曲线，9：00 时 qP 达到一天中的最高值。无论在低光强（190

μmol m^{-2} s^{-1}）还是高光强（1150 μmol m^{-2} s^{-1}）下，五花海沉水杉叶藻的 qP 和非光化学耗散 NPQ 显著大于芳草海和箭竹海，但是芳草海和箭竹海之间没有显著性差异。

箭竹海挺水杉叶藻的 qP 和 NPQ 日变化都为单峰型曲线，分别在 11：00 和 15：00 左右达到一天中的最大值。但是，五花海的 qP 和 NPQ 日变化均为双峰型曲线。在低光强（190 μmol m^{-2} s^{-1}）下，五花海挺水杉叶藻的 qP 显著大于箭竹海，但是两个湖泊的 NPQ 之间没有显著差异。另外，在高光强（1150 μmol m^{-2} s^{-1}）下，五花海挺水杉叶藻的 qP 和 NPQ 也显著大于箭竹海。

芳草海杉叶藻和水苦荬 qP 的日变化大体呈单峰型曲线。无论在低光强还是高光强下，芳草海水苦荬的 NPQ 均显著大于杉叶藻，但是两种沉水植物的 qP 之间无显著性差异。

（3）九寨沟水生植物光合作用与水环境关系。

九寨沟三个湖泊中，pH 值均大于 8，呈弱碱性，电导率变化在 295～391 μs/cm 之间；三个湖泊的总氮和总磷没有显著性差异，但硝酸盐含量有极显著性差异（$P<0.001$），箭竹海的硝酸盐含量为 0.47 mg/L，显著大于芳草海（0.06 mg/L）和五花海（0.11 mg/L）的硝酸盐含量。

箭竹海沉水杉叶藻的植株干重、湿重和叶面积显著大于其他两个湖泊（$P<0.05$），芳草海和五花海之间没有显著性差异。沉水杉叶藻的湿重分别与 pH、电导率和总硬度呈显著正相关（$P<0.05$），与硝酸盐呈极显著正相关（$P<0.01$）；沉水杉叶藻的干重分别与电导率、硝酸盐和总硬度之间呈极显著正相关（$P<0.01$），与 pH 呈显著正相关（$P<0.05$）。

沉水杉叶藻叶绿素荧光参数与水质相关性研究结果表明，水温分别与沉水杉叶藻的 ETR_{max}、半饱和光强 E_k 和 qP 呈显著正相关（$P<0.05$），但是水温分别与叶绿素 a 和叶绿素（a+b）呈

极显著负相关（$P<0.01$）；pH 与沉水杉叶藻的 F_v/F_m 呈显著负相关（$P<0.05$）；电导率分别与沉水杉叶藻的叶绿素 a 和叶绿素 a/b 呈显著负相关（$P<0.05$）；叶绿素 a 分别与硫酸盐和溶解氧呈显著正相关（$P<0.05$），与总硬度呈显著负相关（$P<0.05$）。

（4）九寨沟湖泊湿地景观保育对策。

为了保护九寨沟湿地生态系统，充分发挥湿地的生态功能、景观功能，减少地质灾害等自然活动和旅游等人为活动对湿地生态系统的干扰，九寨沟应采取水土流失监测及防治体系，植被恢复保育技术体系，构建湖泊湿地生态环境监测体系，建立长期的科学研究机制，搭建科研合作平台等一系列景观保育措施，构建九寨沟湿地景观保育技术体系，有效地缓解湿地生态系统的退化，降低九寨沟湿地生态系统退化驱动因子的干扰程度。

（5）九寨沟旅游的可持续发展分析。

九寨沟地区拥有丰富的生态资源，具有重要的社会和生态价值。为了保护和恢复生态环境，从可持续发展的角度出发，九寨沟生态旅游管理可以从生态规划、活动对环境影响评价体系、生态旅游地环境管理及检测、生态旅游游客服务和管理、生态旅游经营管理以及社区教育和参与六个方面进行规划。

低碳旅游是在低碳经济背景下提出的一种新型旅游概念，其本质是低能耗、低污染的绿色旅游。由于旅游业是一个庞大的行业，涉及食、住、行、游、购、娱多个环节，因此，若能在每一个环节上运用低碳技艺，倡导低碳消费方式，可以实现能源的大幅节约、减轻污染，从而实现旅游地的可持续发展。九寨沟作为世界自然遗产，面临着生态环境压力与资金匮乏等挑战，而资金匮乏已成为世界各地遗产地管理机构面临的首要难题。因此，低碳旅游作为对遗产资源影响相对较小的利用方式，可以在为九寨沟的管理提供资金来源的前提下，确保九寨沟遗产地健康、合理地可持续发展。

九寨沟全域旅游从“点上发力”到“面上开花”，正是旅游与大众需求良性互动趋向的结果。打造“全域旅游”，通过规划使旅游产业全面融合、旅游要素全域配套、旅游设施全面提升、旅游营销全方位推进、市场治理全县联动、旅游改革全面创新。

7.2 建议

本书从植物生态学、生理学和水文学的角度对九寨沟水生植物的光合作用特性和水质环境特征进行了初步研究，并在此基础上探讨了重要的环境因子（光照和水温）对九寨沟水生植物叶绿素荧光特性的影响，以及水生植物光合作用特性—九寨沟水质环境的相互关系，为深入研究青藏高原湖泊水生植物生长状况、湖泊环境对水生植物生长状况的影响、湖泊沼泽化等奠定了初步基础。以下问题有待今后进行深入研究：

水生植物光合作用酶活性的测定，其中包括 Rubisco 活化酶和超氧化物歧化酶（SOD）测定，进一步深入了解水温对水生植物光合作用的影响。

水生植物生存和生长过程中存在生理形态上的改变以适应水环境，为尽可能多地获得可溶解性无机碳，它们在生理和形态方面的表现具有一定的可塑性。对典型的沉水植物来说，在其他环境条件都有利于较高的光合作用速率时，水溶液中可利用 CO_2 很快就会成为限制性因子。因此，对水生植物进行光合作用所利用的无机碳的形态、循环、贮存和变化等方面的研究就显得更为必要和急迫。

沉水植物在其不同生长时期内的生物学特性是不同的，本书中的实验只研究植物处于旺盛生长期的情况，实验时间相对较短，建议延长实验周期，对沉水植物在整个生长期内的生长进行观察分析。

水生植物是湖泊生态系统营养循环的核心环节，在生态系统中起到基础和构建作用；研究水生植物在生长发育和衰败、凋落过程中营养的吸收固定、转移利用和沉积归还规律以及在降低沉积物再悬浮、控制湖泊内源负荷中的作用，对于探讨湖泊稳态转换的过程和机理以及对控制湖泊沼泽化有重要的理论和现实意义。

参考文献

[1] 王苏民，窦鸿身. 中国湖泊志 [M]. 北京：科学出版社，1998：398－399.

[2] 孟庆伟. 青藏高原特大型湖泊遥感分析及其环境意义 [D]. 北京：中国地质科学院硕士学位论文，2007.

[3] 汤懋苍，程国栋，林振耀. 青藏高原近代气候变化及对环境的影响 [M]. 广州：广东科技出版社，1998.

[4] 施雅风. 中国气候与海面变化及其趋势和影响（4）. 气候变化对西北华北水资源的影响 [M]. 济南：山东科学技术出版社，1995：124－148.

[5] 王东. 青藏高原水生植物地理研究 [D]. 武汉：武汉大学博士学位论文，2003.

[6] 郑绵平，刘喜方. 青藏高原盐湖水化学及其矿物组合特征 [J]. 地质学报，2010，84（11）：1585－1600.

[7] 郑绵平，刘喜方，赵文. 青藏高原盐湖的构造地球化学和生物学研究 [J]. 地质学报 2007，81（12）：1698－1708.

[8] 王海雷，郑绵平. 青藏高原湖泊水化学与盐度的相关性初步研究 [J]. 地质学报，2010，84（10）：1517－1522.

[9] 乔程，骆剑承，盛永伟，等. 青藏高原湖泊古今变化的遥感分析——以达则错为例 [J]. 湖泊科学，2010，22（1）：98－102.

[10] 李万春，李世杰，尹宇，等. 青藏高原腹地半混合型湖泊的发现及其意义 [J]. 中国科学（D）辑，2001，30：269－272.

[11] 李明慧，康世昌. 青藏高原湖泊沉积物对古气候环境变化的响应 [J]. 盐湖研究，2007，15（1）：63－72.

[12] 田庆春，杨太保，张述鑫，等. 青藏高原腹地湖泊沉积物磁化率

及其环境意义 [J]. 沉积学报, 2011, 29 (1): 143-150.

[13] 蒲阳, 张虎才, 雷国良, 等. 青藏高原东北部柴达木盆地古湖泊沉积物正构烷烃记录的 MIS3 晚期气候变化 [J]. 地球科学, 2010, 40 (5): 624-631.

[14] 齐代华. 九寨沟水生植物物种多样性及其环境关系研究 [D]. 重庆: 西南大学博士学位论文, 2007.

[15] 齐代华, 王力, 钟章成. 九寨沟水生植物群落β多样性特征研究 [J]. 水生生物学, 2006, 30 (4): 446-452.

[16] Küster A, Schaible R, Schubert H. Light acclimation of photosynthesis in three charophyte specie [J]. Aquatic Botany, 2004, 79: 111-124.

[17] Barko JW, Smart RM. Comparative influences of light and temperature on the growth and metabolism of selected submersed freshwater macrophytes [J]. Ecological Monographs, 1981, 51: 219-235.

[18] Best EPH, Buzzelli CP, Bartell SM, et al. Modeling submersed macrophyte growth in relation to underwater light climate: modeling approaches and application potential [J]. Hydrobiologia, 2001, 444: 43-70.

[19] Imamoto H, Horiya K, Yamasaki M, et al. An experimental system to study ecophysiological responses of submerged macrophytes to temperature and light [J]. Ecological Research, 2007, 22: 172-176.

[20] Van TK, Haller WT, Bowes G. Comparison of the photosynthetic characteristics of three submersed aquatic plants [J]. Plant Physiology, 1976, 58: 761-768.

[21] Bowes G, Salvucci ME. Plasticity in the photosynthetic carbon metabolism of submersed aquatic macrophytes [J]. Aquatic Botany, 1989, 34: 233-266.

[22] Bowes G. Pathways of CO_2 fixation by aquatic organisms [A]. In: Lucas WJ, Berry JA eds, Inorganic Carbon Uptake by Aquatic Photosynthetic Organisms [C]. Rockville, Maryland: American Society of Plant Physiologists, 1985: 187-210.

[23] Duarte CM. Seagrass depth limits [J]. Aquatic Botany, 1991, 40: 363-377.

[24] Dennison WC, Orth RJ, Moore KA, et al. Assessing water

quality with submersed aquatic vegetation [J]. Bioscience, 1993, 43: 86-94.

[25] Markager S, Sand Jensen K. Light requirements and depth zonation of marine macroalgae [J]. Marine Ecology Progress Series, 1992, 88: 83-92.

[26] Strickland JDH. Solar radiation penetrating the ocean. A review of requirements, data and methods of measurement, with particular reference to photosynthetic productivity [J]. Journal of the Fisheries Research Board of Canada, 1958, 15: 453-493.

[27] Sand Jensen, K. Minimum light requirements for growth in *Ulva lactuca* [J]. Marine Ecology Progress Series, 1988, 50: 187-193.

[28] 刘建康. 高级水生生物学 [M]. 北京: 科技出版社, 1999, 137: 225-240.

[29] Heber U, Bligny R, Streb P, et al. Photo-repiration is essential for the protection of the photosynthetic apparatus of C_3 plants against photoinactivatio0n under sunlight [J]. Acta Batanica, 1996, 109: 307-315.

[30] Hemminga MA. The root/rhizome of seagrasses: an asset and a burden [J]. Journal of Sea Resource, 1998, 39: 183-196.

[31] Boedeltje G, Smolders AJP, Roelofs JGM. Combined effects of water column nitrate enrichment, sediment type and irradiance on growth and foliar nutrient concentrations of *Potamogeton alpinus* [J]. Freshwater Biology, 2005, 50: 1537-1547.

[32] Terrados J, Duarte CM, Kamp Nielsen L, et al. Are seagrass growth and survival constrained by the reducing conditions of the sediment? [J]. Aquatic Botany, 1999, 5: 175-197.

[33] Erskine JM, Koch MS. Sulfide effects on *Thalassia testudinum* carbon balance and adenylate energy charge [J]. Aquatic Botany, 2000, 67: 275-285.

[34] Koch MS, Erskine JM. Sulfide as a phytotoxin to the tropical seagrass *Thalassia testudinum*: interactions with light, salinity and temperature [J]. Journal of Experimental Marine Biology and Ecology, 2001, 266: 81-95.

[35] Holmer M, Laursen L. Effect of shading of *Zostera marina* (ee-

lgrass) on sulfur cycling in sediments with contrasting organic matter and sulfide pools [J]. Journal of Experimental Marine Biology and Ecology, 2002, 272: 25-37.

[36] Morgane L, Kenneth HD. Effects of drift macroalgae and light attenuation on chlorophyll fluorescence and sediment sulfides in the seagrass *Thalassia testudinum* [J]. Journal of Experimental Marine Biology and Ecology, 2006, 334: 174-186.

[37] Carlson Jr PR, Yarbro LA, Barber TR. Relationship of sediment sulfide to mortality of *Thalassia testudinum* in Florida Bay [J]. Bulletin of Marine Science, 1994, 54: 733-746.

[38] Goodman JL, Moore KA, Dennison WC. Photosynthetic responses of eelgrass *Zostera marina* L. to light and sediment sulfide in a shallow barrier island lagoon [J]. Aquatic Botany, 1995, 50: 37-47.

[39] Koch MS, Mendelssohn IA, McKee KL. Mechanism for the hydrogen sulfide-induced growth limitation in wetland macrophytes [J]. Limnology and Oceanography, 1990, 35: 399-408.

[40] Kurtz JC, Yates DF, Macauley JM, et al. Effects of light reduction on growth of the submerged macrophyte *Vallisneria americana* and the community of root-associated heterotrophic bacteria [J]. Journal of Experimental Marine Biology and Ecology, 2003, 291: 199-218.

[41] Demmig B, Bjorkman O. Comparison of the effect of excessive light on chlorophyll fluorescence (77K) and photon yield of O2 evolution in leaves of higher plants [J]. Planta, 1987, 171: 171-184.

[42] Ralph PJ. Light-induced photoinhibitory stress responses of laboratory cultured *Halophila ovalis* [J]. Botanica Marina, 1999, 42: 11-22.

[43] Beer S, BjÖrk M. Measuring rates of photosynthesis of two tropical seagrasses by pulse amplitude modulated (PAM) fluorometry [J]. Aquatic Botany, 2000, 66: 69-76.

[44] Bité JS, Campbell SJ, McKenzie LJ, et al. Chlorophyll fluorescence measures of seagrasses *Halophila ovalis* and *Zostera capricorni* reveal differences in response to experimental shading [J]. Marine Biology, 2007, 152: 405-414.

[45] Edwards MS, Kwang YK. Diurnal variation in relative photosynthetic performance in giant kelp *Macrocystis pyrifera* (Phaeophyceae, Laminariales) at different depths as estimated using PAM fluorometry [J]. Aquatic Botany, 2010, 92: 119－128.

[46] Beer S, Vilenkin B, Weil A, et al. Measuring photosynthetic rates in seagrasses by pulse amplitude modulated (PAM) fluorometry. marine ecology-progress series [J]. 1998, 174: 293－300.

[47] Ralph PJ, Gademann R. Rapid light curves: A powerful tool to assess photosynthetic activity [J]. Aquatic Botany, 2005, 82: 222－237.

[48] Müller P, Li XP, Niyogi KK. Non-photochemical quenching. A response to excess light energy [J]. Plant Physiology, 2001, 125: 1558－1566.

[49] Campbell S, Miller C, Steven A, et al. Photosynthetic responses of two temperate seagrasses across a water quality gradient using chlorophyll fluorescence [J]. Journal of Experimental Marine Biology and Ecology, 2003, 291: 57－78.

[50] Henley WJ. Measurement and interpretation of photosynthetic light-response curves in algae in the context of photoinhibition and diel changes [J]. Journal of Phycology, 1993, 29: 729－739.

[51] Marquandt J, Rehm A. M. J. *Porphyridium purpureum* (Rhodophyta) from red and green light-characterization of photosystem I and determination of in situ fluorescence spectra of the Photosystems [J]. Photochemistry and Photobiology, 1995, 30: 49－56.

[52] Young AJ, Philip D, Ruban AV, et al. The xanthophyll cycle and carotenoid-mediated dissipation of excess excitation in photosynthesis [J]. Pure and Applied Chemistry, 1997, 69: 2125－2130.

[53] Schagerl M, Pichler C, Pigment composition of freshwater charophyceae [J]. Aquatic Botany, 2000, 67: 117－129.

[54] Chazdon RL. Photosynthetic plasticity of two rainforest shrubs across natural gap transects [J]. Oecologia, 1992, 92: 586－595.

[55] Chow WS, Adamson HY, Anderson JM. Photosynthetic acclimation of *Tradescantia albiflora* to growth irradiance: lack of adjustment of light-harvesting components and its consequences [J]. Plant Physiology,

1991，81：175－182.

［56］肖月娥，陈开宁，戴新宾，等. 太湖中2种大型沉水被子植物适应低光能力的比较［J］. 植物生理学通讯，2006，42（3）：421－425.

［57］周晓红，王国祥，冯冰冰. 光照对伊乐藻（*Elodea nuttallii*）幼苗生长及部分光能转化特性的影响［J］. 生态与农村环境学报，2008，24（4）：46－52.

［58］Siefermann Harms D. Carotenoids in photosynthesis Ⅰ. Location in photosynthetic membranes and light-harvesting function［J］. Biochimica et Biophysica Acta，1985，811：325－355.

［59］Thayer SS，Bjorkman O. Carotenoid distribution and deepoxidation in thylakoid pigment-protein complexes from cotton leaves and bundle-sheath cells of maize［J］. Photosynthesis research，1992，33：213－225.

［60］Demming B，Winter K，Czyger FC，et al. Photoinhibition and zeaxanthin formation in intact leaves：A possible role of the xanthophyll cycle in the dissipation of excess light energy［J］. Plant Physiology，1987，84：218－224.

［61］Sagert S，Schubert H. Acclimation of *Palmaria palmata*（Rhodophyta）to irradiance：Comparison between artificial and natural light fields［J］. Journal of Phycology，2000，36：1119－1128.

［62］Bulthuis DA. Effects of temperature on the photosynthesis—irradiance curve of the Australian seagrass，*Heterozostera tasmanica*［J］. Marine Biology Letters，1983，4：47－57.

［63］Marsh Jr JA，Dennison WC，Alberte RS. Effects of temperature on photosynthesis and respiration in eelgrass（*Zostera marina* L.）［J］. Journal of Experimental Marine Biology and Ecology，1986，101：257－267.

［64］Masini RJ，Manning CR. The photosynthetic responses to irradiance and temperature of four meadow-forming seagrasses［J］. Aquatic Botany，1997，58：21－36.

［65］Moore KA，Wetzel RL，Orth RJ. Seasonal pulses of turbidity and their relations to eelgrass（*Zostera marina* L.）survival in an estuary［J］. Journal of Experimental Marine Biology and Ecology，1997，215：115－134.

[66] Dennison WC. Effects of light on seagrass photosynthesis, growth and depth distribution [J]. Aquatic Botany, 1987, 27: 15-26.

[67] Pérez M, Romero J. Photosynthetic response to light and temperature of the seagrass *Cymodocea nodosa* and the prediction of its seasonality [J]. Aquatic Botany, 1992, 43: 51-62.

[68] Herzka SZ, Dunton KH. Seasonal photosynthetic patterns of the seagrass *Thalassia testudinum* in the western Gulf of Mexico [J]. Marine Ecology Progress Series, 1997, 152: 103-117.

[69] Cabello Pasini A, Lara Turrent C, Zimmerman RC. Effect of storms on photosynthesis, carbohydrate content and survival of eelgrass populations from a coastal lagoon and the adjacent open ocean [J]. Aquatic Botany, 2002, 74: 149-164.

[70] Agawin NSR, Duarte CM, Fortes MD, et al. Temporal changes in the abundance, leaf growth and photosynthesis of three co-occurring Philippine seagrasses [J]. Journal of Experimental Marine Biology and Ecology, 2001, 260: 217-239.

[71] Dunton, K. H. Photosynthetic production and biomass of the subtropical seagrass *Halodule wrightii* along an estuarine gradient [J]. Estuaries, 1996, 19: 436-447.

[72] Dunton KH, Tomasko DA. In situ photosynthesis in the seagrass *Halodule wrightii* in a hypersaline subtropical lagoon [J]. Marine Ecology Progress Series, 1994, 107: 281-293.

[73] Torquemada YF, Durako MJ, Lizaso JLS. Effects of salinity and possible interactions with temperature and pH on growth and photosynthesis of *Halophila johnsonii* Eiseman [J]. Marine Biology, 2005, 148: 251-260.

[74] 丁国华. 植物生理学（上）[M]. 哈尔滨：黑龙江教育出版社，2006.

[75] Bulthuis DA. Effects of temperature on photosynthesis and growth of seagrasses [J]. Aquatic Botany, 1987, 27: 27-40.

[76] Hillman K, Walker DI, Larkum AWD, et al. Productivity and nutrient limitation [A]. In: Larkum, AWD., McComb, AJ, Shepherd, SA. (Eds.), Biology of Seagrasses: A Treatise on the Biology of Seagrasses

with Special Reference to the Australian Region [C]. Amsterdam: Elsevier, 1989: 635—685.

[77] Ralph PJ. Photosynthetic response of laboratory-cultured *Halophila ovalis* to thermal stress [J]. Marine Ecology Progress Series, 1998, 171: 123—130.

[78] Seddon S, Cheshire AC. Photosynthetic response of *Amphibolis antarctica* and *Posidonia australis* to temperature and desiccation using chlorophyll fluorescence [J]. Marine Ecology Progress Series, 2001, 220: 119—130.

[79] Campbell SJ, McKenzie LJ, Kerville SP. Photosynthetic responses of seven tropical seagrasses to elevated seawater temperature [J]. Journal of Experimental Marine Biology and Ecology, 2006, 330: 455—468.

[80] Greer DH, Berry JA, Björkman O. Photoinhibition of photosynthesis in intact bean leaves: role of temperature, and requirement for chloroplast-protein synthesis during recovery [J]. Planta, 1986, 168: 253—260.

[81] Greer DH, Ottander C, Öquist G. Photoinhibition and recovery of photosynthesis in intact barley leaves at 5℃ and 20℃ [J]. Plant Physiology, 1991, 81: 203—210.

[82] Bilger W, Björkman O. Temperature dependence of violaxanthin de-epoxidation and non-photochenical fluorescence quenching in intact leaved of *Gossypium hirsutum* L. and *Malva parviflora* L [J]. Planta, 1991, 184: 226—234.

[83] Demmig Adams, B. Carotenoids and photoprotection in plants: A role for the xanthophyll zeaxanthin. Biochim. Biophys [J]. American Council of Trustees and Alumni, 1990, 1020: 1—24.

[84] Demmig Adams B, Adams WW, III. Photoprotection and other responses of plants to high light stress [J]. Annual Review of Plant Physiology and Plant Molecular Biology, 1992, 43: 599—626.

[85] 李强，王国祥. 秋冬季光照水温对范草萌发和幼苗生长发育的影响 [J]. 重庆文理学院学报（自然科学版），2009，28（1）：9—15.

[86] Lee KS, Dunton KH. Inorganic nitrogen acquisition in the seagrass *Thalassia testudinum*: Development of a whole-plant nitrogen budget [J]. Limnology and Oceanography, 1999, 44: 1204—1215.

[87] Orth RJ, Moore KA. Seasonal and year-to-year variations in the growth of *Zostera marina* L. (eelgrass) in the lower Chesapeake Bay [J]. Aquatic Botany, 1986, 24: 335-341.

[88] Vermaat JE, Hootsmans MJM, Nienhuis PH. Seasonal dynamics and leaf growth of *Zostera noltii* Hornem., a perennial intertidal seagrass [J]. Aquatic Botany, 1987, 28: 287-299.

[89] Macauley JM, Clark JR, Price WA. Seasonal changes in the standing crop and chlorophyll content of *Thalassia testudinum* Banks ex König and its epiphytes in the northern Gulf of Mexico [J]. Aquatic Botany, 1988, 31: 277-287.

[90] Duarte CM. Seagrass nutrient content. Marine Ecology Progress Series 1990, 67: 201-207.

[91] Wetzel RL, Penhale PA. Production ecology of seagrass communities in the lower Chesapeake Bay [J]. Marine Technology Society Journal, 1983, 17: 22-31.

[92] Dunton KH. Seasonal growth and biomass of the subtropical seagrass *Halodule wrightii* in relation to continuous measurements of underwater irradiance [J]. Marine Biology, 1994, 120: 479-489.

[93] Zimmerman RC, Cabello Pasini A, Alberte RS. Modeling daily production of aquatic macrophytes from irradiance measurements: A comparative analysis [J]. Marine Ecology Progress Series, 1994, 114: 185-196.

[94] Setchell WA. Morphological and phenological notes on *Zostera marina* L [J]. University of California Publications in Botany, 1929, 14: 389-452.

[95] Tutin TG. Zostera [J]. Journal of Ecology, 1942, 30: 217-266.

[96] Phillips RC, McMillan C, Bridges KW. Phenology of eelgrass, *Zostera marina* L., along l atitudinal gradients in North America [J]. Aquatic Botany, 1983, 15: 145-156.

[97] Barber BJ, Behrens PJ. Effects of elevated temperature on seasonal in situ leaf productivity of *Thalassia testudinum* Banks ex König and *Syringodium filiforme* Kützing [J]. Aquatic Botany, 1985, 22: 61-69.

[98] Lee KS, Park SR, Kim JB. Production dynamics of the eelgrass,

Zostera marina in two bay systems on the south coast of the Korean peninsula [J]. Marine Biology, 2005, 147: 1091—1108.

[99] Watanabe M, Nakaoka M, Mukai H. Seasonal variation in vegetative growth and production of the endemic Japanese seagrass *Zostera asiatica*: a comparison with sympatric *Zostera marina* [J]. Botanica Marina, 2005, 48: 266—273.

[100] McPherson BF, Miller RL. The vertical attenuation of light in Charlotte Harbor, a shallow, subtropical estuary, south-western Florida [J]. Estuarine, Coastal and Shelf Science, 1987, 25: 721—737.

[101] Boström C, Roos C, Rönnberg O. Shoot morphometry and production dynamics of eelgrass in the northern Baltic Sea [J]. Aquatic Botany, 2004, 79: 145—161.

[102] Van Tussenbroek BI. *Thalassia testudinum* leaf dynamics in a Mexican Caribbean coral reef lagoon [J]. Marine Biology, 1995, 122: 33—40.

[103] Tomasko DA, Hall MO. Productivity and biomass of the seagrass *Thalassia testudinum* along a gradient of freshwater influence in Charlotte Harbor, Florida [J]. Estuaries, 1999, 22: 592—602.

[104] Kaldy JE. Production ecology of the non-indigenous seagrass, dwarf eelgrass (*Zostera japonica* Ascher, & Graeb.), in a Pacific Northwest Estuary, USA [J]. Hydrobiologia, 2006, 553: 201—217.

[105] Kaldy JE, Dunton KH. Above-and below-ground production, biomass and reproductive ecology of *Thalassia testudinum* (turtle grass) in a subtropical coastal lagoon [J]. Marine Ecology Progress Series, 2000, 193: 271—283.

[106] Masini RJ, Anderson PK, McComb AJ. A *Halodule* dominated community in a subtropical embayment: Physical environment, productivity, biomass, and impact of dugong grazing [J]. Aquatic Botany, 2001, 71: 179—197.

[107] Madsen TV. Growth and photosynthetic acclimation by *Ranunculus aqutuatilis* L. in response to inorgnic carbon availability [J]. New Phytology. 1983, 125: 707—715.

[108] Sand Jensen K. Photosynthetic carbon sources of stream macro-

phytes [J]. Journal of Experimental Botany, 1983: 55—63.

[109] Stumm, W, Morgan, JJ. Aquatic Chemistry [M]. Wiley: New York, 1970.

[110] Denny MW. Air and Water: The Biology and Physics of Life' s Media [M]. New Jersey: Princeton University Press, 1993.

[111] Madsen TV, Sand Jensen K. The interactive effects of light and inorganic carbon on aquatic plant growth [J]. Plant Cell and Environment, 1994, 17: 955—962.

[112] Casati P, Lara MV, Andreo CS. Induction of a C_4-like mechanism of CO_2 fixation in *Egeria densa*, a submersed aquatic species [J]. Plant Physiology, 2000, 123: 1611—1621.

[113] Madsen TV, Maberly SC. Diurnal variation in light and carbon limitation of photosynthesis by two species of submerged freshwater macrophyte with a differential ability to use bicarbonate [J]. Freshwater Biology, 1991, 26: 175—187.

[114] Jahnke LS, Eighmy TT, Fagerberg WR. Studies of Elodea nuttalli grown under photorespiratory conditions. Ⅰ. Photosynthetic characteristics [J]. Plant Cell and Environment, 1991, 14: 147—156.

[115] Maberly SC. Diel, episodic and seasonal changes in pH and concentrations of inorganic carbon in a productive lake [J]. Freshwater Biology, 1996, 35: 579—598.

[116] Prins HBA, Elzenga JTM. Bicarbonate utilization: Function and mechanism [J]. Aquatic Botany, 1989, 34: 59—83.

[117] Sand Jensen K, Pedersen MF, Laurentius S. Photosynthetic use of inorganic carbon among primary and secondary water plants in streams [J]. Freshwater Biology, 1992, 27: 283—293.

[118] Maberly SC, Madsen TV. Use of bicarbonate ions as a source of carbon in photosynthesis by *Callitriche hermaphroditica* [J]. Aquatic Botany, 2002, 73: 1—7.

[119] Sand Jensen K. Photosynthetic carbon sources of stream macrophytes [J]. Journal of Experimental Botany, 1983, 34: 198—210.

[120] Madsen TV, Maberly SC, Bowes G. Photosynthetic acclimation of submerged angiosperms to CO_2 and HCO_3^- [J]. Aquatic Botany,

1996，53：15－30.

［121］ Adamec L. Relations between K^+ uptake and photosynthetic uptake of inorganic carbon by aquatic plants ［J］. Biologia Plantarum，1997，39：599－606.

［122］ Keeley JE. Photosynthetic pathway diversity in a seasonal pool ［J］. Functional Ecology，1999，13：106－118.

［123］ Kadono Y. Photosynthetic carbon sources in some Potamogeton species ［J］. Botanical Magazine of Tokyo，1980，93：185－194.

［124］ Maberly SC，Madsen TV. Affinity for CO_2 in relation to the ability of freshwater macrophytes to use HCO_3^- ［J］. Functional Ecology，1998，12：99－106.

［125］ Maberly SC，Spence DHN. Photosynthetic inorganic carbon use by freshwater plants ［J］. Journal of Ecology，1983，71：705－724.

［126］ Pierini SA，Thomaz SM. Effects of inorganic carbon source on photosynthetic rates of *Egeria najas* Planchon *Egeria densa* Planchon (Hydrochriataceae) ［J］. Aquatic Botany，2004，78：135－146.

［127］ Pagano AM，Titus JE. Submersed macrophyte growth at low pH：Contrasting responses of three species to dissolved inorganic carbon enrichment and sediment type ［J］. Aquatic Botany，2004，79：65－74.

［128］ Sand Jensen K，Gordon DM. Differential ability of marine and freshwater macrophytes to utilize HCO_3^- and CO_2 ［J］. Marine Biology，1984，80：247－253.

［129］ Lampert W，Sommer U. Limnoecology：The Ecology of Lakes and Streams ［M］. New York：Oxford University Press，1997：382.

［130］ Maberly SC. Photosynthesis by *Fontinalis antipyretica*. Part I. Interaction between photon irradiance，concentration of carbon dioxide and temperature ［J］. New Phytologist，1985，100：127－140.

［131］ White A，Reiskind JB，Bowes G. Dissolved inorganic carbon influences the photosynthetic responses of Hydrilla to photoinhibitory conditions ［J］. Aquatic Botany，1996，53：3－13.

［132］ 刘建康. 东湖生态学研究 ［M］. 北京：科学出版社，1990.

［133］ Phillips GL，Eminson D，Moss B. A mechanism to account for macrophyte decline in progressively eutrophicated freshwaters ［J］. Aquatic

Botany, 1978, 4: 103－126.

[134] Spence DN. The zonation of plants in freshwater lakes [J]. Advance in Ecological Research, 1981, 12: 37－125.

[135] Sand Jensen K, S⌀ndergaard M. Phytoplankton and epiphyte development and their shading effect on submerged macrophytes in lakes of different nutrition status [J]. International Review of Hydrobiology, 1981, 66: 529－552.

[136] RØrslett B. Principal determinants of aquatic macorphyte richness in northern European lakes [J]. Aquatic Botany, 1991, 39: 173－193.

[137] Duarte CM. Submerged aquatic vegetation in relation to different nutrient regimes [J]. Ophelia, 1995, 41: 87－112.

[138] Jupp BP, Spence DHN. Limitations on macrophytes in a eutrophic lake, Loch Leven 1. Effects of phytoplankton [J]. Journal of Ecology, 1977, 65: 175－186.

[139] Ni LY. Stress of fertile sediment on the growth of submersed macrophytes in eutrophic waters [J]. Acta Hydrobiologica Sinica, 2001, 25: 399－405.

[140] Cao T, Xie P, Ni LY, et al. The role of NH_4^+ toxicity in the decline of the submersed macrophyte *Vallisneria natans* in lakes of the Yangtze River basin, China [J]. Marine Freshwater Research, 2007, 58: 581－587.

[141] Ni LY. Effects of water column nutrient enrichment on the growth of *Potamogeton maackianus* A Been [J]. Journal of Aquatic Plant Management, 2001, 39: 83－87.

[142] Ni LY. Growth of Potamageton maackianus under low-light stress in eutrophic water [J]. Journal of Freshwater Ecology, 2001, 16: 249－256.

[143] Schuurkes JAAR, Kok CJ, Hartog CD. Ammonium and nitrate uptake by aquatic plants from poorly buffered and acidified waters [J]. Aquatic Botany, 1986, 24: 131－146.

[144] Brouwer E, Bobbink R, Meeuwsen F, et al. Recovery from acidification in aquatic mesocosms after reducing ammonium and sulphate dep-

osition [J]. Aquatic Botany, 1997, 56: 119—130.

[145] Cao T, Ni LY, Xie P. Acute biochemical responses of a submersed macrophyte, *Potamogeton crispus* L., to high ammonium in an aquarium experiment [J]. Journal of Freshwater Ecology, 2004, 19: 279—284.

[146] Jones RC, Walti K, Adams MS. Phytoplankton as a factor in decline of the submersed macrophyte *Myriophyllum spicatum* L. in Lake Wingra, Wisconsin [J]. Hydrobiologia, 1983, 107: 213—219.

[147] Wetzel R. Limnology, 2nd edn [M]. Philadelphia: Saunders College Publishing, 1983: 255—297.

[148] Kirk JTO. Light and Photosynthesis in Aquatic Ecosystems, 2nd ed [M]. New York: Cambridge University Press, 1996.

[149] Larsson S, Wiren A, Lundgren L, et al. Effects of light and nutrient stress on leaf phenolic chemistry in *Salix dasyclados* and susceptibility to *Galerucella lineola* (Coleoptera) [J]. Oikos, 1986, 47: 205—210.

[150] Gechev T, Willekens H, Van Montagu M, et al. Different responses of tobacco antioxidant enzymes to light and chilling stress [J]. Journal of Plant Physiology, 2003, 160: 509—515.

[151] Orians CM, Jones CG. Plants as resource mosaics: A functional model for predicting patterns of within-plant resource heterogeneity to consumers based on vascular architecture and local environmental variability [J]. Oikos, 2001, 94: 493—504.

[152] Cronin G, Lodge DM. Effects of light and nutrient availability on the growth, allocation, carbon/nitrogen balance, phenolic chemistry, and resistance to herbivory of two freshwater macrophytes [J]. Oecologia, 2003, 137: 32—41.

[153] Goss RM, Baird JH, Kelm SL, et al. Trinexapac-ethyl and nitrogen effects on creeping bentgrass grown under reduced light conditions [J]. Crop Science, 2002, 42: 472—479.

[154] Riis T, Sand Jensen K, Vestergaard O. Plant communities in lowland Danish streams: species composition and environmental factors [J]. Aquatic Botany, 2000, 66: 255—272.

[155] Best EPH. Effects of nitrogen on the growth and nitrogenous

compounds of *Ceratophyllum demersum* [J]. Aquatic Botany, 1980, 8: 197—206.

[156] Smolders AJP, denHartog C, vanGestel CBL, et al. The effects of ammonium on growth, accumulation of free amino acids and nutritional status of young phosphorus deficient Stratiotes aloides plants [J]. Aquatic Botany, 1996, 53: 85—96.

[157] Nimptsch J, Pflugmacher S. Ammonia triggers the promotion of oxidative stresss in the aquatic macrophyte Myriophyllum mattogrossense [J]. Chemosphere, 2007, 66: 708—714.

[158] Saarinen T, Haansuu P. Shoot density of *Carex rostrata* Stokes in relation to internal carbon: nitrogen balance [J]. Oecologia, 2000, 122: 29—35.

[159] Kohl JG, Woitke P, Kuhl H, et al. Seasonal changes in dissolved amino acids and sugars in basal culm internodes as physiological indicators of the C/N-balance of Phragmites australis at littoral sites of different trophic status [J]. Aquatic Botany, 1998, 60: 221—240.

[160] Bedford JJ. The soluble amino acid pool in Siphonaria zelandica: Its composition and the influence of salinity changes. Comparative Biochemistry and Physiology, 1969, 29: 1005—1014.

[161] Hartzendorf T, Rolletschek H. Effects of NaCl-salinity on amino acid and carbohydrate contents of Phragmites australis. Aquatic Botany, 2001, 69: 195—208.

[162] Sand Jensen K. Effect of epiphytes on eelgrass photosynthesis [J]. Aquatic Botany, 1977, 3: 55—63.

[163] Van Duin EHS, Blom G, Lijklema L, et al. Aspects of modeling sediment transport and light conditions in Lake Marken [J]. Hydrobiologia, 1992, 235/236: 167—176.

[164] Blom CWPM, Voesenek LACJ, Banga M, et al. Physiological ecology of riverside species: Adaptive responses of plants to submergence [J]. Annals of Botany, 1994, 74: 252—263.

[165] Ozimek T, Kowalczewski A. Long-term changes of the submerged macrophytes in eutrophic lake Mikolajskie (North Poland) [J]. Aquatic Botany, 1984, 19: 1—11.

［166］ Nlaberly S C. Diel，episodic and seasonal changes in pH and concentrations of inorganic carbon in a productive lake ［J］. Freshwater Biology，1996，35：579－598.

［167］ Holmes MG，Klein WH. The light and temperature environments ［A］. In：Crawford RMM. Plant life in aquatic and amphibious habitats ［C］. Oxford，UK：Blackwell Scientific Publications，1987：3－22.

［168］ Korschgen CE，Green WL，Kenow KP. Effects of irradiance on growth and winter bud production by *Vallisneria Americana* and consequences to its abundance and distribution ［J］. Aquatic Botany，1997，58：1－9.

［169］ Vervuren PJA，Blom CWPM，de Kroon H. Extreme flooding events on the chine and the survival and distribution of riparian plant species ［J］. Journal of Ecology，2003，91：135－146.

［170］ 王文林，王国祥，李强，等. 悬浮泥沙对亚洲苦草幼苗生长发育的影响 ［J］. 水生生物学报，2007，31（4）：460－466.

［171］ 李强，王国祥，王文林，等. 悬浮泥沙水体对穗花狐尾藻（*Myriophyllum spicatum*）光合荧光特性的影响 ［J］. 湖泊科学，2007，19（2）：197－203.

［172］ Smith H. Sensing the light environment：The functions of the phytochrome family ［A］. In：Kendrick RE，Kronenberg GHM. Photomorphogensis ［C］. The Hague：Kluwer Academic Publishers，1994：374－416.

［173］ Pierik R，Millenaar FF，Peelers AJM，et al. New perspectives in flooding research：The use of shade avoidance and Arabidopsis thaliana ［J］. Ann Bot，2005，96：533－540.

［174］ Pierik R，Whitelam GC，Voesenek LACJ，et al. Canopy studies on ethylene-insensitive tobacco identify ethylene as a novel element in blue light and plant-plant signaling ［J］. Plant Journal，2004，38：310－319.

［175］ 储钟稀，童哲，冯丽洁，等. 不同光质对黄瓜叶片光合特性的影响 ［J］. 植物学报，1999，41（8）：867－870.

［176］ 张瑞英. 3S技术支持下的九寨沟核心景区生态地质环境评价及演化趋势研究 ［D］. 成都：成都理工大学博士学位论文，2007.

［177］ 四川省地质矿产勘查开发局. 九寨—黄龙核心景区景观形成的

地质环境和水循环系统模式测定、监测系统建立及景观保育技术应用研究报告 [R]，2006.

[178] 九寨沟黄龙核心景区环境容量研究报告 [R]. 西南交通大学，2006.

[179] 四川省林业科学研究院. 四川九寨沟国家级自然保护区，综合科学考察报告 [R]，2004.

[180] 林雯. 九寨沟自然保护区森林生态系统功能研究 [D]. 成都：四川大学硕士学位论文，2006.

[181] 李文朝. 东太湖水生植物的促淤效应与磷的沉积 [J]. 环境科学，1997，18 (3)：9-12.

[182] Vermaat JE，Santamaria L，Roos PJ. Water flow across and sediment trapping in submerged macrophyte beds of contrasting growth form [J]. Archiv Fur Hydrobiologie，2000，148：549-562.

[183] Kufel L，Kufel I. Chara beds acting as nutrient sinks in shallow lakes—A review [J]. Aquatic Botany，2002，72：249-260.

[184] Havens KE. Submerged aquatic vegetation correlations with depth and light attenuating materials in a shallow subtropical lake [J]. Hydrobiologia，2003，493：173-186.

[185] 郭建强，彭东，曹俊，等. 四川九寨沟地貌与第四纪地质 [J]. 四川地质学，2000，20 (3)：183-192.

[186] 杨更. 四川九寨沟地质遗迹保护探讨 [J]. 四川地质学报，25 (3)：178-179.

[187] 崔鹏. 九寨沟泥石流预测 [J]. 山地研究，1991，9 (2)：88-92.

[188] 辜寄蓉，范晓，彭东. 九寨沟地质灾害预测的空间分析模型 [J]. 中国地质，2002，29 (1)：109-112.

[189] 杨俊义，郭建强，彭东. 九寨沟风景名胜区水循环模式 [J]. 四川地质学报，2000，20 (2)：155-157.

[190] 尹观，范晓，郭建强，等. 四川九寨沟水循环系统的同位素示踪 [J]. 地理学报，2000，55 (4)：487-494.

[191] 彭东，曹俊，杨俊义，等. 四川九寨沟地区黄土的初步研究 [J]. 中国区域地质，2001，20 (4)：359-366.

[192] 张捷，李升峰. 石灰岩表面溶针孔的初步研究——以川西北九

寨沟、南斯拉夫第那尔喀斯特区域为例［J］. 中国岩溶，1991，1（2）：151－160.

［193］杨俊义，万新南，席彬，等. 九寨沟黄龙地区钙华漏斗的特征与成因探讨［J］. 水文地质工程地质，2004，（2）：90－93.

［194］张宏乔，张捷，陈友军，等. 旅游者环境意识分析及其景区环境管理意义——以四川九寨沟自然保护区为例［J］. 四川环境，2005，24（6）：59－63.

［195］刘光华，邓洪平，廖晓敏. 九寨沟自然保护区蔷薇科植物区系特征研究［J］. 西南农业大学学报，2006，28（2）：282－285.

［196］张仁波，邓洪平，何平. 九寨沟自然保护区菊科植物区系特征分析［J］. 西南农业大学学报，2006，28（1）：134－138.

［197］Liu DL. Incorporating diurnal light variation and canopy light attenuation into analytical equations for calculating daily gross photosynthesis［J］. Ecological Modelling，1996，93（1/3）：175－189.

［198］Wang J，Yu Q，Li J. Simulation of diurnal variations of CO_2，water and heat fluxes over winter wheat with a model coupled photosynthesis and transpiration［J］. Agricultural and Forest Meteorology. 2006，137（3/4）：194－219.

［199］Ciompi S，Gentili E，Guidi L. The effect of nitrogen deficiency on leaf gas exchange and chlorophyll fluorescence parameters in sunflower［J］. Plant Science，1996，118（2）：177－184.

［200］Havaux M. Non-photochemical energy dissipation in photosystem Ⅱ：Theoretical modelling of the "energy-dependent quenching" of chlorophyll fluorescence emission from intact plant leaves［J］. Journal of Photochemistry and Photobiology B：Biology，1993，19（2）：97－104.

［201］Hsu B D. On the possibility of using a chlorophyll fluorescence parameter as an indirect indicator for the growth of *Phalaenopsis* seedlings［J］. Plant Science，2007，172（3）：604－608.

［202］Panda D，Sharma S G，Sarkar R K. Chlorophyll fluorescence parameters，CO_2 photosynthetic rate and regeneration capacity as a result of complete submergence and subsequent re-emergence in rice（*Oryza sativa* L.）［J］. Aquatic Botany，2008，88（2）：127－133.

［203］Poormohammad Kiani S，Maury P，Sarrafi A. QTL analysis of chlorophyll fluorescence parameters in sunflower (*Helianthus annuus* L.) under well-watered and water-stressed conditions [J]. Plant Science, 2008, 175 (4): 565—573.

[204] 刘俊贤，刘民生，郭建强，等. 九寨—黄龙核心景区景观形成的地质环境和水循环系统模式测定、监测系统建立及景观保育技术应用研究报告 [R]. 成都：四川省地质矿产勘察开发局，2006.

[205] 甘建军. 九寨沟核心景区水循环系统研究 [D]. 成都：西南交通大学硕士学位论文，2007.

[206] 张瑞英. 3S技术支持下的九寨沟核心景区生态地质环境评价及环境演化趋势 [D]. 成都：成都理工大学博士学位论文，2007.

[207] 杨更. 九寨沟景观地质背景及成因研究 [D]. 成都：成都理工大学硕士学位论文，2005.

[208] 苏君博. 九寨沟水文地球化学特征及对景观演化影响研究 [D]. 成都：成都理工大学硕士学位论文，2005.

[209] 王东. 青藏高原水生植物地理研究 [D]. 武汉：武汉大学，2003.

[210] 中国科学院中国植物志编辑委员会. 中国植物志（第五十三卷）[M]. 北京：科学出版社，2000.

[211] 王勋陵，王静. 植物形态结构与环境 [M]. 兰州：兰州大学出版社，1989：39—40.

[212] 高晨光，初敬华，朱秋广. 杉叶藻营养器官的解剖构造及适应机理的研究 [J]. 松辽学刊（自然科学版），2000，5 (2)：27—29.

[213] 王辰，刘全儒，张潮. 北京水生维管植物群落调查 [J]. 北京师范大学学报（自然科学版），2004，40 (3)：380—385.

[214] 内蒙古植物志编辑委员会. 内蒙古植物志（第四卷）[M]. 呼和浩特：内蒙古人民出版社，1992：305.

[215] 杨成梓，陈为，陈丽艳. 水苦荬的性状及组织显微鉴定 [J]. 福建中医学院学报，2007，17 (4)：32—33.

[216] Schreiber U, Gademann R, Ralph PJ, et al. Assessment of photosynthetic performance of *Prochloron* in *Lissoclinum patella* in hospite by chlorophyll fluorescence measurements [J]. Plant and Cell Physiology, 1997, 38: 945—951.

[217] Kooten OV, Snel JFH. The use of chlorophyll fluorescence no-

menclature in plant stress physiology [J]. Photosynthesis Research, 1990, 25: 147—150.

[218] Lichtenthaler HK. In vivo chlorophyll fluorescence as a tool for stress detection in plants [A]. In: Lichtenthaler HK et al. Application of Chlorophyll Fluorescence in Photosynthesis Research, Stress Physiology, Hydrobiology and Remote Sensing [C]. Dordrecht—Boston—London: Kluwer Academic Publishers, 1988: 129—142.

[219] Schreiber U, Bilger W, Klughammer C, et al. Application of the PAM fluorometer in stress detection [A]. In: Lichtenthaler HK et al. Application of Chlorophyll Fluorescence in Photosynthesis Research, Stress Physiology, Hydrobiology and Remote Sensing [C]. Dordrecht—Boston—London: Kluwer Academic Publishers, 1988: 151—155.

[220] Demmig Adams B, Adams WWIII, Barker DH, et al. Using chlorophyll fluorescence to assess the fraction of absorbed light allocated to thermal dissipation of excess excitation [J]. Physiol Plant, 1996, 98: 253—264.

[221] Schreiber U, Bilger W, Neubauer G. Chlorophyll fluorescence as a nonintrusive indicator for rapid assessment of in vivo photosynthesis [A]. In: Schulze ED, Caldwell MM. Ecophysiology of Photosynthesis [C]. Berlin: Springer-Verlag, 1994: 49—70.

[222] Genty B, Briiantais JM, Baker NR. The relationship between the quantum yield of photosynthetic electron transport and quenching of chlorophyll fluorescence [J]. Biochimica et Biophysica Acta, 1989, 990: 87—92.

[223] Bilger W, Bjökman O. Role of the xanthophyll cycle in photoprotection elucidated by measurements of light-induced absorbance changes, fluorescence and photosynthesis in leaves of *Hedera canariensis* [J]. Photosynthesis Research, 1990, 25: 173—85.

[224] Schreiber U. Pulse-amplitude-modulation (PAM) fluorometry and saturation pulse method: An overview [A]. In: Papageorgiou GC, Govindjee. Chlorophyll Fluorescence: A Signature of Photosynthesis [C]. Dordrecht: Kluwer Adademic Publishers, 2004.

[225] Schreiber U, Bilger W, Neubauer C. Progress in chlorophyll

fluorescence as a non-intrusive indicator for rapid assessment of in vivo photosynthesis [J]. Ecol Studies, 1994, 100: 49−70.

[226] Bjärkman O, Demmig B. Photon yield of O_2-evolution and chloroplast fluorescence characteristics at 77 K among vascular plants of diverse origins [J]. Planta, 1987, 170: 489−504.

[227] Platt T, Gallegos CL, Harrison WG. Photoinhibition of photosynthesis in natural assemblages of marine phytoplankton [J]. Journal of Marine Research, 1980, 38: 687−701.

[228] Arnon DI. Copper enzymes in isolated chloroplasts. Polyphenoloxidase in *Beta vulgaris*. Plant Physiol, 1949, 24: 3−15.

[229] 张守仁. 叶绿素荧光动力学参数意义及讨论 [J]. 植物学通报, 1999, 16 (4): 444−448.

[230] Smith EL. Photosynthesis in relation to light and carbon dioxide [J]. Proceedings of the National Academy of Sciences, 1936, 22 (8): 504−511.

[231] Krause G H, Weis E. Chlorophyll fluorescence and photosynthesis: The basic [J]. Annual Review of Plant Physiology and Plant Molecular Biology, 1991, 42: 313−349.

[232] 贺立红, 贺立静, 梁红. 银杏不同品种叶绿素荧光参数的比较 [J]. 华南农业大学学报, 2006, 27 (4): 43−46.

[233] Kuhl M, Chen M, Ralph PJ, et al. A niche of cyanobacteria containing chlorophyll [J]. Nature, 2005, 433: 820.

[234] Wade NL. Physiology of cool storage disorders of fruit and vegetable [A]. In: Lyons JM, Graham D, Raison JK. Low Temperature Stress in Crop Plants: The Role of the Membrane [C]. New York: Academic Press, 1979: 82−96.

[235] Omran RG. Peroxide level and the activity of catalase, peroxidase and indoleacetic acid oxidase during and after chilling cucumber seedling [J]. Plant Physiology, 1980, 65: 407−408.

[236] Wise RR, Naylor AW. Chilling-enhanced photo oxidation: The peroxidative destruction oflipids during chilling injury to photosynthesis and ultrastructure [J]. Plant Physiology, 1987, 83: 272−275.

[237] Li XB, Wu ZB, He GY. Effects of low temperature and physio-

logical age on superoxide dismutase in water hyacinth (*Eichhornia crassipes Solms*) [J]. *Aquatic Botany*, 1995, 50: 193-200.

[238] Lee KS, Park SR, Kim YK. Effects of irradiance, temperature, and nutrients on growth dynamics of seagrasses: A review [J]. Journal of Experimental Marine Biology, 2007, 350: 144-175.

[239] Falk S, Samuelsson G, öquist G. Temperature-dependent photoinhibition and recovery of photosynthesis in the green alga *Chlamydomonas reinhardtii* acclimated to 12℃ and 27℃ J]. Physiologia Plantarum, 1990, 78: 173-180.

[240] Invers O, Romero J, Pérez M. Effects of pH on seagrass photosynthesis: A laboratory and field assessment [J]. Aquatic Botany, 1997, 59: 185-194.

[241] Beer S. Mechanisms of inorganic carbon acquisition in marine macroalgae (with special reference to *Chlorophyta*) [J]. Progress in Phycological Research, 1994, 10: 179-207.

[242] Ralph PJ. Photosynthetic response of *Halophila ovalis* (R. Br.) Hook. *f.* to combined environmental stress [J]. Aquatic Botany, 1999, 65: 83-96.

[243] Campbell SJ, Kerville SP, Coles RG, et al. Photosynthetic responses of subtidal seagrasses to a daily light cycle in Torres Strait: A comparative study [J]. Continental Shelf Research, 2008, 28: 2275-2281.

[244] Sommaruga. The role of solar UV radiation in the ecology of alpine lakes [J]. Journal of Photochemistry and Photobiology B: Biology, 2001, 62: 35-42.

[245] Masini RJ, Cary JL, Simpson CJ, et al. Effects of light and temperature on the photosynthesis of temperate meadow-forming seagrasses in Western Australia [J]. Aquatic Botany, 1995, 49: 239-254.

[246] Geider RJ. Light and temperature dependence of the carbon to chlorophyll a ratio in microalgae and cyanobacteria: implications for physiology and growth of phytoplankton [J]. New Phytologist, 1987, 106: 1-34.

[247] 冯玉龙，冯志立，曹坤芳. 砂仁叶片光破坏的防御 [J]. 植物生理学报，2001，27 (6)：483-488.

［248］许大全．光合作用效率［M］．上海：上海科学技术出版社，2002.

［249］Ralph PJ，Gademann R，Dennison WC. In situ seagrass photosynthesis measured using a submersible，pulse-amplitude modulated fluorometer［J］. Marine Biology，1998，132：367－373.

［250］Henley WJ，Levavasseur G，Franklin LA. Diurnal responses of photosynthesis and fluorescence in *Ulva rotundata* acclimated to sun and shade in outdoor culture［J］. Marine Ecology Progress Series，1991，75：19－28.

［251］Osmond CB，Grace SC. Perspectives on photoinhibition and photorespiration in the field：Quintessential inefficiencies of the light and dark reactions of photosynthesis?［J］. Journal of Experimental Botany，1995，46：1351－1362.

［252］Werner C，Ryel RJ，Correia O. Effects of photoinhibition on whole-plant carbon gain assessed with a photosynthesis model［J］. Plant Cell and Environment，2001，24：27－40.

［253］Franklin LA. The effects of temperature acclimation on the photoinhibitory responses of *Ulva rotundata* Blid［J］. Planta，1994，192：324－331.

［254］Greer DH，Laing WA. Photoinhibition of photosynthesis in intact kiwifruit *Actinidia deliciosa* leaves，recovery and its dependence on temperature［J］. Planta 1988，174：159－165.

［255］Madsen TV，Brix H. Growth，photosynthesis and acclimation by two submerged macrophytes in relation to temperature［J］. Oecologia，1997，110：320－327.

［256］Santamaría L，Hootsmans MJM. The effect of temperature on the photosynthesis，growth and reproduction of Mediterranean submerged macrophyte，*Ruppia drepanensis*［J］. Aquatic Botany，1998，60：169－188.

［257］Spencer DF，Ksander GG. Influence of temperature，light and nutrient limitation on anthocyanin content of *Potamogeton gramineus* L［J］. Aquatic Botany，1990，38：357－367.

［258］Santamaría L，Hootsmans MJM，Van Vierssen W. Flowering

time as influenced by nitrate fertilization in Ruppia drepanensis Tineo [J]. Aquatic Botany，1995，52：45－58.

[259] 田国良，林振耀，吴祥定. 西藏高原东部农作物生长季（5～10月）紫外、可见和红外辐射的特征初步分析 [J]. 气象学报，1982，40（3）：344－352.

[260] 倪文. 利用蓝色短波光培育水稻壮秧 [J]. 作物学报，1980，6（2）：119－123.

[261] 韩发，贲桂英. 蓝紫光对几种牧草生长和品质的影响 [J]. 高原生物学集刊，1985，4：13－17.

[262] 韩发，贲桂英. 青藏高原地区的光质对高原春小麦生长发育、光合速率和干物质含量影响的研究 [J]. 生态学报，1987，7（4）：307－313.

[263] Beer S，Mtolera M，Lyimo T. The photosynthetic performance of the tropical seagrass *Halophila ovalis* in the upper intertidal [J]. Aquatic Botany，2006，84：367－371.

[264] 柯世省，杨敏文. 水分胁迫对云锦杜鹃光合生理和光温响应的影响 [J]. 园艺学报，2007，34（4）：959－964.

[265] Long SP，Humphries，Folkowski PG. Photoinhibition of photosynthesis in nature [J]. Annual Review of Plant Physiology and Plant Molecular Biology，1994，45：633－662.

[266] Werner C，Ryel RJ，Correia O. Effects of photoinhibition on whole-plant carbon gain assessed with a photosynthesis model [J]. Plant Cell and Environment，2001，24：27－40.

[267] 郭连旺，沈允钢. 高等植物光合机构避免强光破坏的保护机制 [J]. 植物生理学通讯，1996，32（1）：1－8.

[268] Lobban CS，Harrison PJ，Duncan MJ. The Physiological Ecology of Seaweeds [M]. Cambridge University Press，1985：4－34.

[269] Nielsen SL. A comparison of aerial and submerged photosynthesis in some Danish amphibious plants [J]. Aquatic Botany，1993，45：27－40.

[270] Sand Jensen K，Frost Christensen H. Plant growth and photosynthesis in the transition zone between land and stream [J]. Aquatic Botany，1999，63：23－35.

[271] 张杰，杨传平，邹学忠，等. 蒙古栎硝酸还原酶活性、叶绿素

及可溶性蛋白含量与生长性状的关系［J］. 东北林业大学学报，2005，33（3）：20－21.

［272］蒋利鑫，于苏俊，魏代波，等. 湖泊富营养化评价中的灰色局势决策法［J］. 环境科学与管理，2006，31（2）：10－12.

［273］赵薨，王秀伟，毛子军. 不同氮素浓度下CO_2浓度、温度对蒙古栎（*Quercus mongolica*）幼苗叶绿素含量的影响［J］. 植物研究，2006，26（4）：337－341.

［274］衣艳君，李芳柏，刘家尧. 尖叶走灯藓（*Plagiomnium cuspidatum*）叶绿素荧光对复合重金属胁迫的响应［J］. 生态学报，2008，28（11）：5437－5444.

［275］迟伟，王荣富，张成林. 遮阴条件下草莓的光合特性变化应用生态学报［J］. 2001，12（4）：566－568.

［276］肖月娥. 主要环境因子对太湖三种大型沉水植物光合作用的影响［D］. 南京：南京农业大学硕士学位论文，2006.

［277］George S，Bai S. The effect of shade on development and chlorophyll content in leaves of peanut［J］. Abroad Agronomy-Oil Plants，1992，（2）：50－51.

［278］Cui Xiaoyong，Tang Yanhong，Gua Song. Photosynthetic depression in relation to plant architecture in two alpine herbaceous species［J］. Environmental and Experimental Botany，2003，50：125－135.

［279］赵广东，刘世荣，马全林. 沙木蓼和沙枣对地下水位变化的生理生态响应Ⅰ. 叶片养分、叶绿素、可溶性糖和淀粉的变化［J］. 植物生态学报，2003，27（2）：228－234.

［280］张建云，王国庆. 国内外关于气候变化对水的影响的研究进展［J］. 人民长江，2009，40（8）：39－41.

［281］Mooij WM，Janse JH，De Senerpont Domis LN. Predicting the effect of climate change on temperate shallow lakes with the ecosystem model PCLake［J］. Hydrobiologia，2007，584：443－454.

［282］李林，朱西德，汪青春，等. 青海高原冻土退化的若干事实揭示［J］. 冰川冻土，2005，27（3）：320－328.

［283］Liu XD，Chen BD. Climatic warming in the Tibetan Plateau during recent decades［J］. International Journal of Climatology，2000，20：1729－1742.

[284] Madsen JD, Chambers PA, James WF. The interaction between water movement, sediment dynamics and submersed macrophytes [J]. Hydrobiologia, 2001, 444: 71-84.

[285] Schulz M, Kozerski HP, Pluntke T. The influence of macrophytes on sedimentation and nutrient retention in the lower River Spree (Germany) [J]. Water Research, 2003, 37: 569-578.

[286] Strasser RJ, Govindjee. The F_o and the O-J-I-P fluorescence rise in higher plants and algae [A]. In: Argyroudi-Akoyunoglou JH (ed). Regulation of Chloroplast Biogenesis [C]. New York: Plenum Press, 1991: 423-436.

[287] Strasser RJ, Govindjee. On the O-J-I-P fluorescence transients in leaves and D1 mutants of *Chlamydomonas reinhardtii* [A]. In: Murata N (ed). Research in Photosynthesis [C]. Dordrecht: KAP Press, 1992, 4: 29-32.

[288] Govindjee. Sixty-three years since Kautsky: Chlorophyll a fluorescence [J]. Australian Journal of Plant Physiology, 1995, 22: 131-160.

[289] Strasser RJ, Srivastava A, Tsimilli Michael M. The fluorescence transient as a tool to characterize and screen photosynthetic samples [A]. In: Yunus M, Pathre U, Mohanty P (eds). Probing Photosynthesis: Mechanism, Regulation and Adaptation [C]. London: Taylor and Francis Press, 2000: 445-483.

[290] Strasser RJ, Tsimill Michael M, Srivastava A. Analysis of the chlorophyll a fluorescence transient [A]. In: Papageorgiou G, Govindjee (eds). Advances in Photosynthesis and Respiration [C]. Netherlands: KAP Press, 2004: 1-42.

[291] Maxwell K, Johnson GN. Chlorophyll fluorescence—A practical guide [J]. Journal of Experimental Botany, 2000, 51: 659-668.

[292] Jiang CD, Gao HY, Zou Q. Changes of donor and accepter side in photosystem Ⅱ complex induced by iron deficiency in attached soybean and maize leaves [J]. Photosynthetica, 2003, 41: 267-271.

[293] 肖春旺，周广胜，马风云. 施水量变化对毛乌素沙地优势植物形态与生长的影响. 植物生态学报 [J]. 2002, 26 (1): 69-76.

[294] Rodolfo Metalpa R, Richard C, Allemand D, et al. Response

of zooxanthellae in symbiosis with the Mediterranean corals *Cladocora caespitosa and Oculina patagonica* to elevated temperatures [J]. Marine Biology, 2006, 150: 45-55.

[295] Chisholm JRM, Marchiorettil M, Jaubert JM. Effect of low water temperature on metabolism and growth of a subtropical strain of *Caulerpa taxifolia* (Chlorophyta) [J]. Marine Ecology Progress Series, 2000, 201: 189-198.

[296] Nejrup LB, Pedersen MF. Effects of salinity and water temperature on the ecological performance of *Zostera marina* [J]. Aquatic Botany, 2008, 88: 239-246.

[297] Lu IF, Sung MS, Lee TM. Salinity stress and hydrogen peroxide regulation of antioxidant defense system in *Ulva fasciata* Marine Biology, 2006, 150: 1-15.

[298] Binzer T, Borum J, Pedersen O. Flow velocity affects internal oxygen conditions in the seagrass *Cymodocea nodosa* [J]. Aquatic Botany, 2005, 83: 239-247.

[299] Rohacek K. Chlorophyll fluorescence parameters. The definitions, photosynthetic meaning and mutual relationships [J]. Photosynthetica, 2002, 40 (1): 13-29.

[300] Gavlosli JE, Whitefield GH. Effect of restricted watering on sap flow and growth in Corn (*Zeamays* L.) [J]. Canada Journal Plant Society, 1992, 172: 361-368.

[301] Franklin LA, Osmond CB, Henley WJ. Two components of onset and recovery during photoinhibition of *Ulva roundata* [J]. Planta, 1992, 186: 399-408.

[302] 胡文海，黄黎锋，肖宜安，等. 夜间低温对2种光强下榕树叶绿素荧光的影响 [J]. 浙江林学院学报，2005，22 (1)：20-23.

[303] 李晓萍，陈贻竹，郭俊彦. 叶绿体PSⅡ光能耗散机制的研究进展 [J]. 生物化学与生物生理学进展，1996，23 (2)：145-149.

[304] 宗梅，谈凯. 吴甘霖两种石楠叶绿素荧光参数日变化的比较研究 [J]. 生物学杂志，2010，27 (1)：27-30.

[305] 王立志，王国祥，俞振飞，等. 苦草光合作用日变化对水体环境因子及磷质量浓度的影响 [J]. 生态与环境学报，2010，19 (11)：

2669－2674.

[306] Seder JR, Johnson JD. Physiological morphological responses of three half-sib families of loblolly pine to water-stress conditioning [J]. Forest Science, 1988, 34: 487－495.

[307] 周艳虹，黄黎锋，喻景权．持续低温弱光对黄瓜叶片气体交换、叶绿素荧光淬灭和吸收光能分配的影响 [J]．植物生理与分子生物学报，2004，30（2）：153－160.

[308] Hartel H, Lokstein H. Relationship between quenching of maximum and dark-level chlorophyll fluorescence in vivo: Dependence on photosystemⅡ antenn a size [J]. Biochemica et Biophysica Acta, 1995, 1228: 91－94.

[309] Feng Y L, Cao K F, Feng Z L. Thermal dissipation, leaf rolling and inactivation of PSⅡ reaction centers in Amomum villosum in diurnal course [J]. Journal of Tropical Ecology, 2002, 18: 865－876.

[310] Scholes JD, Press MC, Zipperlen SW. Differ seedlings [J]. Oecologia, 1997, 109: 41－48.

[311] Ishida A, T oma T, Marjenah. Leaf gas exchange and chlorophyll fluorescence in relation to leaf angle, azimuth, and canopy position in the tropical pioneer tree, Macaranga conifera [J]. Tree physiol, 1999, 19: 117－124.

[312] 冯玉龙，曹坤芳，冯志立．生长光强对热带雨林四种树苗光合机构的影响 [J]．植物生理和分子生物学学报，2002，28（2）：153－160.

[313] 李强．环境因子对沉水植物生长发育的影响机制 [D]．南京：南京师范大学，2007.

[314] Häder D, Lebert M, Jiménez C. Pulse amplitude modulated fluorescence in the green macrophytes, Codium adherens, Enteromorpha muscoides, Ulva gigantea and Ulva rigida, from the Atlantic coast of Southern Spain [J]. Environmental and Experimental Botany. 1999, 41: 247－255.

[315] Baker NR. Chilling stress and Photosynthesis [A]. In: Foyer CH, Mullineaux PM. Causes of Photooxidative stress and amelioration of defense systems in Plants [C]. Florida: CRC Press, 1994: 127－154.

[316] Gilmore AM. Mechanistic aspects of xanthophyll cycle dependent photoprotection in higher plant chloroplasts and leaves [J]. Physiologia

Plantarum，1997，99：197－209.

[317] Labate CA，Adcock MD，Leegood RC. Effects of temperature on the regulation of photosynthetic carbon assimilation in leaves of maize and barley [J]. Planta，1990，181：547－554.

[318] Havaux M. Effects of chilling on the redox state of the primary electron acceptor QA of photosystem Ⅱ in chilling sensitive and resistant plant species [J]. Plant Physiol Biochem，1987，25：735－743.

[319] Bukhovn G，Egorova EA，Govindachary S. Changes in polyphasic chlorophyll a fluorescence induction curve upon inhibition of donor or acceptor side of photosystem Ⅱ in isolated thylakoids [J]. Biochimica et Biophysica Acta（BBA）－Bioenergetics，2004，1657（2/3）：121－130.

[320] Vredenberg W，Kasalicky V，Durchan M. The chlorophyll a fluorescence induction pattern in chloroplasts upon repetitive single turnover excitations：Accumulation and function of QB-nonreducing centers [J]. Biochimica et Biochimica et Biophysica Acta（BBA）－Bioenergetics. 2006，1757（3）：173－181.

[321] Greer DH，Hardacre AK. Photoinhibition of photosynthesis and its recovery in two maize hybrids varying in low temperature tolerance [J]. Australian Journal of Plant Physiology，1989，16：189－198.

[322] 李晓萍，陈贻竹，郭俊彦. 叶绿体PSⅡ光能耗散机制的研究进展 [J]. 生物化学与生物生理学进展，1996，23（2）：145－149.

[323] Xu CC，Lin RC，Li LB. Increase in resistance to low temperature photoinbition following ascorbate feeding is attributable to an enhanced xanthophyll cycle activity in rice（*Oryza Sativa* L.）leaves [J]. Photosynthetica，2000，38：221－226.

[324] 眭晓蕾，毛胜利，王立浩，等. 低温对弱光影响甜椒光合作用的胁迫效应 [J]. 核农学报，2008，22（6）：880－886.

[325] Gumbricht T. Nutrient removal processes in freshwater submersed macrophytes systems [J]. Ecological Engineering，1993，2：1－30.

[326] Sondergaard M，Bruun L，Lauridsen T，et al. The impact of grazing waterfowl on submerged macrophytes：In situ experiments in a shallow eutrophic [J]. Aquatic Botany，1996，53：73－84.

［327］Barko JW，James，WF. Effects of submerged aquatic macrophytes on nutrient dynamics，sedimentation and resuspension［A］. In：Jeppesen E et al. The Structuring Role of Submerged Macrophytes in Lakes［C］. NewYork：Springer－Verlag，1998：197－214.

［328］Asaeda T，Kien TV，Manatunge J. Modeling the effects of macrophyte growth and decomposition on the nutrient budget in shallow lakes［J］. Aquatic Botany，2000，68：217－237.

［329］Gessner MO. Breakdown and nutrient dynamics of submerged Phragmites shoots in the littoral zone of a temperate hardwater lake［J］. Aquatic Botany，2000，66（1）：9－20.

［330］Marion L，Paillisson JM. A balance assessment of the contribution of floating-leaved macrophytes in nutrient stocks in an eutrophic macrophyte-dominated lake［J］. Aquatic Botany，2003，75：249－260.

［331］金送笛，李永函，倪彩虹，等. 范草（*Potamogeton crispus*）对水中氮磷的吸收及若干影响因素［J］. 生态学报，1994，14（2）：168－173.

［332］戴全裕，蒋兴昌，汪耀斌，等. 太湖入湖河道污染物控制生态工程模拟研究［J］. 应用生态学报，1995，6（2）：201－205.

［333］宋祥甫，邹国燕，吴伟明，等. 浮床水稻对富营养化水体中氮、磷的去除效果及规律研究［J］. 环境科学学报，1998，18（5）：489－494.

［334］Van Dijk GM，van Vierssen W. Survival of a *Potamogeton pectinatus* L. population under various light conditions in a shallow eutrophic lake（Lake Veluwe）in The Netherlands［J］. Aquatic Botany，1991，43：17－41.

［335］Carpenter SR，Elser JJ，Olson KM. Effect of roots of *Myriophyllum verticillatum* L on sediment redox conditions［J］. Aquatic Botany，1983，17：243－249.

［336］Jaynes ML，Carpenter SR. Effect of vascular and nonvascular macrophytes on sediment redox and solute dynamics［J］. Ecology，1986，67：875－882.

［337］Sand Jensen K，Jeppesen E，Nielsen K，et al. Growth of macrophytes and ecosystem consequences in a lowland Danish stream［J］. Freshwater Biology，1989，22：15－32.

[338] GB 3838—2002. 地表水环境质量标准 [S]. 中华人民共和国国家标准，2002.

[339] GB/T 14848—9. 地下水质量标准 [S]. 中华人民共和国国家标准，2003.

[340] 李群，穆伊舟，周艳丽，等. 黄河流域河流水化学特征分布规律及对比研究 [J]. 人民黄河，2006，28 (11)：26－27.

[341] 苏君博. 九寨沟水文地球化学特征及对景观演化影响研究 [D]. 成都：成都理工大学硕士学位论文，2005.

[342] 周凯，黄长江，姜胜，等. 2000—2001 年粤东拓林湾营养盐分布 [J]. 生态学报，2002，22 (12)：2116－2124.

[343] 水利部水利水电规划设计总院. 全国水资源保护综合规划技术细则 [R]. 北京：水利部水利水电规划设计总院，2002：35－36.

[344] Hu LM，Hu WP，Deng JC，et al. Nutrient removal in wetlands with different macrophyte structures in eastern Lake Taihu，China [J]. Ecological Engineering，2010，36：1725－1732.

[345] 许大全. 光合作用气孔限制分析中的一些问题 [J]. 植物生理学通讯，1997，33 (4)：241－244.

[346] 倪乐意. 在富营养型水体中重建沉水植被的研究 [A]. 见刘建康主编. 东湖生态学研究（二）[C]. 北京：科学出版社，1995：302－311.

[347] American Public Health Association. The Standard Method for the Examination of Water and Wastewater (16th edition) [M]. Balimore，Maryland：Port City Press，1985.

[348] 黄玉瑶. 内陆水体污染生态学 [M]. 北京：科学出版社，2001：265－267.

[349] 白伟岚. 园林植物的耐阴性研究 [J]. 林业科技通讯，1999，(2)：12－15.

[350] 朱云华，朱生树，徐友新，等. 11 种观赏地被植物引种栽培和耐阴性试验 [J]. 金陵科技学院学报，2007，23 (2)：78－83.

[351] 王传海，李宽意，文明章，等. 苦草对水中环境因子影响的日变化特征 [J]. 农业环境科学学报，2007，26 (2)：798－800.

[352] 梁颖，王三根. Ca^{2+} 对冷害水稻幼苗某些生理特性的影响 [J]. 西南师范大学学报（自然科学版），1997，22 (4)：411－415.

[353] 林葆，周卫. 花生荚果钙素吸收调控及其与钙素营养效率的关

系［J］. 核农学报，1997，11（3）：168－172.

［354］ Bohn T，Walczyk T，Leisibach S，et al. Chlorophyll-bound magnesium in commonly consumed vegetables and fruits：Relevance to magnesium nutrition［J］. Journal of Food Science，2004，69（9）：347－350.

［355］ 徐畅，高明. 土壤中镁的化学行为及生物有效性研究进展［J］. 微量元素与健康研究，2007，24（5）：51－54.

［356］ 马强. 土壤与植物中的硫素营养研究进展［J］. 农技服务，2011，28（2）：165－167.

［357］ 郑长焰. 硫对圆叶决明若干生理代谢以及产量和品质的影响［D］. 福州：福建农林大学硕士学位论文，2007.

［358］ 马春英. 硫对小麦光合特性及产量和品质的影响规律研究［D］. 秦皇岛：河北农业大学硕士论文，2003.

［359］ 马春英，李雁鸣，韩金玲. 不同种类硫肥对冬小麦光合性能和子粒产量现状的影响［J］. 华北农学报，2004，（1）：1－5.

［360］ 刘丽君. 硫素营养对大豆产质量影响研究［D］. 哈尔滨：东北农业大学博士学位论文，2005.

［361］ 马仲文. 福建植烟土壤硫素营养状况与烤烟施用硫肥效益的研究［D］. 福州：福建农林大学硕士学位论文，2005.

［362］ 朱英华. 烤烟硫营养特性及其调控技术研究［D］. 长沙：湖南农业大学博士学位论文，2008.

［363］ 门中华，李生秀. 硝态氮浓度对冬小麦幼苗根系活力及根际 pH 值的影响［J］. 安徽农业科学，2009，37（1）：92－93.

［364］ 潘成荣，汪家权，郑志侠，等. 巢湖沉积物中氮与磷赋存形态研究［J］. 生态与农村环境学报，2007，23（1）：43－47.

［365］ 金相灿，庞燕，王圣瑞，等. 长江中下游浅水湖沉积物磷形态及其分布特征研究［J］. 农业环境科学学报，2008，27（1）：279－285.

［366］ 孙庆业，马秀玲，阳贵德，等. 巢湖周围池塘氮、磷和有机质研究［J］. 环境科学，31（7）：1510－1515.

［367］ 段咏新，宋松泉，傅家瑞. 钙对杂交水稻叶片中活性氧防御酶的影响［J］. 生物学杂志，1999，16（1）：18－20.

［368］ 张海平，单世华，蔡来龙，等. 钙对花生植株生长和叶片活性氧防御系统的影响［J］. 中国油料作物学报，2004，26（3）：33－36.

［369］ 周婕，曾诚. 水生植物对湖泊生态系统的影响［J］. 人民长江，

2008，39（6）：88－91.

［370］黄玉瑶．内陆水体污染生态学［M］．北京：科学出版社，2001.

［371］Prins H B A，Elzenga J T M. Bicarbonate utilization：Function and mechanism［J］. Aquatic Botany，1989，34（1）：50－83.

［372］Baur M，Mayer A J，Heumann H G，et al. Distribution of plasma membrane H^{+}－ATPase and polar current patterns in leaves and stems of Elodea Canadensis［J］. Acta Botanica，1996，109：382－387.

［373］姬飞腾，李楠，邓馨．喀斯特地区植物钙含量特征与高钙适应方式分析［J］．植物生态学报，2009，33（5）：926－935.

［374］温连芳．东营市城市湿地景观生态设计研究［D］．齐齐哈尔：齐齐哈尔大学硕士学位论文，2013.

［375］章小平，朱忠福．九寨沟景区旅游环境容量研究［J］．旅游学刊，2007，22（9）：50－57.

［376］杨福泉．从丽江古城谈遗产地文化保护和发展的一些想法［J］．西南民族大学学报，2007（9）：32－37.

［377］谢凝高．关于风景区自然文化遗产的保护利用［J］．旅游学刊，2002，17（6）：8－9.

［378］杨振之．前台、帷幕、后台——民族文化保护与旅游开发的新模式探索［J］．民族研究，2006（2）：39－46.